FENBUSHI ZHINENG DIANWANG
YUNXING KONGZHI GUANJIAN JISHU

分布式智能电网
运行控制关键技术

梁纪峰　于腾凯　李铁成　董靓媛　陈二松　编著

中国电力出版社
CHINA ELECTRIC POWER PRESS

内 容 提 要

本书探讨了分布式智能电网运行与控制技术。全书共分 6 章，主要介绍了分布式智能电网的技术背景、概念及特点；分布式智能电网组网形态与运行控制技术架构；分布式智能电网频率控制，包括变功率点跟踪控制、惯量和一次调频控制策略、频率平滑调节方法等；分布式智能电网无功电压调控，包括建模方法、无功优化方法等；分布式智能电网故障隔离与自愈，包括馈线自动化、故障区段定位方法等；分布式智能电网能量管理与优化调度，包括能量管理策略、经济调度等。

本书内容丰富，结构清晰，旨在为从事分布式智能电网领域的研究人员、工程师和决策者提供技术指导和参考。

图书在版编目（CIP）数据

分布式智能电网运行控制关键技术 / 梁纪峰等编著.

北京：中国电力出版社，2025.7. -- ISBN 978-7-5239-0183-0

Ⅰ．TM76

中国国家版本馆 CIP 数据核字第 2025LL1571 号

出版发行：中国电力出版社

地 址：北京市东城区北京站西街 19 号（邮政编码 100005）

网 址：http://www.cepp.sgcc.com.cn

责任编辑：孙 芳（010-63412381）

责任校对：黄 蓓 王海南

装帧设计：赵姗姗

责任印制：吴 迪

印 刷：三河市万龙印装有限公司

版 次：2025 年 7 月第一版

印 次：2025 年 7 月北京第一次印刷

开 本：787 毫米×1092 毫米 16 开本

印 张：13.25

字 数：294 千字

印 数：0001—1000 册

定 价：70.00 元

前　言

　　能源是人类文明进步的基础和动力，攸关国计民生和国家安全，关系人类生存和发展，对于促进经济社会发展至关重要。随着新型电力系统建设的快速推进，以风电、光伏为代表的可再生能源得到快速发展。然而，可再生能源大多具有间歇性、波动性的特点，而且其发电系统的动态特性也不尽相同，大规模可再生能源接入电网对现有电网的安全稳定运行带来一系列的严峻挑战，涉及电网的调频调压、潮流控制、功率调度、综合优化等诸多方面。

　　可再生能源的不确定性要求电网具备更高的灵活性和智能化水平，以实现能源的有效管理和优化调度。2022年中央财经委员会提出："发展分布式智能电网，建设一批新型绿色低碳能源基地"。在此背景下，分布式智能电网作为一种新型电网模式，以其高效、灵活和环保的特点，实现分布式能源的就近接入和消纳，既相对独立又与大电网相互耦合、相互支撑，正逐渐成为构建新型电力系统的关键技术。为此，围绕分布式智能电网主动支撑、故障自愈、能量管理及优化调度等方面的研究，已成为新型电力系统研究领域的热点。

　　本书共6章。第1章介绍了分布式智能电网的技术背景、概念及特点等，为后续章节的研究提供了基础。第2章～第6章，分别深入探讨了分布式智能电网的组网形态与运行控制技术架构、频率控制、无功电压调控、故障隔离与自愈技术以及能量管理与优化调度，每章均力求从技术概念、技术原理和数学模型等多个角度进行分析，旨在为读者提供一个全面、深入的分布式智能电网运行控制技术视角。

　　由于时间仓促和编写人员的水平所限，本书难免存在疏漏之处，恳请读者批评指正。

编　者

2025 年 6 月

前　言

目 录

概　　述

🎯 1.1　分布式智能电网的技术背景

能源安全与低碳转型已成为 21 世纪全球发展的核心议题。随着第三次工业革命的推进，世界正经历从化石能源向可再生能源体系的结构性转变，这种转变通过技术创新实现经济增长与碳排放的"脱钩"，包括提升传统能源清洁化水平、降低化石能源消费比重、建立可再生能源主导的新型能源体系[1],[2]。国际实践表明，欧盟通过万亿欧元电网改造实现 2020 年 38.9% 的可再生能源发电占比；美国设定 2030 年 20%、2050 年 80% 的可再生能源发展目标；日本、印度、巴西等国也制定了明确的清洁能源路线图[3]~[6]。2020 年 9 月，习近平主席宣布"中国将提高国家自主贡献力度，采取更加有力的政策和措施，二氧化碳排放力争于 2030 年前达到峰值，努力争取 2060 年前实现碳中和"。此后，中国可再生能源建设进入加速期，"十四五"期间装机规模已从 9.3 亿 kW 跃升至 18.89 亿 kW，超额完成 15% 非化石能源占比目标，展现出引领能源转型的潜力[7]~[11]。

可再生能源持续规模化应用仍面临技术性挑战。风力发电（简称风电）、光伏发电等可再生能源发电呈现间歇性和不确定性特征，大规模接入电网势必对现有电网的安全稳定运行带来一系列的严峻挑战，涉及电网的调频调压、潮流控制、功率调度、继电保护、电能质量，以及规划建设、综合优化、经济运行等诸多方面。可再生能源发电接入模式主要分为集中式发电（centralized generation，CG）和分布式发电（distributed generation，DG）两种。集中式发电模式虽能实现远距离输电，但受制于电网稳定边界和土地资源约束，单一发展具有一定的局限性[12]，如中国"三北"地区曾出现大规模弃风弃光现象。相比之下，分布式发电具备供电灵活、节能环保、建设周期短等优势，不仅提升能源利用效率，更推动用户从电力消费者向"产消者"转变，重构能源服务模式[13]。

新型电力系统建设承载着国家战略使命。2014 年 6 月，习近平主席提出"四个革命、一个合作"能源安全新战略，并要求"推动能源供给革命，建立多元供应体系"。2021 年 3 月，中央财经委员会第九次会议指出"要着力提高利用效能，实施可再生能源替代行动，深化电力体制改革，构建以新能源为主体的新型电力系统"。中央政策文件强调"集中式与分布式并举"的发展路径，要求"加快发展东中部分布式能源""加快电网基础设施智能化改造和智能微电网建设"[14]，《"十四五"现代能源体系规划》（发改能源〔2022〕210 号）明确提出要适应分布式能源发展需求，这些顶层设计为电力系统转型指明了方向[15]。实践层面，集中式系统虽具规模效益，但其运行成本随容量集中度呈指数增长；分布式系统则凭借灵活性优势，既可独立运行又能支撑大电网，这种互补格局正在政策驱动下加速形成。

全球能源变革凸显智能电网技术价值。美国和欧洲已形成强大的研究群体，电力企业通过技术与业务结合开展智能电网建设，在发电、输电、配电等环节形成技术储备，这些实践显著提升了运营绩效[16]~[19]。中国智能电网建设同样取得显著进展，特高压输电技术国际领先，"西电东送"能力突破 3 亿 kW，智能电能表覆盖率超 90%，虚拟电厂等新业态快速发展。然而，当前配电网正经历从无源单向到有源双向的结构转变，配电网智能化滞后，高渗透区域继电保护误动率仍然较高。随着可再生能源渗透率提升和先进通信技术进步，智能电网技术已成为支撑能源转型的基础设施，构建具备智能控制能力的分布式系统已成为必然选择。

2022 年 4 月 26 日，中央财经委员会第十一次会议提出："发展分布式智能电网，建设一批新型绿色低碳能源基地"。在全球能源体系向低碳化、智能化转型的背景下，分布式智能电网的研究具有深刻的现实紧迫性与战略价值。集中式电网与分布式电网的协同困境、传统电力系统对可再生能源规模化消纳的适应性不足，共同构成了技术变革的内生动力。一方面，分布式能源的灵活接入需求与智能电网的感知调控能力形成天然耦合，两者的深度融合可有效破解可再生能源波动性带来的调频调压、潮流控制等难题；另一方面，智能电网技术赋能的分布式系统，能够通过"源-网-荷-储"动态优化实现能源产消者之间的高效互动，是构建新型电力系统不可或缺的底层架构。这两方面能力的协同演进，使得分布式智能电网既能解决当下可再生能源并网的技术瓶颈，又能为未来高比例新能源接入提供系统级支撑，最终形成支撑全球碳中和目标的可扩展、高弹性技术体系。

🎯 1.2 分布式智能电网的概念及特点

美国电力科学研究院（EPRI）在 2000 年前后提出了 Intelligrid 的未来电网发展的概念，该英文术语译成中文的"智能电网"是比较贴切的，而美国能源部（DOE）当时称为 Grid-Wise，具体标书有些不同，但含义和目的大同小异。欧洲则采用 Smart Grid 的说法，在我国也同样译成"智能电网"，欧洲在 2006 年推出了研究报告[20],[21]，全面阐述了智能电网的发展理念和思路。美国能源部（DOE）在 2008 年出版了一份研究报告[22]，也采用了这个术语。目前，智能电网（smart grid，SG）在全世界内应用较为普遍。

目前，由于"智能电网"概念处于不断研究和开发阶段，各国、各研究机构、各电力公司、专家对该术语到底包含的技术内容、特性功能、发挥作用等尚未形成统一意见，而且各国自身国情以及发展智能电网的驱动力不尽相同，智能电网概念业内并未形成统一共识，各个领域的专家从不同角度阐述了智能电网的内涵，并且随着研究和实践的深入对其不断细化[23]~[26]。

美国能源部将智能电网定义为：利用数字化技术改进电力系统（涵盖发电、输配电网、用电，包括分布式发电和分布式储能）的可靠性、安全性和运行效率[27]。欧盟将智能电网定义为：可以智能化地集成所有接于其中的用户（包括电力生产者、消费者和产消合一者）的行为和行动，保证电力供应的可持续性、经济性和安全性。中国国家电网有限公司则提出坚强智能电网，即以特高压电网为骨干网架、各级电网协调发展的坚强网架为基础，以通信信息平台为支撑，包含电力系统的发电、输电、变电、配电、用电和调度 6 大环节，涵盖所有电压等级，实现"电力流、信息流、业务流"的高度一体化融合，具有坚强可靠、经济高效、清洁环保、透明开放和友好互动内涵的现代电网[28]、[29]。概括而言，智能电网将融合和集成新的量测、通信、控制和决策技术，实现电力行业的技术变革，其核心要义是"智能"[30]。

天津大学余贻鑫院士给出如下定义[31]：智能电网是自动的和广泛分布的能量交换网络，它具有电力和信息双向流动的特点，同时它能够监测从发电厂到用户电器之间的所有元件。它将分布式计算和提供实时信息的通信的优越性用于电网，并使之能够维持设备层面上即时的供需平衡。智能电网是指一个完全自动化的供电网络，其中每一个用户和节点都得到实时监控，并保证从发电厂到用户端电器之间的每一点上的电流和信息的双向流动。智能电网通过广泛应用的分布式智能和宽带通信，以及自动控制系统的集成，能保证市场交易的实时进行和电网上各成员之间的无缝连接及实时互动。

文献[32]提出了"互动电网"的概念，指在创建开放的系统和建立共享信息模式的基础上，以智能电网技术为基础，通过电子终端将用户之间、用户和电网公司之间形成网络互动和即时连接，实现数据读取的实时、高速、双向的总体效果，实现电力、电信、电视、远程家电控制和电池集成充电等的多用途开发。互动电网可以整合系统中的数据，优化电网的管理，将电网提升为互动运转的全新模式，形成电网全新的服务功能，提高整个电网的可靠性、可用性和综合效率。

IBM 中国公司指出了智能电网三个层面的含义[33]：①利用智能传感器对发电、输电、配电、供电等关键设备的运行状况进行实时监控；②对所获得的电网数据通过网络系统进行收集、整合、处理；③通过对数据的分析、挖掘获得电力系统运行的内在规律，实现对整个电力系统运行的优化管理。

能源咨询公司埃森哲（Accenture）认为，智能电网利用传感、嵌入式处理、数字化通信和 IT 技术，将电网信息集成到电力公司的流程和系统，使电网可观测（能够监测电网所有元件的状态）、可控制（能够控制电网所有元件的状态）和自动化（可自适应并实现自愈），从而打造更加清洁、高效、安全、可靠的电力系统。智能电网的全球需求正在上升，在不久的将来智能电网技术供应商之间的竞争将加剧。

文献[34]把智能电网的功能归纳为高级计量体系（advanced metering infrastructure，AMI）、高级配电运行（advanced distribution operation，ADO）、高级输电运行（advanced transmission operation，ATO）和高级资产管理（advanced asset management，AAM）。其主要涉及以下 4 方面智能电网技术：①高级计量体系（AMI）；②电网可视化技术和海量数据管理；③广域量测系统/相量测量单元（WAMS/PMU）；④分布式的智能网络代理（INAs）体系。

总之，智能电网就是通过传感器把各种设备、资产连接到一起，形成一个客户服务总线，从而对信息进行整合分析，以此来降低成本，提高效率，提高整个电网的可靠性，使运行和管理达到最优化。智能电网是一种基于信息技术的新型电力系统，它将分布式发电、智能化控制、储能、能源互联网等技术有机结合，形成一种高效、安全、可靠、可持续的电力系统，实现对电力的生产、传输、配送、使用等各个环节的智能化控制和优化。

智能电网的特点是电力和信息的双向流动性，从而建立一个高度自动化和广泛分布的能量交换网络。任何智能电网的命脉都是用以驱动应用的数据和信息，而这些应用又反过来促使开发新的和改进的运营策略成为可能。电力系统任一领域，从电力用户、电力市场、服务提供商、运行、发电、输电和配电，所收集到的数据都可能同其他领域的改善相关。智能电网将把工业界最好的技术和理念应用于电网，以加速智能电网的实现，如开放式的体系结构、互联网协议、即插即用、共同的技术标准、非专用化和互操作性等。

分布式是智能电网最基本的特征之一。除分布式发电以外，还包括各种分布式储能、高级量测体系、需求响应、混合电气车辆（PHEV）和插电式电动汽车（V2G）的智能充电（包括监视与控制的执行），商业及客户服务，以及应用与未来服务（如为生产型消费者买/卖功率提供/询问市场数据）等。

随着风力发电、光伏发电等可再生能源发电的快速发展，分布式电源将遍布于整个电力系统而不是仅仅局限于大型能源基地，相对于传统电力系统，新型电力系统的形态结构将出现较大变化，传统电力系统自上而下的垂直一体化管控模式，也逐渐向新型电力系统自下而上的分层集群聚合模式转变，并涌现出一批分布式智能电网。智能电网是如同互联网一样智能的电网，是电网的第二次智能化，集成的能量与通信体系打通了现代能源产业链的"最后一公里"，将从根本上改变人们的生活和工作方式，并像互联网一样激励类似的变革[35]。分布式智能电网中的分布式表现为三个层次的含义。①第一层次：大量接入分布式电源的智能电网。分布式电源大量接入的电网，可以是智能微电网，也可以是主动配电网，其核心特点是分布式电源，尤其是可再生的分布式能源占比很高，某些分布式智能电网甚至可以做到任何时段100%可再生分布式能源渗透（完全自治型微电网）。②第二层次：在物理空间上大量分散的智能电网。在一个较大的区域（如城域）内，大量存在上述的分布式智能电网，这些智能电网之间存在水平协作（同一电压等级）和垂直协作（不同电压等级），形成更大范围的分布式智能电网。③第三层次：在逻辑空间上汇集大量分散资源的智能电网。分布式智能电网的分类见图1-1。

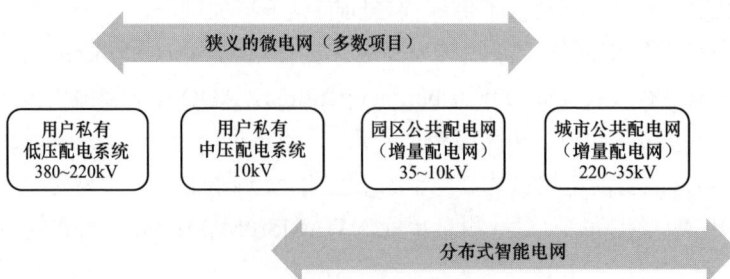

图 1-1 分布式智能电网的分类

也有学者认为，分布式能源在近负荷地区实现就近消纳，消纳所受的制约最小，因此回报率最高。但以分布式光伏为主的分布式清洁能源，同样存在"间歇、波动、随机"的问题，而且还存在"高渗透率的分布式光伏、影响公共配电网系统安全稳定运行"的问题。所以需要在分布式这个层级上，形成更加自洽、更加智能、更加互动的"源-网-荷-储"的新型配电系统，这种新型配电系统可以理解为"分布式智能电网"。分布式智能电网更接近高级版虚拟电厂的概念，就是跨越不同管理边界、不同产权边界的各类配电网或者微电网，以"信息流+电流+控制流"三流合一的方式，将微电网或者各类可调度的分布式电力资源进行汇聚，实现逻辑上的"分布式智能电网"。

《"十四五"现代能源体系规划》[36]提出，提高配电网接纳新能源和多元化负荷的承载力和灵活性，促进新能源优先就地就近开发利用；积极发展以消纳新能源为主的智能微电网，实现与大电网兼容互补。分布式智能电网布局日益成为国家抢占未来低碳经济制高点的重要战略措施，加快建设各电压等级协调发展的坚强智能电网，构建安全、可靠、清洁、高效的电力供应体系，已成为社会共识。在"碳中和"大背景下，分布式智能电网具有广阔的投资空间，行业前景广阔。它的特点：①小型、分散；②清洁、低碳、绿色；③基本具有自平衡能力，是一个微平衡单元；④有较高的智能化水准。分布式智能电网与既有电网的区别是显而易见的。分布式智能电网通过数字技术可以实现对更大范围中小用户资源的挖掘，起到"聚沙成塔"的规模效应。这是数字经济时代特有的平台效应和网络效应优势，最大限度释放了配电网侧可承载负荷侧资源参与系统调节的潜力。发展分布式智能电网，是实施新能源就近优先开发方针的体现，从而将微型电源安装在靠近客户处所的地方，以便能以令人满意的电压及频率分布、可忽略的线路损耗有效地提供电/热负荷。

2

分布式智能电网组网形态与运行控制技术架构

🎯 2.1 分布式智能电网组网形态

分布式智能电网作为"双碳"目标下新型电力系统建设的关键组成部分，其理论发展与技术体系正逐步完善，组网形态具有多层级、多形态融合等特点，呈现"大电网+分布式智能电网"兼容并蓄的发展方向。根据《新型电力系统发展蓝皮书》，未来电网将形成"骨干输电网-主动配电网-自治微电网"的三层架构，通过数字孪生、人工智能等技术实现多形态协同优化。本节结合政策导向和技术发展，将分布式智能电网组网形态归纳为以下四类。

1. 分布式发电为基础单元

作为分布式智能电网组网的基础物理形态，分布式发电主要包括光伏发电、风电等可再生能源发电单元，以及传统分布式发电系统。这些单元通过直接接入配电网或微电网实现能源本地化生产与消纳，其核心特征体现在：①灵活组网，支持"自发自用+余电上网"模式，实现电能就近消纳；②动态互动，通过双向变流器实现与大电网的功率交换，采用虚拟同步机技术维持系统频率稳定；③多能互补，结合储能装置形成"光储充"一体化系统，平抑可再生能源波动性。分布式发电主要技术类型及特性如下：

（1）光伏发电。

光伏发电系统运行方式包括独立运行和联网运行两种方式。独立光伏发电系统由光伏阵列、蓄电池组、控制器构成，适用于无电网覆盖区域。并网光伏发电系统是将太阳能电池发出直流电逆变成交流，包含直流汇流箱、逆变器、监控系统，通过 0.4kV/10kV 电压等级并网，可使其成本下降 18%左右。两种系统的示意图分别如图 2-1 和图 2-2 所示[37]。

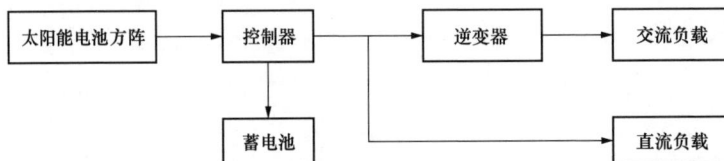

图 2-1　独立光伏发电系统示意图

（2）风电。

风电机组的主要部件是塔架、旋翼和发动机舱，发动机舱容纳传动机构和发电机，转子可能有两个或更多的叶片，风机通过转子叶片捕捉气流的动能，并通过变速箱将能量传递到感应发电机侧，发电机轴由风电机组驱动发电。变速箱的作用是将风机较慢的转速转换为感应发电机侧较高的转速，采用监控计量、控制和保护技术，使输出电压和频率保持在规定的范围内。风电机组分为水平轴结构和垂直轴结构。直到 20 世纪 90 年代中期，风电机组的平均商用涡轮机容量为 300kW，近些年已经开发和安装了容量更大的风机，可高达 5MW。变速调节桨距角风力发电机组如图 2-3 所示。

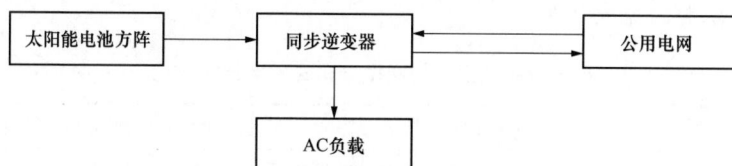

图 2-2　并网光伏发电系统示意图

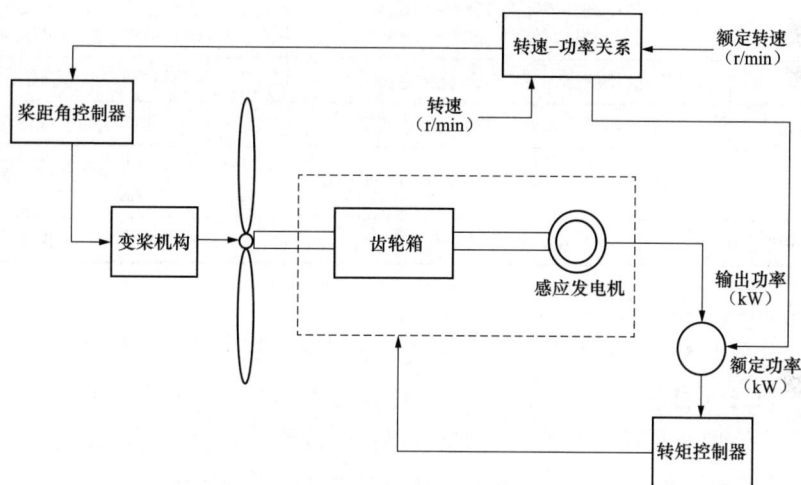

图 2-3　变速调节桨距角风力发电机组

风机的输出功率由风速、风机尺寸和形状等因素决定。其表达式为

$$P = \frac{1}{2} C_P \rho v^3 A \tag{2-1}$$

式中：P 为功率，W；C_P 为功率系数；ρ 为空气密度，kg/m³；v 为风速，m/s；A 为转子叶片扫过的面积，m²。

功率系数 C_P 给出了由风机转子提取能量的度量，其数值随转子设计和叶尖速比（TSR）的不同而不同。TSR 为转子转速与风速的相对速度，实际最大值约为 0.4。由于塔影、风切变和湍流等因素，导致风速波动使得风机扭矩输出经常发生动态变化，进而引起风机输出功率的动态扰动，从而产生风机输出电压的闪变。根据可控性，风力涡轮机操作系统可分为恒速风电机组和变速风电机组。对于恒速风电机组而言，其输出功率变化和电压闪变是电网中存在的问题；相反，变速风电机组能够提供更平稳的输出功率和母线电压、更低的损耗。

（3）传统分布式发电。

传统分布式发电技术主要指基于化石能源的小型发电系统，通常布置在用户附近，具有灵活性强、供电可靠性高的特点。这类技术主要包括小型燃气轮机、往复式发动机、柴油发电机等，其核心目标是为特定用户或局部区域提供电能支持，并作为配电网的补充。传统技术依赖化石燃料，虽然能源利用效率较高（如燃气轮机热电联产效率可达70%～80%），但存在碳排放高、依赖燃料供应等问题[38]~[40]。传统分布式发电与新型分布式发电技术对比见表2-1。

表 2-1　　　　　　　　　　传统分布式发电与新型分布式发电技术对比

对比维度	传统分布式发电技术	新型分布式发电技术
主要能源类型	化石能源（天然气、柴油等）、地热能、生物质	可再生能源（太阳能、风能等）及氢能
典型技术	小型燃气轮机、往复式发动机、柴油发电机	光伏发电、风电、燃料电池、储能集成系统
能源效率	热电联产效率为70%～80%，单一发电效率为30%～40%	光伏效率为15%～22%，风电为30%～45%，燃料电池为40%～60%
环保性	碳排放高，存在氮氧化物污染	接近零排放，环境友好
供电稳定性	受燃料供应影响，需配套储能设备	依赖天气，需搭配储能或混合能源系统
应用场景	工业余热利用、区域热电联供、应急电源	户用光伏、工商业屋顶、微电网、偏远地区供电
电网交互能力	单向供电，调节灵活性有限	支持双向供电、虚拟电厂调度

2. 微电网为自治单元

微电网定义为一个由电力负荷、分布式电源（包括储能装置）以及各种电力电子装置而构成的独立可控系统[41]，具备独立运行或与大电网并网的双重能力，分为3种类型：①完全自治型，在特定时段实现100%可再生能源渗透，如海岛微电网；②并网互动型，通过智能控制系统实现与大电网的功率交换，典型场景包括工业园区、偏远乡村；③多能互补型，整合冷热电联供系统，提升综合能效，如图2-4所示。

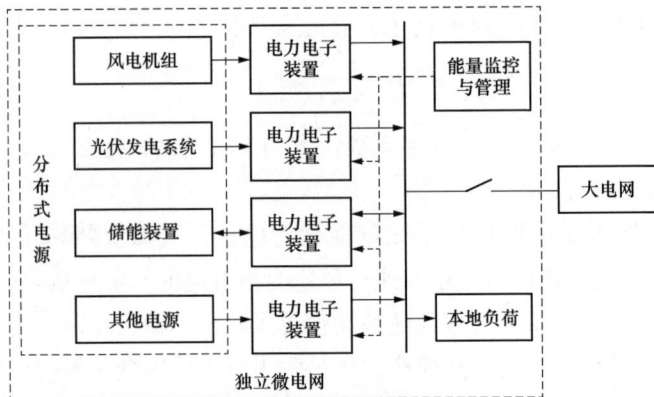

图 2-4　微电网概念示意图

（1）容量和电压等级。

微电网的电压等级通常为低压或者中压两个等级，而容量规模的划分相对复杂，主要是由于世界各个国家的不同现实情况和发展微电网技术的侧重点不同而导致的，例如日本三菱公司提出的 100MW 以上、10MW 以上和 10MW 以下的高中低规模的三类微电网容量等级[42]。而 Navigant Consulting 在提交给美国能源信息署的关于微电网技术研究评估的报告中，根据应用场合的不同提出了包含单个设施级微电网、多个设施级微电网、馈线级微电网和变电站级微电网共 4 种不同类型的微电网容量规模及电压等级分类[43],[44]，如表 2-2 所示。可见，微电网容量规模主要集中在 20MW 以下，电压等级主要为低压或者中压等级。

表 2-2　　　　　　　　　　　微电网容量与电压等级分类

微电网类型	容量	电压等级	应用范围
单设施级	<2MW	低压	主要应用于小型工业或商业建筑；大的居民楼或单幢建筑物
多设施级	2~5MW	低压	一般应用于包含多类型负荷、多类型建筑物的网络，如小型工商区和居民区等
馈线级	5~10MW	低压或中、低压	可能由多个小型微网组合而成，适用于公共设施、政府机构等场合
变电站级	5~10MW	中、低压	可能包含变电站和一些馈线级和用户级微网，适用于变电站供电的区域

（2）结构模式。

微电网结构模式由网络拓扑设计主导，涵盖电气接线方式（如放射状、环网结构）、供电制式（交流/直流/交直流混合）及能源设备布局（电源、储能、负荷节点分布）[45]，其中供电制式直接影响系统架构选择。当前微电网供电制式应用可分为三类：①交流微电网（兼容并网切换，主流采用 Droop 控制），典型结构如图 2-5 所示，广布于工业区（如珠海东澳岛项目）；②直流微电网（匹配光伏/储能直连，如北京大兴国际机场充电站）；③交直流混合微电网（能源路由器+智能光伏逆变器技术，典型案例为海南三沙市永兴岛项目）。

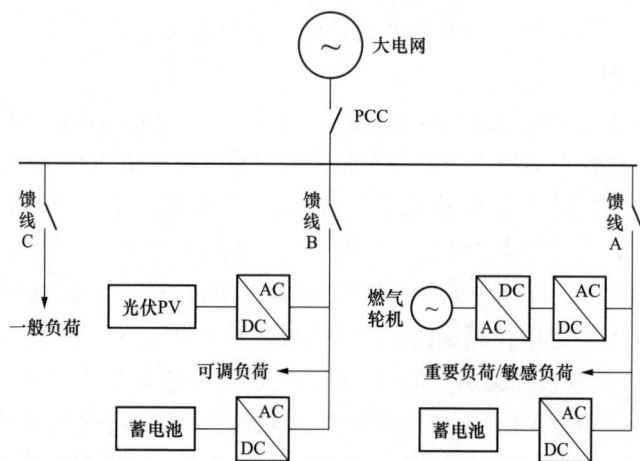

图 2-5　交流微电网结构

（3）控制模式。

微电网控制模式主要有对等控制模式和主从控制模式两种，两者的概念及其控制特点具有非常大的差异[46]。对等控制（peer-to-peer Control）是指微电网系统中的分布式电源均具有等同的控制地位，而不存在主从隶属关系，而且每个分布式电源都各自依据接入系统点处的电压和频率等就地信息而自行参与系统电压和频率的调节控制。主从控制（master-slave control）是指微电网系统中可控型分布式电源作为主控电源，通过采用下垂控制方法（droop）或恒压恒频控制（U/f）方法跟随系统功率波动来维持系统的电压和频率稳定性；而其他分布式电源则作为从控电源并采用定功率控制（P/Q）方法进行输出功率，不需要参与系统电压和频率调节作用[47],[48]。根据主控电源的多寡又划分为单个主控电源和多个主控电源两种不同类型的主从控制模式[49],[50]，其优缺点如表2-3所示。

表 2-3 微电网主要控制模式

类型	优势	劣势
单个主控电源	控制简单、易行	由于依赖于该单一主控电源的程度非常高，该单主控电源在一定程度上限制了独立微电网系统的电能质量等级、容量规模水平等
多个主控电源	能够较好地满足较大规模容量的独立微电网控制要求、提高系统的电能质量水平	控制相对复杂，且难以适用于不同控制特性的多可调度型分布式电源

3. 智能配电网为承载平台

智能配电网作为分布式资源整合的物理载体，其形态演进呈现三大特征。①有源化：传统单向"无源"配电网向双向潮流网络转型，支持高比例分布式电源接入[51]；②数字化：部署高精度传感器、智能终端设备，实现"可观、可测、可调、可控"；③柔性化：通过电力电子变压器、柔性开关等设备增强电网弹性。智能配电网的具体形态呈现多样化发展，且与场景适配不断深化。其中，直流配电网与数字化主动配电网成为关键技术突破方向，两者共同推动配电网向更高效、更智能的方向转型。

（1）直流配电网。

直流配电网技术早期因电压低、损耗大未普及，但于 20 世纪电力电子器件革新推动其复兴，为分布式能源与高精度负载需求带来新机遇。日本于 2004 年构建 10kW 直流系统，2007 年大阪大学研发双极结构并接入燃气轮机与储能；美国弗吉尼亚理工提出绿色楼宇分层配电方案，欧洲探索中压直流环网供电。中国自 2009 年开展研究，建成珠海唐家湾三端柔直示范工程、苏州中低压直流系统等，实现高效新能源消纳与高可靠性供电。在技术层面，直流配电网拓扑涵盖辐射型（低成本易扩展）、环型（高可靠性）与混合型（灵活冗余）结构，接地系统聚焦交流滤波接地与直流不接地等优化方案，电压等级标准化仍存挑战，一般推荐±0.4～±320kV 分级覆盖通信、轨交及输配电网。控制体系采用三层架构（装置级-协调层-能量优化），结合集中/分散/分布式多模式调控，通过单点或多点电压控制保障系统稳定。当前核心难题在于统一电压标准、提升故障隔离能力及强化异构设备兼容性，需协同技术突破与标准建设以推进直流配电规模化应用。双极结构直流配电系统如图 2-6 所示。

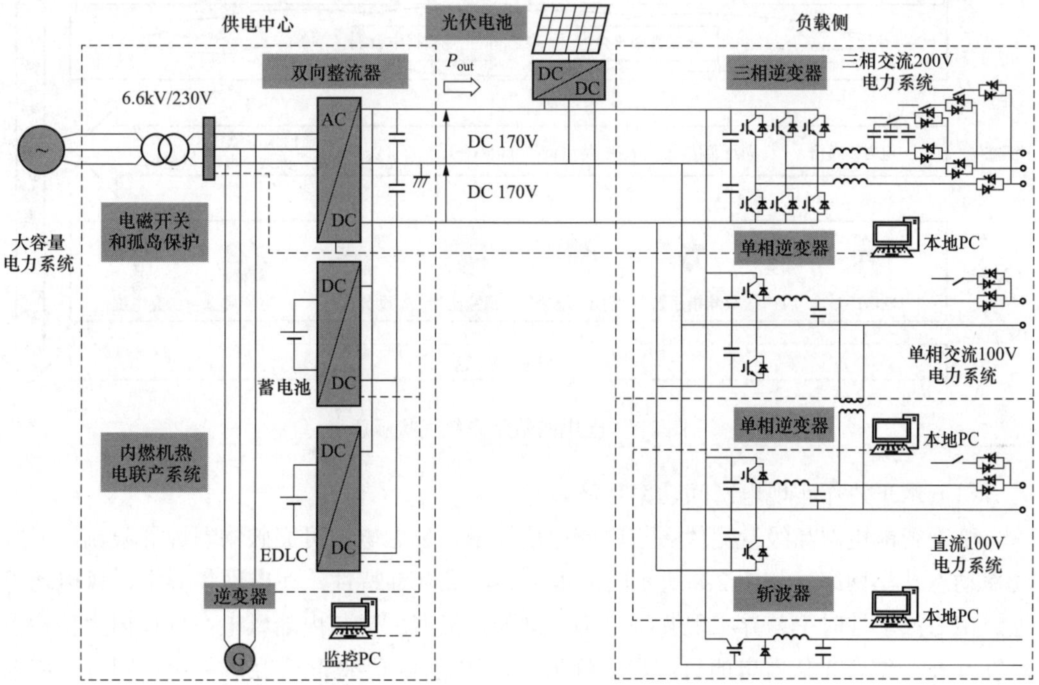

图 2-6　双极结构直流配电系统

（2）数字化主动配电网（ADS）。

数字化主动配电网以"数据驱动+智能决策"为核心，支撑新型电力系统高质量发展。其演进历经信息化、网络化、智能化三阶段[52]～[54]：①信息化阶段通过构建高效信息管理系统（如 PMS、DAS）实现配网规划、设备管理等业务线上化转型；②网络化阶段依托配电物联网与工业互联网技术，延伸中低压配电网监测能力，推动设备在线感知与远程操作；③智能化阶段融合数字孪生与 AI 技术构建"终端感知-网络平台-业务应用"三层架构，形成自主学习与主动管控能力。当前，我国正处于网络化向智能化跃迁的关键期，终端感知层深度融合继电保护装置、智能传感与边缘计算模块，实现多物理量数据毫秒级采集；网络平台层通过电力无线专网、量子加密通信等技术，保障海量终端数据高可靠传输；业务应用层集成 EMS、供电服务指挥平台及新能源管理系统，实现设备全生命周期管控与源网荷储协同优化。国家能源局发布的《新形势下配电网高质量发展指导意见》（发改能源〔2024〕187 号）明确要求深化数字技术赋能，未来将加速构建"物理-数网"双模电网，推动配电网向智慧能源枢纽转型，为"双碳"目标提供核心支撑。配电网数字系统现状如图 2-7 所示。

4. 源网荷储动态互动为协同中枢

在分布式智能电网组网中，源网荷储动态互动成为关键一环，通过多层级协作网络实现系统协同优化，其核心特征可凝练为以下三方面[55]～[57]：

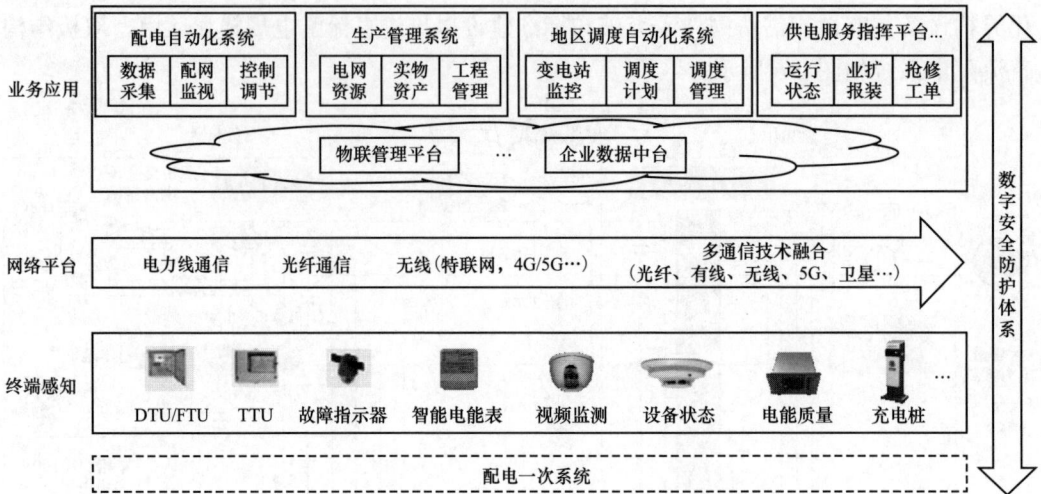

图 2-7 配电网数字系统现状示意

（1）水平协作实现电网间功率互济。

基于智能电网高级量测体系与广域通信技术，邻近电网可突破物理边界限制，形成功率动态共享网络。如图 2-8 所示的风电出力广域互补特性，在电网集群中，风电场可通过出力波动性时空差异实现互济平抑。例如，沿海风电与内陆风电在昼夜出力特性上存在互补，结合光伏发电的日间出力峰值，可构建风-光-储联合互济单元。同时，需求侧柔性负荷节点通过虚拟电厂聚合，可参与电网间的日前功率交易，利用价格型需求响应机制引导负荷曲线平移，提升区域清洁能源消纳率。

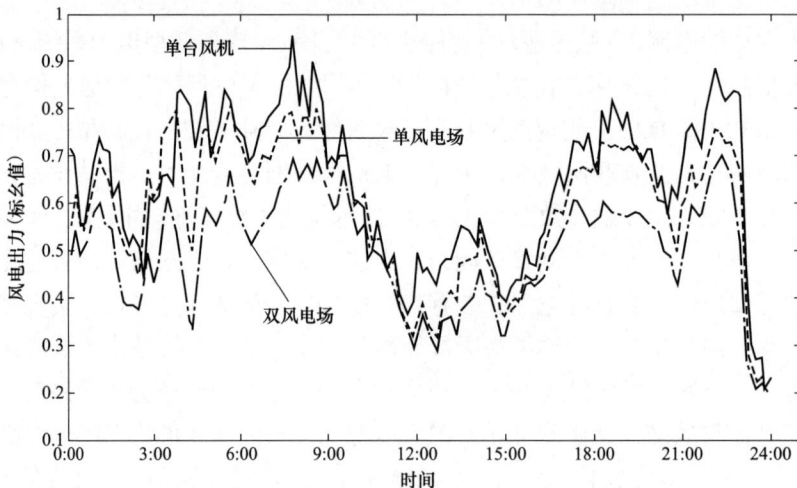

图 2-8 单台风机、单风电场、多风电场出力比较

（2）垂直协作实现电网间协调调度。

新型电力系统需打通"输-配-用"全电压层级的信息壁垒。在输电网层面，集中式新能源基地通过特高压通道进行跨区输送；在配电网层面，分布式光伏与电动汽车充电

网络需接受上级电网的调峰指令。如图 2-9 所示的光伏发电出力剧烈波动特性，从而建立"省级调度-地市调度-台区管理"三级响应机制：省级调度通过可中断负荷合约平抑小时级波动，地市调度调用商业楼宇空调负荷参与 15min 级调节，台区管理器则依托社区储能设备实现秒级电压支撑。该模式通过跨电压等级协调进一步提升分布式电源渗透率，且不影响系统稳定性。

图 2-9　不同天气下光伏发电日出力曲线

（3）动态组网实现自动重构网络拓扑。

针对新能源出力不确定性与 $N-1$ 安全准则的矛盾，动态组网技术通过在线风险评估实现拓扑自适应调整。如图 2-10 所示的风速持续扰动特征，当预测误差超过阈值时，系统可自动解列高风险馈线，将其并入相邻供电片区。同时，含源负荷节点可基于实时电

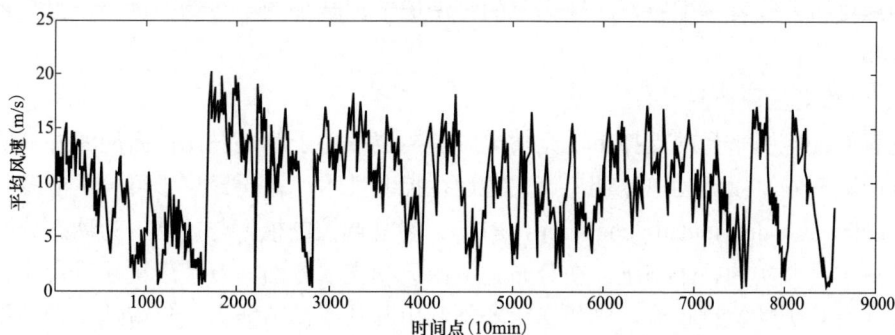

图 2-10　某风电场连续 2 个月的实测风速曲线

价信号切换并网模式：在电网脆弱时段切换至孤岛运行，利用本地储能与燃气轮机维持供电；在系统充裕时段则作为虚拟同步机提供惯量支撑。美国 PJM 市场已引入动态网络重构机制，通过风险驱动的拓扑优化使输电断面利用率提高 18%，新能源弃电率下降 6.2%。

🎯 2.2 分布式智能电网运行控制技术架构

在新型电力系统背景下，高比例新能源并网与源网荷储多层级组网形态的深度融合，对电网运行控制提出了多维挑战：一方面，分布式电源出力强随机性与负荷节点柔性化特征，打破了传统"源随荷动"的刚性平衡模式；另一方面，微电网、智能配电网与广域互动单元的动态耦合，要求运行控制技术突破单一设备调节或局部优化的局限，向系统性、协同化方向演进。传统电网控制架构难以适应新能源电力系统运行需求，亟须构建与组网形态深度适配的运行控制技术架构。

本书提出分布式智能电网运行控制技术架构，以"分布式发电单元-微电网自治单元-智能配电网平台-源网荷储协同中枢"四级组网形态为物理载体，通过"源端动态控制-无功电压调控-安全主动防御-多源协同运行"四维架构的有机整合，实现从设备级调节到系统级优化的全链条贯通，如图 2-11 所示。该架构为频率控制、电压调节、故障自愈等关键技术提供统一框架，覆盖分布式智能电网从局部到全局、从稳态到暂态的全场景控制需求，支撑高比例新能源电力系统安全、经济、低碳运行，为后续章节提供结构化框架。

1. 源端动态控制层

以分布式电源动态特性为核心，以频率控制为关键运行控制技术，解决源端频率波动与功率调节问题，支撑系统调频能力，为虚拟同步机与储能调频提供理论支撑。主要包括虚拟同步机特性优化，通过对双馈风机和光伏等分布式电源的动态特性进行深入分析，研究其对虚拟惯量的影响。在此基础上，结合超速减载控制与储能自适应调频策略，显著提升了频率响应速度，这种优化策略不仅增强了系统的动态响应能力，还提高了系统的稳定性和可靠性；变功率点跟踪方法，根据外部负荷的变化，实时调整分布式电源的输出功率，优化动态响应精度，确保系统频率的稳定。储能协同控制，优化超级电容模组的连接方式与容量配置，实现频率的平滑调节，减少频率波动，进一步提升系统的稳定性和可靠性。

2. 无功电压调控层

在智能配电网平台的支持下，无功电压调控层致力于解决高比例新能源并网所带来的电压越限问题，以无功电压调控为关键运行控制技术。该层聚焦于可再生能源分布式电源（renewable distributed generation，RDG）参与调控的模型与方法，为动态分区与网络重构奠定了坚实的技术基础。在分布式电源无功支撑方面，双馈风机通过背靠背式变换器实现有功无功解耦控制，光伏逆变器则利用其功率调节能力进行就地无功补偿，两者共同作用，确保电网电压的平稳运行。

为了进一步提升调控效果，该层构建含可再生能源的动态分区无功优化模型。该模型结合网络动态重构与模糊逻辑协调，实现电压的分层控制。通过动态分区，将配电网划分为多个独立的子系统，分别对各子系统进行无功电压调节，有效提高了调控精度和响应速度。同时，模糊逻辑协调控制能够根据电网实时运行状态，灵活调整控制策略，确保电压控制的高效性和准确性。

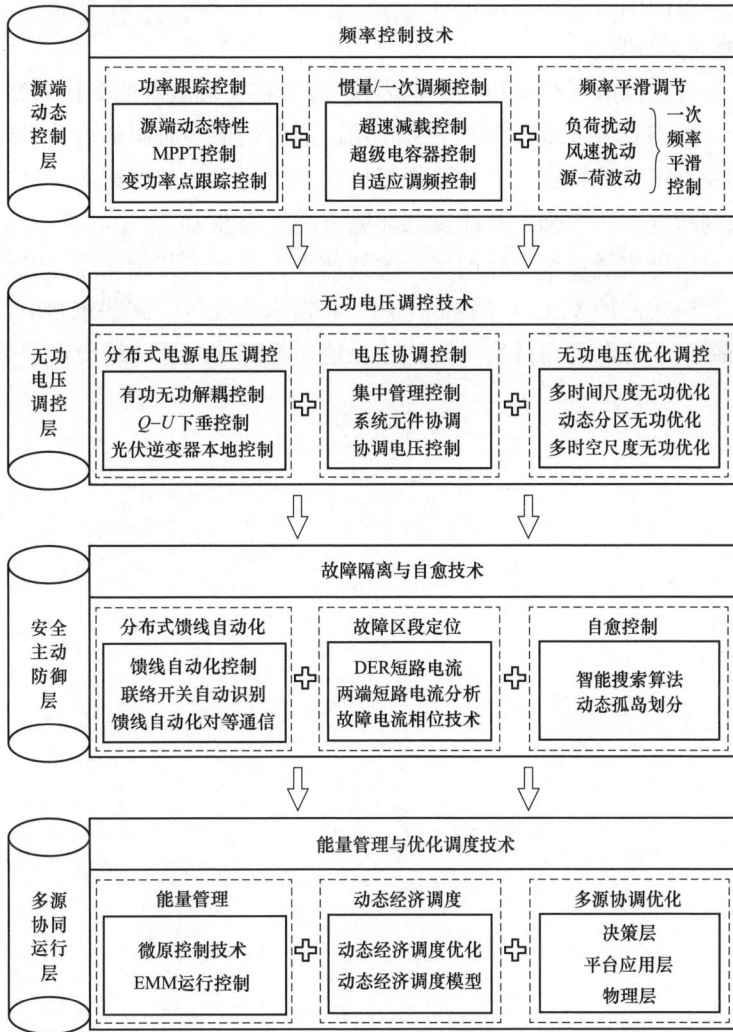

图 2-11　分布式智能电网运行控制技术架构

3. 安全主动防御层

针对分布式电源并网带来的保护挑战，实现故障快速定位、隔离与自愈。从故障定位、馈线自动化到自愈重构，形成完整防御闭环。在故障定位方面，依托短路电流相位特征与分布式电源（distributed energy resources，DER）短路电流分析，实现了高精度的故障定位。通过精确识别故障位置，可以迅速采取相应措施，避免故障扩散。

在馈线自动化方面，采用了协同型与代理型控制方法，结合对等通信技术，实现对故障区段的快速隔离。这种自动化技术能够迅速切断故障区域，确保非故障区域的稳定供电。

在自愈重构方面，利用动态重构算法，对电网进行实时调整，以恢复非故障区域的供电。同时，建立了保护协同机制，优化联络开关的自动识别与配电元件的协调策略，从而显著增强了系统的抗扰动能力。通过这些措施，能够有效地应对分布式电源并网带来的挑战，保障电网的安全稳定运行。

4. 多源协同运行层

多源协同运行层以源网荷储协同中枢为核心，旨在实现能量的优化调度和经济运行。在这一层面上，动态经济调度发挥着关键作用。通过构建多时间尺度的优化模型，结合混合整数规划和人工智能算法，有效降低了风光发电的不确定性影响。这一策略不仅提升了系统的预测精度，还增强了其在复杂环境下的适应能力。

能量管理模块是实现系统优化的另一关键环节。基于负荷预测和储能充放电策略，优化微源的运行模式，如 V2G（车辆到电网）和需求响应等。这些策略不仅提升了系统的灵活性，还提高了能源利用效率，为构建绿色、智能的能源系统奠定了坚实基础。

分布式智能电网频率控制

🎯 3.1 分布式电源变功率点跟踪控制

虚拟同步机（virtual synchronous generator，VSG）是分布式电源的关键技术，通过电力电子装置模拟传统同步发电机的运行特性，其核心特征就是虚拟惯量和一次调节特性，然而不论是虚拟惯量还是一次调节都需要虚拟同步机表现出相应的能量输出的变化，而这种能量输出的变化与虚拟同步机直流侧所连接的分布式能源的输出功率动态特性密切相关。

现有虚拟同步机相关研究多集中于 VSG 的数学模型、控制算法、参数优化、特性分析等方面，大多数虚拟同步机拓扑采用直流侧配置储能系统的结构，且一般认为储能系统可以为虚拟同步机提供无穷大的能量支撑，即与虚拟同步机相对应的虚拟原动机具备容量无穷大、电压恒定不变的特征[58],[59]，事实上在一定程度上忽略了 VSG 源端（即 VSG 直流侧）能量动态特性对 VSG 输出特性的影响。首先，实际工程中，考虑成本和经济性等问题，VSG 系统中储能系统配置不可能是无限度的，例如风机 VSG 控制系统中一般会优先利用风机转子本身具有的惯量，以尽量减少储能系统的配置甚至不配置储能；其次，以风能、太阳能为代表的可再生能源，其具有较强的随机性和波动性，直接造成了 VSG 虚拟原动机能量输出的不稳定。上述因素都会直接或间接地影响 VSG 直流侧能量供给，进而影响整个 VSG 系统的功率平衡，造成 VSG 输出特性无法满足设计需要。

基于上述问题，部分学者考虑光伏、风电等可再生能源动态特性带来的功率波动，提出了光伏发电与储能系统[60]、风电与储能系统[61]配合的运行方式，其基本思想是利用储能系统弥补可再生能源输出功率随机波动的缺陷，构成光储联合 VSG 系统和风储联合 VSG 系统。但是就虚拟同步机控制策略而言，不管是光储联合 VSG 系统还是风储联合 VSG 系统，本质上都与传统 VSG 控制策略相同，并未从 VSG 控制策略层面解决以光伏、风电等分布式电源为能量输入的 VSG 输出特性随机波动的问题。

因此，有必要研究计及分布式电源源端动态特性的虚拟同步机控制策略，以实现在少量配置储能甚至无储能配置情况下的虚拟同步机特性输出，提高虚拟同步机技术的工程实际应用性。

3.1.1 源端动态特性影响分析

图 3-1 所示为典型光伏/风电虚拟同步机拓扑结构图，光伏阵列经 DC/DC 变流器或风机经 AC/DC 变流器、三相电压型 PWM 逆变器和滤波器电路与 PCC 点相连，PCC 点

经并离网开关 S 接入电网。研究计及分布式电源源端动态特性的虚拟同步机控制策略，首先需明确光伏虚拟同步机的基本工作原理，风电虚拟同步机工作原理与光伏虚拟同步机类似，此处不再赘述，本章以光伏虚拟同步机为例说明问题。

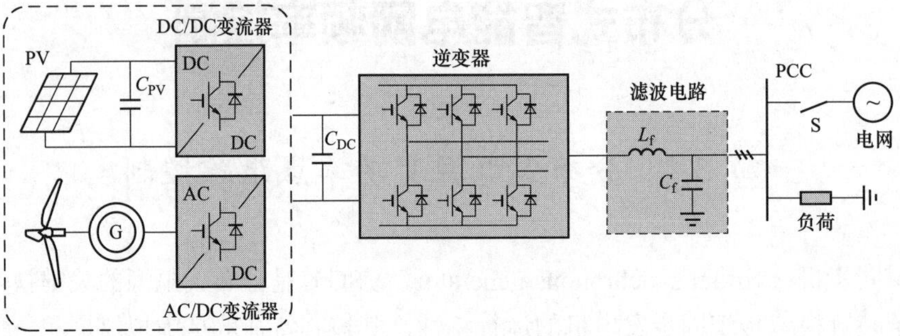

图 3-1　典型光伏/风电虚拟同步机拓扑结构

光伏阵列和 DC/DC 升压变流器（一般为 Boost 电路）模拟同步发电机系统中的原动机，作为整个虚拟同步机系统的功率源；三相电压型 PWM 逆变器作为虚拟同步机技术的核心载体，实现直流到交流的能量变换。

一般情况下，为了达到可再生能源的最大利用率，光伏发电系统中 DC/DC 升压变流器在实现电压泵升功能的同时，需采用最大功率跟踪（maximum power point tracking，MPPT）控制策略以获得光伏的最大出力。在可再生能源渗透率不高的情况下，MPPT 控制可以发挥其光伏利用率高的优势，但是随着可再生能源接入规模的不断扩大，以及相关新兴技术的应用（如虚拟同步机），MPPT 控制的弊端也随之变得越来越明显。例如：MPPT 控制不管外部负荷的功率需求，始终令光伏电池保持在最大功率点输出状态，但事实上光伏发电高渗透率接入情况下电网功率供需关系已不再要求光伏系统时时刻刻处于满发的状态，其应该以一种更为灵活的控制方式实现，避免系统中功率过剩造成的频率不稳定和其他电能质量问题的出现。此外，传统 MPPT 控制下的光伏电源是以等效电流源形式接入电网的，其表现为一个功率源，系统中的频率及电压需要由电网或大容量同步发电机来承担，难以实现独立带负荷运行，这在一定程度上限制了可再生能源大范围的推广应用。

光伏电源动态特性 "P–U 曲线" 如图 3-2 所示。其中，横坐标为光伏电池直流输出电压 U_{DC}，纵坐标为光伏电池输出功率 P_{PV}，点 A（U_{mpp}，P_{max}）为光伏电池的最大功率输出点。当外部负荷功率需求 P_{need} 大于 P_{max} 时，光伏电池工作于最大功率输出状态（运行于 A 点），即最大功率点运行。若外部负荷功率需求 P_{need} 小于 P_{max} 时，此时 P_{need} 与光伏电池输出功率曲线相交于 B、C 两点，两者输出功率相同，但对应的直流电压不同。假设系统稳定运行于 C 点，此时外部负荷功率需求 P_{need} 增加，直流电容将释放其存储的能量以增加光伏电池输出功率而满足外部负荷功率需求，直流电容电压随之下降，然而由图 3-2 可知，直流电容电压降低会导致光伏电池出力降低，外部负荷功率需求与光伏电池功率供给间的供需矛盾将进一步恶化，最终导致直流电压崩溃系统失稳。外部负荷功

率需求 P_{need} 减小的情况与此类似,都会造成系统不稳定运行。假设系统稳定运行于 B 点,此时外部负荷功率需求 P_{need} 增加,直流电容电压将下降释放能量以满足外部负荷功率需求,直流电容电压降低使得光伏电池出力增加,最终外部负荷功率需求与光伏电池功率供给间的供需关系达到新的平衡,最终系统稳定运行于 D 点。相反,当外部负荷功率需求 P_{need} 减小时,系统会按照类似的规律重新稳定在 E 点。综上所述,光伏电源的稳定运行区域为光伏电源动态特性"$P–U$ 曲线"中最大功率点在轴线的右侧部分。

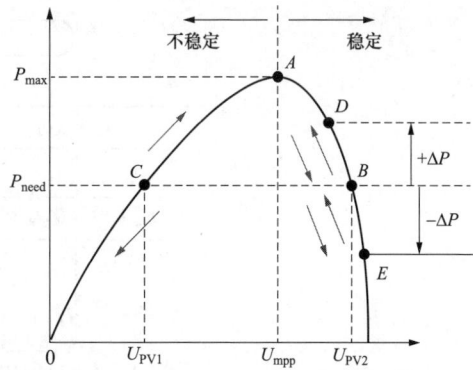

图 3-2 光伏电源运行特性曲线

基于光伏虚拟同步机工作原理,其工作状态可分为如下两种情况[59]:

(1)光伏电源功率供给过剩。当光伏电池所能发出的最大功率值大于负荷所需功率或调度指令功率时,即系统中功率过剩,此时继续维持光伏电池 MPPT 工作,可能造成系统频率或电压异常,需要调整光伏电池工作状态令其运行在与外部负荷功率需求相吻合的运行点。现有高光伏渗透率的电力系统中,解决类似问题的办法一般为弃光(风电系统中为弃风),以降低光伏电池输出功率,维持系统功率供需平衡。

(2)光伏电源功率供给不足。当光伏电池所能发出的最大功率量仍不能满足负载需求或调度指令时,即系统中功率不足。此时光伏电池需要工作在最大功率点,尽可能地为系统提供功率支撑。目前,高光伏渗透率电网中光伏发电系统多采用组串式结构,多个机组并列运行并通过相应的协调控制策略而共同分担负荷,原则上不会出现单机承担的负荷大于光伏电池最大功率输出的情况。需要指出的是,光伏电池最大输出功率不足同样会造成系统电压或频率不稳定。

事实上,在系统光伏电源功率供给不足的情况下,若光伏电池采用 MPPT 控制仍然无法满足外部负荷功率需求,供需功率差额需要额外的功率源(如储能系统)提供支撑,即光储联合发电系统,该类问题的解决方法较为成熟,此处不做讨论。而对于系统光伏电源输出功率过剩的情况,如果仍然依靠储能系统来平抑此时系统中的功率盈余,势必造成运行成本的大幅增加。对于高光伏渗透率的分布式发电系统而言,光伏功率供给过剩的问题更为突出。因此,针对无储能光伏虚拟同步机发电系统的应用场景,如何从控制策略上解决上述问题,成为限制光伏虚拟同步机以及相关分布式电源虚拟同步机技术实施和应用的关键问题之一。

3.1.2 分布式电源变功率点跟踪方法

为了解决可再生能源随机性和波动性带来的光伏虚拟同步机直流侧能量供给不稳定的问题,考虑外部负荷功率需求与光伏电源功率供给之间的两种供需关系,在光伏电池功率供给不足时保持光伏电池的最大功率输出,尽可能为系统提供功率支持;在光伏电池功率供给过剩时,自动调整光伏电池的工作点降低其功率输出以维持系统功率平衡。

基于上述思想，提出了光伏运行工作点跟踪方向可变的变功率点跟踪（variable power point tracking，VPPT）控制方法及其具体实施流程，如图 3-3 所示。

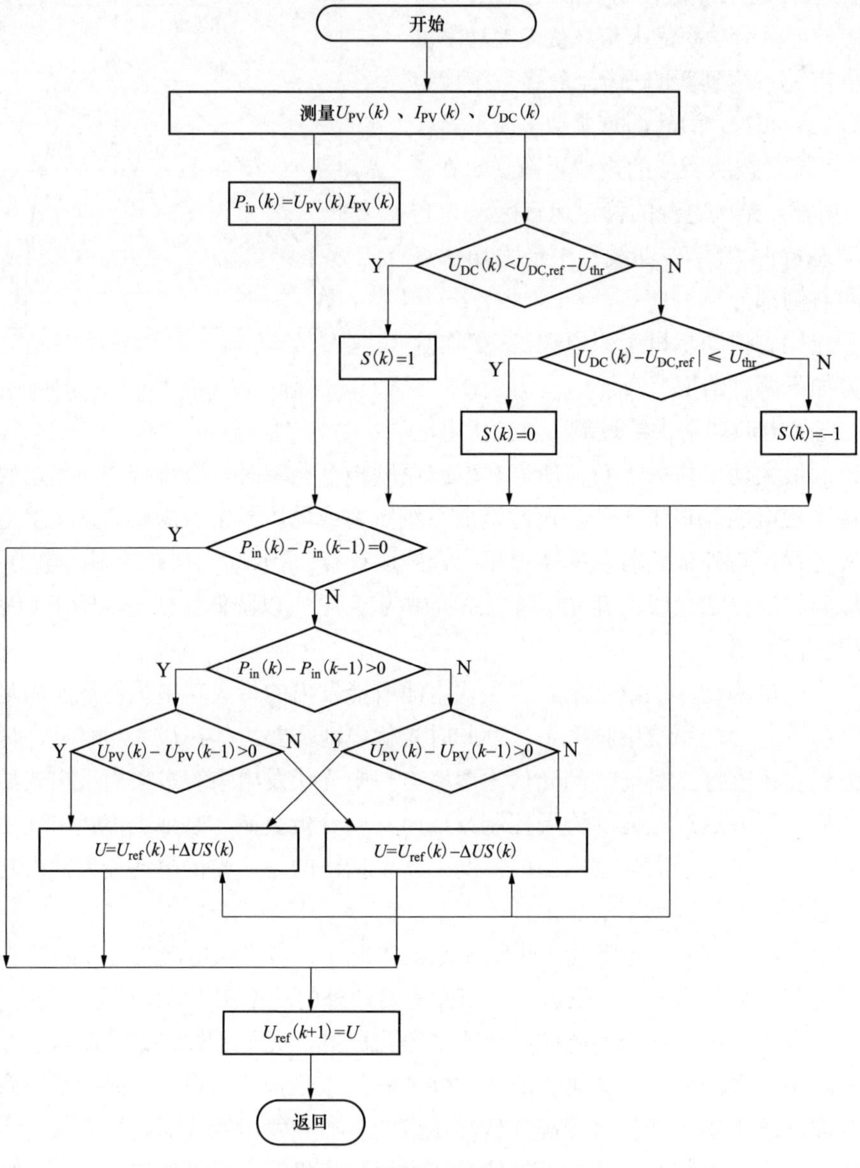

图 3-3　VPPT 控制方法流程图

　　基于 MPPT 控制方法中最常用的扰动观测法，变功率点跟踪控制方法通过加入直流母线电压判定模块，引入直流母线电压控制环，利用直流母线电压实际值 $U_{DC}(k)$ 与给定值 $U_{DC,ref}$ 之间的差值关系反映直流母线两侧功率平衡情况，即反映由光伏电池和 DC/DC 变流器组成的功率供给模块能否准确满足外部负荷的功率需求。设 $S(k)$ 为反映直流母线电压实际值与给定值差值关系的符号函数，该函数经 PI 调节器后作为功率点跟踪过程电压变化量 ΔU 的修正系数，U_{thr} 为直流母线电压扰动误差阈值，其作用是防止直流母线电

压在给定值附近时符号函数 $S(k)$ 频繁变化引起直流电压输出值的高频抖动，避免不必要的振荡。当 $U_{DC}(k) < U_{DC,ref} - U_{thr}$ 时，认为直流母线电压小于参考值，说明光伏电池输出功率不能满足负载所需功率，即光伏电池功率供给不足，此时电压变化量符号函数 $S(k) = 1$，系统保持原有的最大功率点跟踪方向不变，光伏电池此时发出的功率不断增加，PV 运行工作点不断向最大工作点逼近，直流母线电压随之增大，与直流电压参考值之间的差值会越来越小；当 $|U_{dc}(k) - U_{dc,ref}| \leq U_{thr}$ 时，控制系统认为直流母线电压与参考值相同，说明直流母线两端功率守恒，即通过改变功率跟踪过程自动寻找最佳的功率运行点，此时电压变化量符号函数 $S(k) = 0$，光伏电池输出端电压保持不变，输出功率稳定在最大功率点或新的稳定工作点；当 $U_{dc}(k) > U_{dc,ref} + U_{thr}$ 时，系统认为直流母线电压大于参考值，光伏电池发出的功率大于负载所需的功率，此时电压变化量符号函数 $S(k) = -1$，系统此时进行的功率点跟踪方向与原 MPPT 过程相反，即向着功率减少的方向跟踪逼近，光伏电池发出功率逐渐减少，因此直流母线电压不断下降直至其值与参考值相等，最终直流母线两端重新达到功率平衡。

通过上述变功率点跟踪控制方法，系统最终稳定在某个能保证直流母线两端功率平衡的功率运行点 U_{vpp}，通过 DC/DC 变流器的控制使得光伏电池输出端电压运行在 U_{vpp}。此时，外部负荷功率需求与光伏电池功率供给达到供需平衡，即直流母线两侧功率平衡，直流母线电压保持稳定。

如图 3-4 所示，DC/DC 变流器控制 PV 出力并维持直流母线电压稳定，传统控制方式一般采用 MPPT 控制方法；DC/AC 逆变器采用所述 VSG 控制策略实现对同步发电机特性的模拟。

光伏 VSG 系统通过 MPPT 运行到最大功率点后，若此时外部负荷功率需求大于光伏电池最大输出功率，则 U_{DC} 会低于参考值，光伏电池运行轨迹始终保持向输出功率变大的方向移动，不管此时 PV 运行点位于最大功率点左侧还是右侧，扰动观测法的自寻优特性都会迅速使运行点回到最大功率点处，因此当外部负荷功率需求大于光伏电池最大输出功率时，系统始终保持在最大功率输出点运行。当外部负荷功率需求小于光伏电池最大输出功率时，即光伏电池处于功率供给过剩状态，多余的功率会使直流母线电压上升，由于两级式光伏虚拟同步机系统中的 DC/DC 变流器（通常采用 Boost 电路）具有输入电压与输出电压正相关的特性，当输出电压即直流母线电压上升时，输入电压即光伏电池端电压会随之增大，使光伏电池自动运行在光伏曲线的右侧。由于直流母线电压高于给定值，根据传统 MPPT 扰动观测法可知，此时 PV 运行工作点将向着最大功率点移动，PV 输出功率会逐渐增大，从而造成外部负荷功率需求与光伏电池功率供给之间的功率差额的进一步加大，威胁系统安全稳定运行。所提出的 VPPT 控制方法正是改变了 PV 运行工作点电压自寻优方向，从而使 PV 输出功率在光伏曲线右侧向着功率减小的方向逐渐移动，直到光伏电池输出功率与外部负荷所需功率相协调，系统重新达到功率供需关系平衡，由于两级式光伏发电系统本身的特性和变功率跟踪控制方法的自寻优的特性，系统会稳定运行在光伏曲线最大功率点在轴线的右侧。

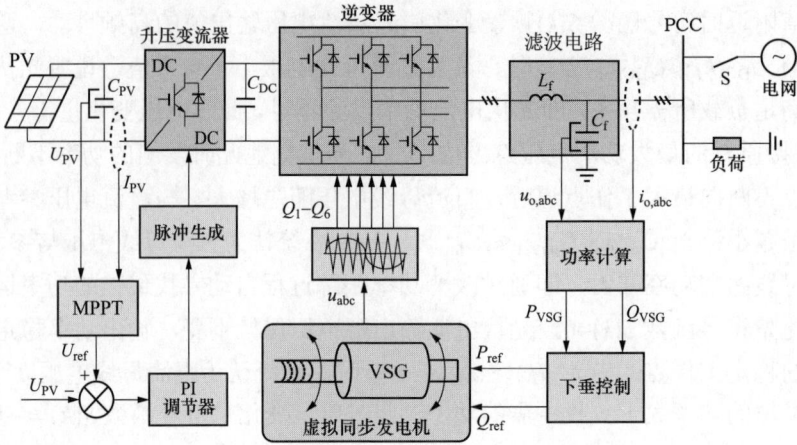

图 3-4　光伏虚拟同步机结构图

3.1.3 控制策略的多工况适应性分析

为了验证所提出的基于光伏电池变功率点跟踪控制方法的虚拟同步机控制策略的正确性，搭建光伏 VSG 发电系统的 Simulink 仿真模型（见图 3-4），其中 VSG 控制部分采用所提 VSG 策略设计方案。

采用四参数光伏电池模型，其主要模型参数如式（3-1）所示，具体参数定义参见文献［62］。

$$
\begin{cases}
I_{sc} = I_{sc,ref} \dfrac{G}{G_{ref}} + a(T - T_{ref}) \\[2mm]
U_{oc} = U_{oc,ref} + b(T - T_{ref}) + M \ln\left(\dfrac{G}{G_{ref}}\right) \\[2mm]
I_{mp} = I_{mp,ref} \dfrac{G}{G_{ref}} - a(T - T_{ref}) \\[2mm]
U_{mp} = U_{mp,ref} + b(T - T_{ref}) + M \ln\left(\dfrac{G}{G_{ref}}\right)
\end{cases}
\tag{3-1}
$$

以 $M{\times}N$ 光伏阵列（其中 M 为光伏模块串联个数，N 为光伏模块并联个数）为例，光伏阵列输出电流为

$$
I = NI_{ph} - NI_{D0}\left[e^{\frac{U + IR_s(M/N)}{MnU_t}} - 1 \right]
\tag{3-2}
$$

式中：R_s 为等效串联电阻；I_{ph} 为光伏电池光生电流；I_{D0} 为二极管反向饱和电流；nU_t 为二极管修正理想因子。

在 VPPT 控制算法中，考虑直流母线电压扰动误差阈值 U_{thr} 设置过小无法起到减小系统功率振荡效果，而设置过大则有可能带来直流母线电压两端功率平衡误差，因此设置 $U_{thr} = 3V$。为了便于分析所提出 VPPT 控制方法的控制效果，此处以阻性负载为例，分别针对光伏 VSG 发电系统在负荷阶跃变化、太阳辐射强度变化两种典型的工况开展仿真分析，具体参数设置如表 3-1 所示。

表 3-1 仿 真 算 例 参 数

类别	参数	数值	参数	数值
光伏 阵列 参数	M	10	N	7
	U_{oc}（V）	44.8	I_{sc}（A）	5.3
	U_{mpp}（V）	36	I_{mpp}（A）	5
VSG 参数	S_N（kW）	8	U_{DC}（V）	800
	U_N（V）	220	f_N（Hz）	50
	J（kg·m²）	1.1	f_{switch}（kHz）	6
	L_f（mH）	2	C_f（μF）	500
	D_p	0.0002	D_q	0.0006
	K_{PV}	5	K_{pc}	5
	K_{iv}	20	K_{ic}	2

1. 负荷阶跃变化情况

工况描述：保持太阳能辐射强度不变，系统起始负荷设置为 8kW，进入稳态后 $t=2$s 时负荷突增 2kW，$t=3$s 时负载切除 2kW，$t=4$s 时令负荷突增至 13kW，仿真时间序列如表 3-2 所示。由光伏电池基本参数配置易得光伏阵列的最大输出功率为 12.6kW，可见该工况设计体现了光伏电源功率供给不足和光伏电源功率供给过剩两种情况。

（1）采用传统 MPPT 控制方法。

针对上述工况进行仿真实验，仿真结果如图 3-5 所示，由于采用传统的 MPPT 控制方法，光伏阵列在光照强度和温度保持不变的情况下，始终保持在最大功率点（$P_{PV}=12.6$kW）工作，而 VSG 工作在离网模式下，其输出受负荷影响并随负荷变化而变化。当 1s＜t＜2s 时，由于此时光伏阵列输出功率 P_{PV} 大于负荷功率需求，盈余功率（约为 4.6kW）使得直流母线电压超出额定值运行在 3000V；在 2s＜t＜3s 负荷突增后，盈余功率减小（变为 2.6kW）使得直流母线电压下降到 2400V 左右；在 3s＜t＜4s 负荷减小后，直流母线电压又升高至 3000V 左右；在 $t=4$s 时，负荷增加到 13kW 后已经超出光伏阵列的最大输出功率，整个系统处于功率不平衡状态，直流母线电压下降明显，从物理意义上看直流母线电压下降实际上是直流母线电容 C_{DC} 释放所存储电能的一个过程，但由于直流母线电容存储电能有限，当其释放电能后仍无法满足功率供需平衡时系统将崩溃。上述分析过程充分说明了传统 MPPT 控制在光伏 VSG 发电系统中存在的技术缺陷。需要指出的是，实际光伏发电系统中直流母线电压都设有电压保护，过高或过低的直流母线电压都会触发保护而使得直流母线电压被限幅甚至造成光伏 VSG 停机，而为了突出传统 MPPT 控制所存在的技术缺陷，上述仿真实验中并未对直流母线电压采取限幅措施。

（2）采用 VPPT 控制方法。

负荷变化时的 VSG 输出功率如图 3-6 所示，可见采用 VPPT 控制策略后，当负荷发生突增或突减时，光伏阵列能够响应负荷变化而自适应地调整其输出功率，保持与负荷变化一致。但当负荷功率增大为 13kW 时，已经超出光伏阵列最大功率输出能力，此时光伏功率保持最大功率输出状态，以实现对系统最大限度的功率支撑，VSG 输出功率曲线与 PV 输出功率曲线（见图 3-7）基本保持一致。

表 3-2   仿真时间序列 I

时间序列	太阳辐射强度（W/m²）	负荷（kW）	功率供需关系
$t<1s$（系统启机并进入稳定状态）	1000	8	PV 最大输出功率 大于 负荷功率需求
$1s<t<2s$	1000	8	
$2s<t<3s$	1000	10	
$3s<t<4s$	1000	8	
$4s<t<5s$	1000	13	PV 最大输出功率 小于 负荷功率需求

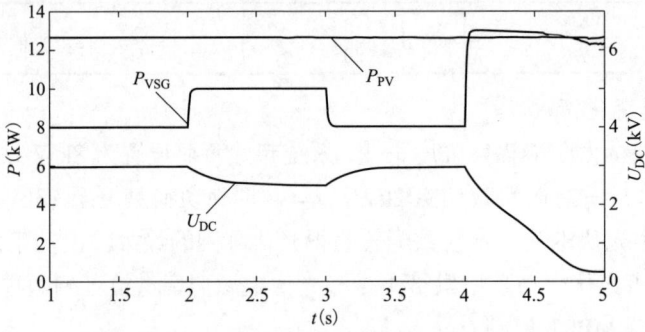

图 3-5　基于传统 MPPT 的光伏 VSG 仿真结果

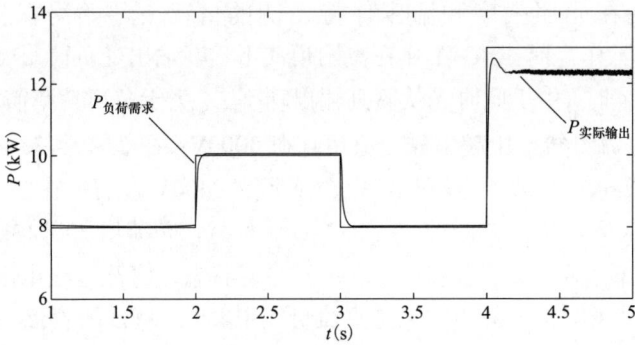

图 3-6　负荷变化时的 VSG 输出功率

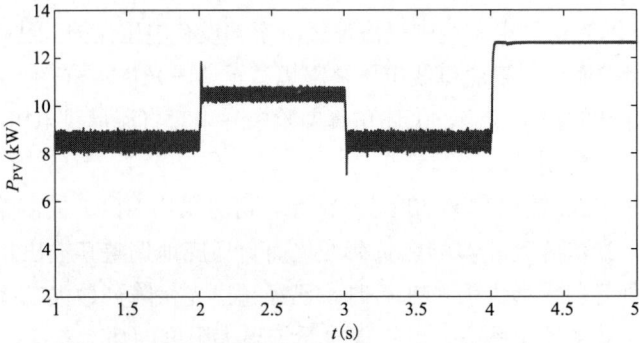

图 3-7　负荷变化时的光伏阵列输出功率

当 1s＜*t*＜4s 时，负荷功率需求小于光伏阵列最大输出功率，VPPT 控制可以自适应地调整光伏阵列功率输出使其与负荷功率需求相平衡，因此直流母线电压可以稳定在 800V，如图 3-8 所示。可见，在 *t* = 2s 和 *t* = 3s 时，负荷的阶跃变化引起了直流母线电压的扰动，由于 VPPT 控制的自适应调节作用，直流母线电压迅速恢复到额定值 800V 运行；但当 *t*＞4s 后，负荷功率需求超出光伏阵列最大输出功率，使得直流母线电容释放所存储的电能以弥补此时的功率缺额，直流母线电压降低至 400V 左右。但需要指出的是，对于光伏高渗透率接入电网的应用场景，电网中光伏发电容量配置过剩，且光伏 VSG 多级并列运行时各机组会根据下垂控制特性进行负荷自动分配，实际工程中由于单台光伏 VSG 过负荷造成电压大幅度下降进而引起系统崩溃的概率很小。

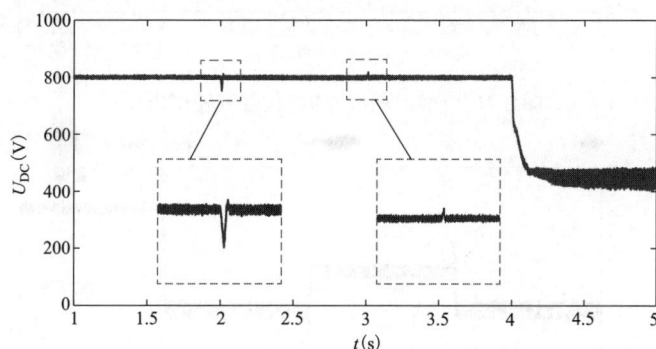

图 3-8 负荷变化时的直流母线电压

图 3-9 所示为负荷变化时系统的系统频率响应曲线。可见，当 VSG 输出额定功率时系统频率稳定在 50Hz，随着负荷的阶跃变化，系统频率遵循一次调频规律而变化。在 *t* = 2s、*t* = 3s 和 *t* = 4s 时负荷突变，系统频率响应曲线体现出了明显的惯量特性，说明 VSG 为系统提供了惯性支撑。

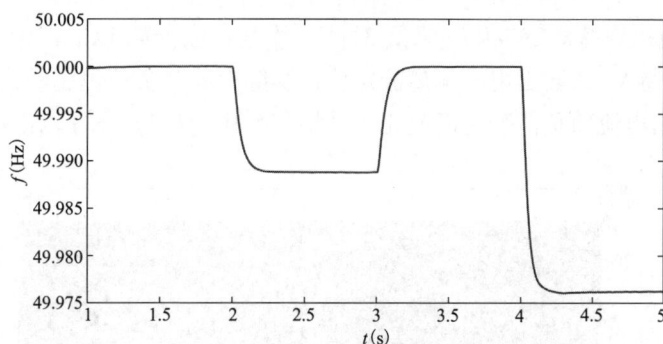

图 3-9 负荷变化时的系统频率响应

图 3-10 和图 3-11 所示为变功率点跟踪过程中光伏组阵列输出电压和输出电流的波形，VPPT 控制通过改变光伏运行工作点跟踪方向来改变光伏阵列的端电压，控制光伏阵列的输出功率，进而实现系统功率供需平衡和直流母线电压的稳定。光伏阵列的输出电压、电流与负荷变化基本同步，充分体现了对光伏阵列输出功率的实时控制。由图 3-10

所示光伏阵列端电压可知，其一直保持在最大功率点所对应的端电压（36V）以上，表明光伏 VSG 系统始终运行在光伏 P–U 曲线中最大功率点所在轴线右侧的稳定区域。

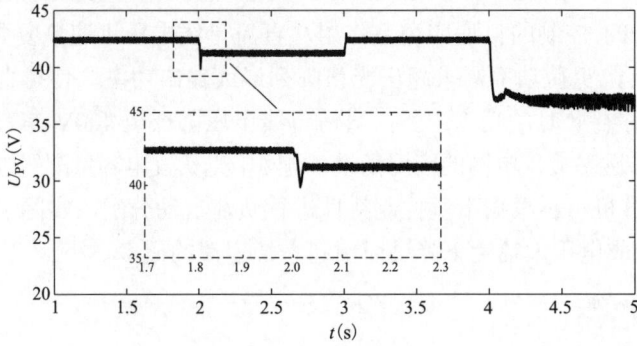

图 3-10　负荷变化时的光伏阵列输出电压

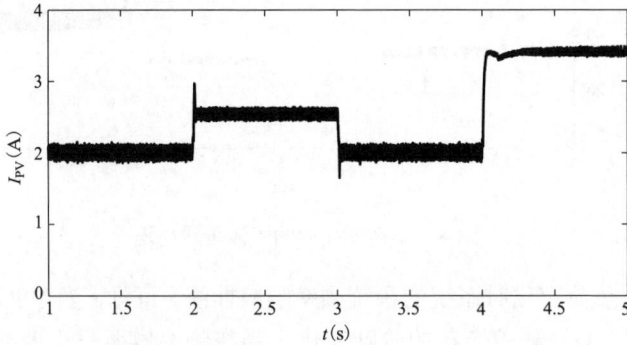

图 3-11　负荷变化时的光伏阵列输出电流

图 3-12 和图 3-13 分别为光伏 VSG 的输出电压和输出电流波形，可见，当 1s＜t＜4s 时，VSG 输出电压保持额定电压（峰值 311V）不变；在 t=4s 以后，由于系统功率供需平衡被打破，使得 VSG 输出电压偏离额定值，实际上此时负荷也已经偏离额定值运行。光伏 VSG 的输出电流随负荷变化而变化，其幅值变化趋势与 VSG 输出功率保持一致。

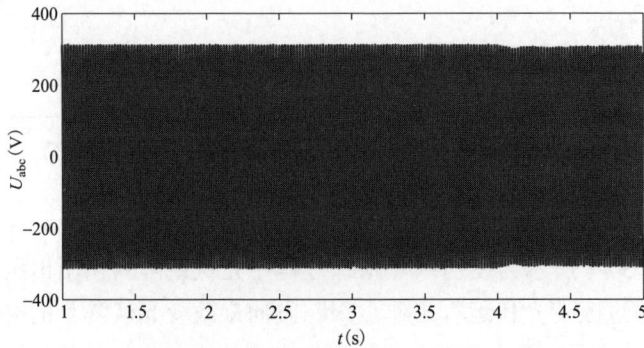

图 3-12　负荷变化时的 VSG 输出电压

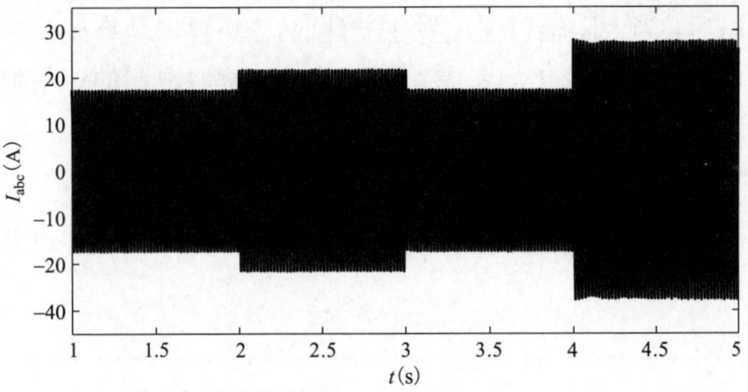

图 3-13　负荷变化时的 VSG 输出电流

2. 太阳辐射强度变化情况

光伏电池输出功率与太阳辐射强度密切相关，太阳辐射强度的变化会对整个光伏发电系统的运行产生极大的影响。为了验证所提出的基于光伏 VPPT 控制 VSG 控制策略对太阳辐射强度变化的适应性，分别针对太阳辐射强度突变和线性变化情况进行仿真实验分析。

工况描述：初始太阳辐射强度为 $1000W/m^2$，负荷保持 8kW 不变，系统进入稳态后，$t=2s$ 时太阳辐射强度突减至 $800W/m^2$ 并维持 2s，在 $4s<t<6s$ 时间段太阳辐射强度由 $800W/m^2$ 线性变化至 $1000W/m^2$，然后在 $6s<t<10s$ 时间段太阳辐射强度保持 $1000W/m^2$ 不变，仿真时间序列如表 3-3 所示。

表 3-3　　　　　　　　　　　　　仿真时间序列 II

时间序列	太阳辐射强度（W/m^2）	负荷（kW）	功率供需关系
$t<2s$（系统启机并进入稳定状态）	1000	8	
$2s<t<4s$	800	8	PV 最大输出功率大于负荷功率需求
$4s<t<6s$	800~1000	8	
$6s<t<8s$	1000	8	
$8s<t<10s$	1000	10	

（1）采用传统 MPPT 控制方法。

采用传统光伏 MPPT 控制方法对上述工况进行仿真实验，仿真结果如图 3-14 所示，由于采用传统的 MPPT 控制方法，光伏阵列始终保持在最大功率点运行，其功率输出曲线变化趋势与太阳辐射强度变化基本一致，VSG 输出功率与负荷变化一致并始终小于光伏阵列的最大输出功率，所产生的功率盈余使得直流母线电压远远高于额定电压值，且直流母线电压变化完全响应系统中功率盈余量值的变化。可见，太阳辐射强度变化时采用传统光伏 MPPT 控制方法，造成直流母线电压明显偏离额定值（最高值达 2900V 左右），实际工程中该直流母线电压值将触发过电压保护使得系统故障报警或停机。

（2）采用 VPPT 控制方法。

太阳辐射强度变化时的 VSG 输出功率和 PV 输出功率曲线如图 3-15 所示，可见采用 VPPT 控制策略后，当太阳辐射强度发生变化时，PV 输出功率始终保持与负荷功率需求一致，并同步响应负荷的变化。考虑功率器件以及滤波电路的正常损耗，整个系统中的功率平衡关系可以表示为

$$P_{PV} = P_{VSG} + P_{损耗} \qquad (3-3)$$

式中：P_{PV} 为光伏输出功率曲线；P_{VSG} 为光伏虚拟同步机输出功率；$P_{损耗}$ 为功率器件以及滤波电路的正常损耗。

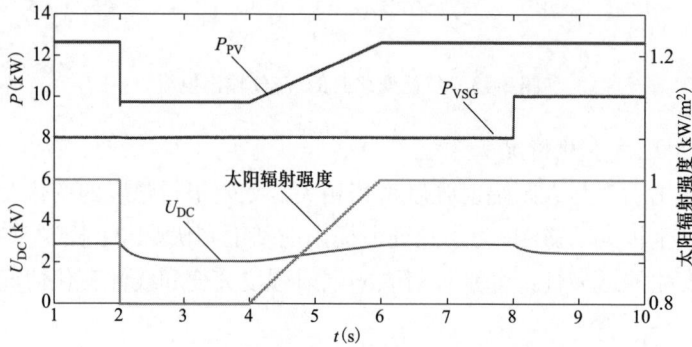

图 3-14　太阳辐射强度变化时的系统仿真波形

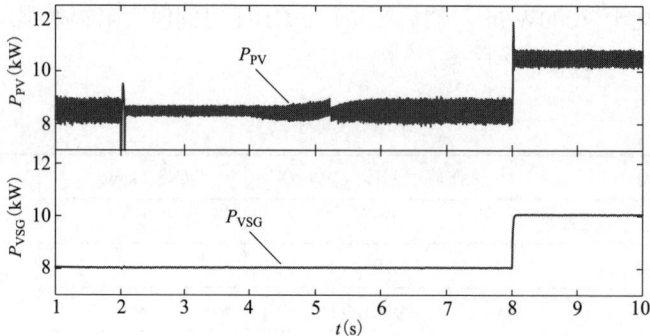

图 3-15　太阳辐射强度变化时的 VSG 输出功率和 PV 输出功率

太阳辐射强度变化时的直流母线电压和功率供需差额（$\Delta P = P_{PV} - P_{VSG}$）如图 3-16 所示，可见采用 VPPT 控制方法后光伏虚拟同步机整体功率供需基本保持平衡，直流母线电压也保持稳定在 800V 不变，验证了 VPPT 控制方法的控制效果。太阳辐射强度突变（$t = 4s$ 时由 1000W/m² 突降到 800W/m²）使得功率供需差额和直流母线电压均出现一定的冲击，而在太阳辐射强度缓慢线性变化过程中直流母线电压保持稳定并未出现任何波动，表明太阳辐射强度突变对直流母线电压影响较为明显。

图 3-17 所示为太阳辐射强度变化时 PV 输出电压和 PV 输出电流，可见 PV 输出电压变化趋势与太阳辐射强度保持一致。当 1s<t<8s 时，负荷保持 8kW 不变，此时 VPPT 控制将调整 PV 输出功率（$P_{PV} = U_{PV} I_{PV}$）使之与负荷相匹配，因此 PV 输出电流波形变化趋势与 PV 输出电压波形变化趋势基本相反。

图 3-16 太阳辐射强度变化时的直流母线电压和功率供需差额

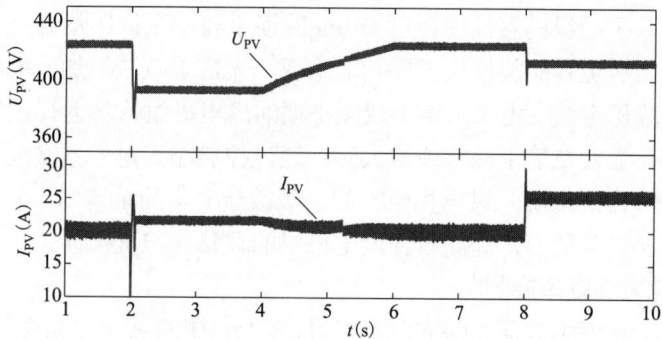

图 3-17 太阳辐射强度变化时的 PV 输出电压和 PV 输出电流

图 3-18 所示为太阳辐射强度变化时的系统频率响应曲线。可见，当 $1s<t<8s$ 时负荷保持不变，虽然太阳辐射强度在此期间分别发生了阶跃变化和线性变化，但是 VSG 输出功率和系统频率仍然稳定运行在额定工作点，并未受太阳辐射强度变化的影响；在 $t=8s$ 时系统负荷突增至 10kW，VSG 输出功率随之增加，此时系统频率遵循一次调频规律随之降低并稳定运行在 49.99Hz 附近，频率变化延时明显（100ms 左右），表明同步发电机转子惯量对系统频率暂态响应的抑制作用。

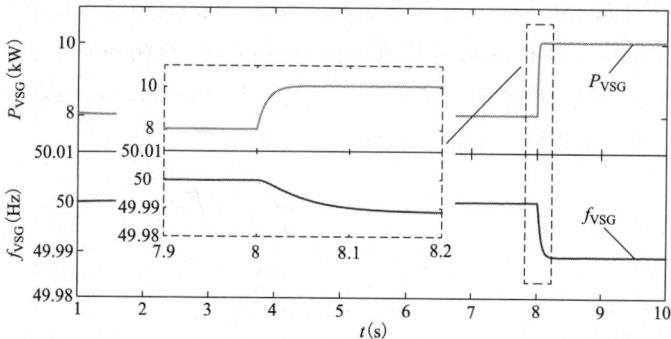

图 3-18 太阳辐射强度变化时的系统频率响应

😊 3.2　分布式电源惯量和一次调频控制策略

已知分布式电源（以双馈感应风电机组 DFIG 为例）在最大功率点跟踪控制下，其输出功率难以响应电网频率波动，而常规超速减载控制虽然可保留部分有功备用参与系统调频，但存在风电机组发电效益低、转速调节范围小及桨距角启动频繁等问题。已知储能装置已广泛应用于风电场，但主要为风电场集中式储能方案，尚未见到 DFIG 内部集成配置储能用于一次频率调节的研究文献，由于超级电容器具有功率密度大，可充放电循环次数多的优点，为系统提供惯量支撑和一次调频能力提供了可能性。兼顾 DFIG 运行的经济性和系统一次频率调节需求，根据实际运行场景，结合 DFIG 网侧变流器的控制特性，提出基于超级电容储能控制 DFIG 的惯量与一次调频策略，其惯量支撑和一次频率调节都由超级电容储能模块扩展功能实现，无需修改或增加原风电机组的结构和控制方案，在系统稳定或发电需求增加或减小期间风电机组始终运行在 MPPT 模式以达到最大发电效益，当发电需求减小或增大时，通过控制超级电容器充放电来参与系统频率调节，从而对分布式电源（风电机组）的升级改造变得简单容易，实现 DFIG 在全工况运行下具有一次调频能力，提高单台风电机组的致稳性和抗扰性。

3.2.1　超速减载频率控制

为了实现最大化发电效益，DFIG 通常运行于 MPPT 模式。已知在某一固定风速下，为使风电机组的风能转换效率系数 $C_{\mathrm{p}}(\beta,\gamma)$ 达到最大值，需搜寻最佳转速，使其获得最佳叶尖速比，即

$$P_{\max} = k\omega_{\mathrm{r}}^3$$
$$k = \frac{1}{2}\rho A C_P(\beta,\lambda_{\mathrm{opt}}) \tag{3-4}$$

式中：$P_{\max}$ 为最大机械功率；ρ 为空气密度；A 为叶片扫过的面积；β 为桨距角；λ_{opt} 为最佳叶尖速比；ω_{r} 为发电机转子转速；k 为中间变量。

目前 DFIG 一次调频控制主要有超速减载控制与桨距角控制 2 种[63],[64]，已知在高风速下，风电机组通过恒转速或恒功率运行，则采用变桨预留备用容量，此处研究的 DFIG 在风速为 10m/s 下运行，未达到风电机组恒功率运行阶段，故以 MPPT 中低风速区为例采用超速减载调频控制进行对比分析。风电机组减载调频曲线图如图 3-19 所示，当 DFIG 减载 d（%）运行时，对应的机组输出功率 P' 为

$$P' = (1-d)P_A = \frac{1}{2}(1-d)\rho A C_{\mathrm{p}}(\beta,\lambda_{\mathrm{opt}}) \tag{3-5}$$

$$C_{\mathrm{p}}' = (1-d)C_{\mathrm{p,max}} \tag{3-6}$$

$$d = \Delta P_{\mathrm{G}} / P' \tag{3-7}$$

式中：C_{p}' 为减载后的风能利用系数；ΔP_{G} 为风电机组减载功率。通过比对风能利用系数与桨距角（不变桨，数值为零）和叶尖速比数据，可得相应减载后的叶尖速比与转子转速，即可求得减载调频曲线所对应的点。

为实现 DFIG 超速减载一次调频控制，通过转速控制实现超速减载，使风电机组留有功率裕度。图 3-20 所示为风电机组典型的减载控制原理图，风电机组初始运行于减载量为 d 时，通过转速计算，得到减载量为 d 时所对应的转子转速 ω_{ref}，根据不同风速下风电机组功率与转速的关系及 MPPT 曲线（见图 3-19）得到风电机组超速减载控制下输出参考功率值 P_{ref}。若负荷突增、突减而引起系统频率改变，由于下垂环节的作用，则根据频率偏差会增加功率 ΔP，即

$$\Delta P = -K_p(f_s - f_N) \tag{3-8}$$

式中：f_s 为系统频率；f_N 为系统额定频率；K_p 为下垂系数。

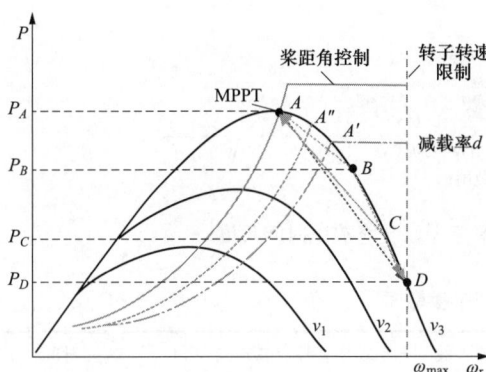

图 3-19　风机减载调频曲线图　　　　　图 3-20　减载控制原理图

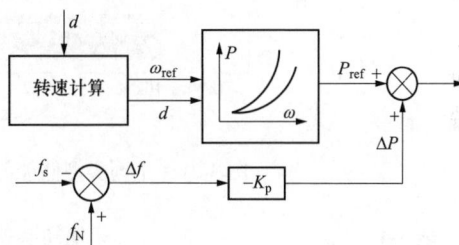

最终风电机组的输出功率为 P_{ref} 与 ΔP 之和，以上控制通过 DFIG 转子侧变流器实现。当负荷增大时，转子转速开始减小，DFIG 输出功率由 P_A' 点开始向上移动，从而输出风电功率增大，可依据风电机组减载调频曲线得到在减载量 d' 处即 P_A'' 达到平衡，则输出功率 P_A'' 和新的减载量为

$$P_A'' = P_A' + \Delta P \tag{3-9}$$

$$d' = d - \Delta P / P_A \tag{3-10}$$

当系统频率恢复后，则 DFIG 重新恢复运行于 A' 点。DFIG 的 MPPT 曲线如图 3-19 中标注所示，其中 P_A、P_B 和 P_C 分别为风速 v_3 下 DFIG 在 MPPT 模式和减载率为 10% 与 20% 这 3 种运行方式下的输出功率。其中，ω_{max} 为转速限值，P_D 为该限值下的最低可输出功率。

3.2.2　惯量支撑和一次调频控制策略

1. 总体控制方案

为提高单台风电机组的致稳性和抗扰性，对单台风电机组配置储能装置。其优势在于控制灵活，功能模块化，在风电机组需要拓展惯量与一次调频功能时，不需要改变原风电机组控制系统的任何结构或逻辑，直接通过控制储能装置参与系统惯量与一次频率调节作用，使得单台风电机组具有良好的鲁棒性和兼容性，尤其适合现场已投运机组的升级改造。在储能装置选取方面[65]，已知锂电池能量密度大，放电时间长，但功率密度

小，可循环充放电次数少，而超级电容器一方面由于功率密度大，可瞬时大功率输出；另一方面可循环次数较多，满足频繁充放电的需求。图 3-21 所示为不同类型的功率范围和充放电时间尺度，表 3-4 为超级电容器与锂电池的相关参数。

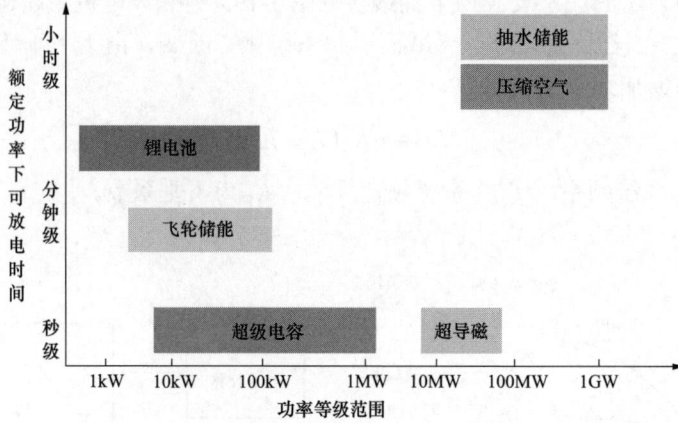

图 3-21　不同类型储能的功率范围以及充放电时间尺度

表 3-4　　　　　　　　　　　　　储能装置的相关参数表

储能类型	放电时间	循环寿命（次数）	功率密度（W/kg）	响应时间
锂电池	分钟级～小时级	2000～5000	150～315	s 级
超级电容器	1～30s	>100000	500～5000	ms 级

综上，选取超级电容储能系统辅助 DFIG 参与调频，基于超级电容储能装置控制的 DFIG 惯量与一次调频配置如图 3-22 所示。超级电容经过双向 DC/DC 变换器与 DFIG 的直流侧母线电容相连接。结合 DFIG 网侧变流器的控制特性，即网侧变流器的作用为维持直流母线电容电压的稳定，故超级电容储能装置的充放电功率通过网侧变流器直接

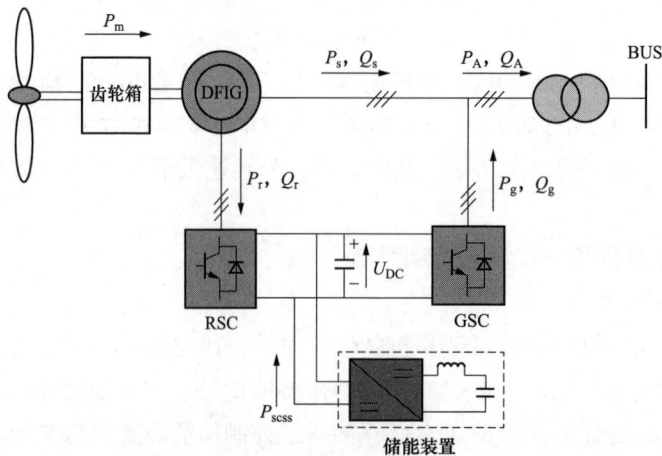

图 3-22　基于分布式储能的 DFIG 结构

流向负荷侧。考虑网侧变流器输出功率的限制，分析了超级电容储能装置最大放电时不会超过目前现有网侧变流器的额定输出功率。

2. 虚拟惯量控制

DFIG 的风轮由齿轮箱和发电机转子相连，由于风电机组中风轮的质量远大于发电机转子的质量，故风电机组运行过程中风轮存储了大量的旋转动能。其中 DFIG 在转子转速为 ω 下所存储的旋转动能 E_k 为

$$E_k = \frac{1}{2}J\omega^2 \tag{3-11}$$

式中：J 为发电机和原动机总转动惯量。

若 ω 改变，则释放的功率为

$$P = \frac{dE_k}{dt} = J\omega\frac{d\omega}{dt} \tag{3-12}$$

惯性响应时间常数 H 为

$$H = \frac{J\omega_s^2}{2S} \tag{3-13}$$

式中：ω_s 为额定风速；S 为机组视在功率。

将式（3-13）代入式（3-12），得

$$\frac{P}{S} = 2H\frac{\omega}{\omega_s} \cdot \frac{d\omega}{dt} = \frac{d\left(\dfrac{\omega}{\omega_s}\right)}{dt} \tag{3-14}$$

用标幺值表示，得

$$\overline{P} = 2H\overline{\omega}\frac{d\overline{\omega}}{dt} \tag{3-15}$$

式中：上标"–"表示对应变量的标幺值。

由于风电机组转子转速 ω 与额定转速值 ω_s 相近（即 $\overline{\omega}=1$），故式（3-15）可简化为

$$\overline{P} = 2H\frac{d\overline{\omega}}{dt} \tag{3-16}$$

基于虚拟惯量控制的 DFIG 控制环节，如图 3-23 所示。当功率低于额定功率时，此时风能利用系数 C_p 最大，并得到 DFIG 最大输出功率 P_m。当电网频率变化时，系统频率变化率 df/dt 用作输入变量，DFIG 所增加的电磁功率 P' 为释放的转子动能。该过程响应速度快，可在频率发生突变的瞬态变化过程中提供短期频率支撑，提高系统频率的瞬态稳定性，并且所提方法在频率偏差环节中加装一个分布式滤波器（高通滤波器），作用是阻断稳态输入信号，使频率控制模块只对频率变化率（对应角速度偏差）起作用，在稳态频率偏差时不起作用。信号过滤器的时间常数 T_d 决定了频率变化率（对应角速度偏差），通常 T_d 的值与风电机组旋转角速度 ω_r 成正比，T_d 越大，响应时间越长，DFIG 输出的有功功率越多，但是返回到稳态运行的时间则会越长[66]。

3. 超级电容器控制

超级电容储能系统所配置的双向 DC/DC 变流器为半桥型，如图 3-24 所示，当超级

电容器需要充电储存能量时，开关管 S_{c1} 工作于 PWM 模式，S_{c2} 作二极管使用，此时电路工作于 Buck 电路模式；当超级电容器需要放电释放能量时，开关管 S_{c2} 工作于 PWM 模式，S_{c1} 作二极管使用，此时电路工作在 Boost 电路模式。

图 3-23　基于虚拟惯量控制的 DFIG 控制图

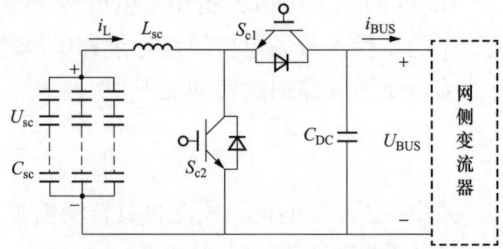

图 3-24　超级电容储能系统电路框图

超级电容器充电状态（双向 DC/DC 变流器工作于 Buck 电路模式）对应的等效电路如图 3-25 所示，该 DFIG 的网侧变流器工作于整流状态，可等效为一个理想的电压源 U_{BUS}，超级电容器则可等效为一个理想电容器 C_{sc} 并联一个阻值较大的并联等效电阻 R_{ep} 后串联一个阻值较小的串联等效电阻 R_{es}。

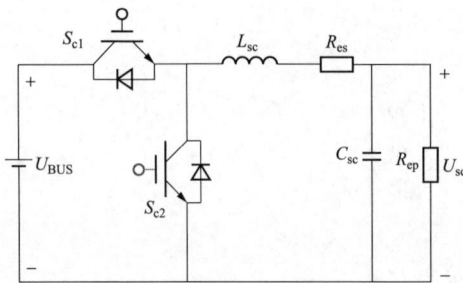

该双向 DC/DC 变流器工作于 Buck 电路模式如图 3-26 所示，在 $t_0 - t_1$ 时，开关管 S_{c1} 导通，开关管 S_{c2} 关断，电感电流 i_L 线性增加存储能量，电网电能经过网侧变流器整流，经过电感 L_{sc} 给超级电容器充电；在 $t_1 - t_2$ 时，开关管 S_{c1} 关断，开关管 S_{c2} 作反并联二极管导通使用，此时电感 L_{sc} 中储存的电磁能经过反并联二极管 S_{c2} 续流给超级电容器继续充电，电感电流 i_L 线性减小释放能量。

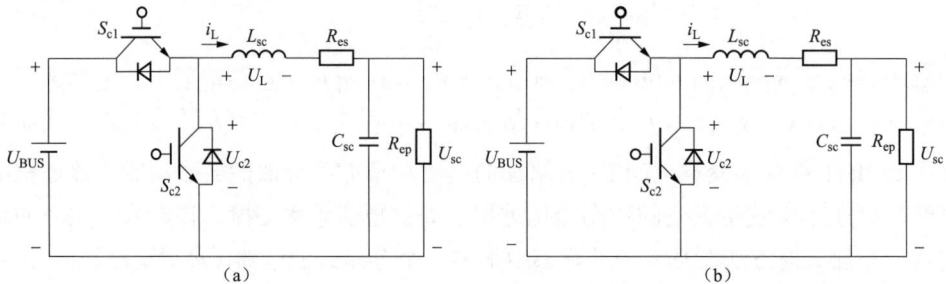

图 3-25　Buck 电路等效模式

图 3-26　Buck 电路工作模式

（a）t_0-t_1；（b）t_1-t_2

超级电容器放电状态（双向 DC/DC 变流器工作于 Boost 电路模式）对应的等效电路如图 3-27 所示，超级电容器等效组件如上述一致，其中并联等效电路 R_{ep} 影响较小可以忽略。此时 DFIG 机组的网侧变流器处于逆变状态，可等效为一个恒定电阻负载 R，向电网输送恒定功率。

该双向 DC/DC 变流器工作于 Boost 电路模式如图 3-28 所示，在时间为 $t_0 - t_1$ 时，开关管 S_{c1} 关断，开关管 S_{c2} 导通，超级电容器通过开关管 S_{c2} 将能量存储到电感 L_{sc} 中，电感电流 i_L 线性增加存储能量，直流母线电容器 C_{DC} 为负载 R 提供能量；在时间为 $t_1 - t_2$ 时，开关管 S_{c1} 作反并联二极管使用，开关管 S_{c2} 关断，存储在电感 L_{sc} 中的

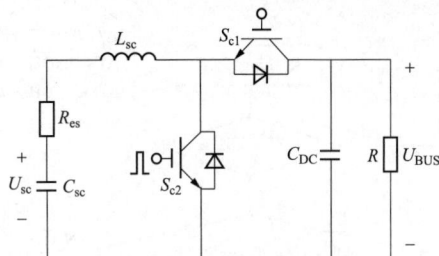

图 3-27　Boost 电路等效模式

电磁能经过反并联二极管 S_{c1} 继续续流，电感电流 i_L 线性减小并释放能量，此时，存储在电感 L_{sc} 的电磁能和直流母线电容器 C_{DC} 同时向负载 R 提供能量。

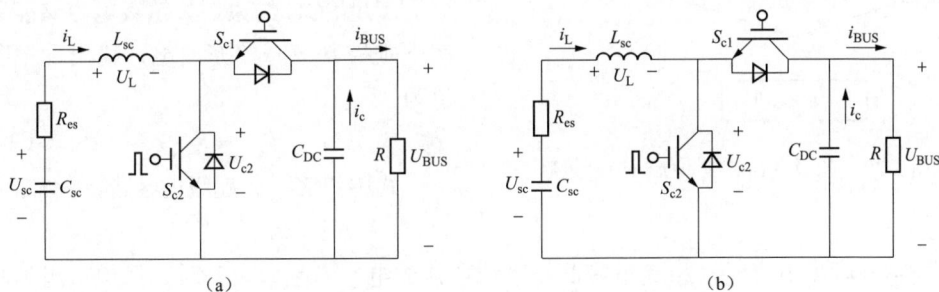

图 3-28　Boost 电路工作模式

（a）$t_0 - t_1$；（b）$t_1 - t_2$

超级电容储能的内部原理较为复杂，在模拟和仿真分析中，其等效简化模型可用一个阻容单元表示[67]，其数学模型为

$$U = I_c R_s + \frac{1}{C} \int I_c \mathrm{d}t \tag{3-17}$$

式中：超级电容简化模型由电阻 R_s 与电容 C 共同组成，U 为超级电容器等效电路两端电压，I_c 为超级电容器的电流值，则超级电容器荷电状态（SOC）如式（3-18）所示，即

$$SOC = \frac{\frac{1}{2}CU^2}{\frac{1}{2}CU_{max}^2} = \left(\frac{U}{U_{max}} \right)^2 \tag{3-18}$$

式中：U_{max} 为超级电容的最高工作电压。

储能系统在充放电过程中，为了防止过充过放，一般对 SOC 值进行约束，即

$$SOC_{min} \leqslant SOC_{(t)} \leqslant SOC_{max} \tag{3-19}$$

式中：SOC_{max} 和 SOC_{min} 分别为 SOC 的上、下限值。放电过程中，如果 $SOC \leqslant SOC_{min}$，则停止放电。充电过程中，如果 $SOC > SOC_{max}$，则停止充电，一般超级电容器 SOC 的范围为 20%～100%[68]。

设计超级电容储能系统的控制策略如图 3-29 所示。根据国家电网有限公司企业标准

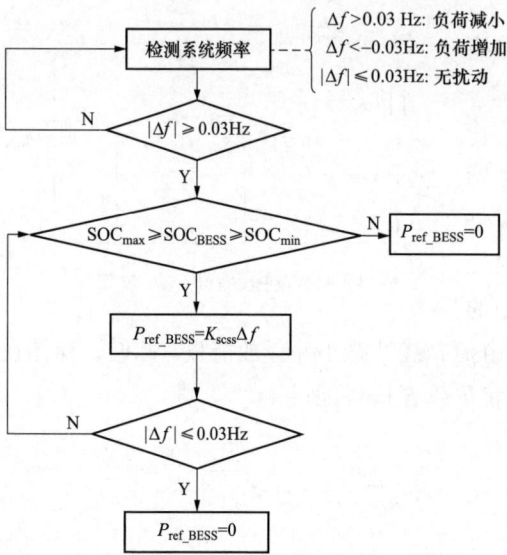

$$\begin{cases} \Delta f > 0.03\ \mathrm{Hz}:负荷减小 \\ \Delta f < -0.03\mathrm{Hz}:负荷增加 \\ |\Delta f| \leqslant 0.03\mathrm{Hz}:无扰动 \end{cases}$$

图 3-29　超级电容储能系统的控制策略

Q/GDW 11826—2018《风电机组虚拟同步发电机技术要求和试验方法》，将调频死区设定为 $|\Delta f| \leqslant 0.03\mathrm{Hz}$，此时可近似判定为系统无扰动，风电机组不参与惯性调节和一次频率调节；当 $\Delta f > 0.03\mathrm{Hz}$ 时，系统负荷减小；当 $\Delta f < -0.03\mathrm{Hz}$ 时，系统负荷增加。当存在负荷扰动时，为防止过充或过放，需要判定超级电容储能系统当前 SOC 状态是否分别满足放电约束和充电约束条件。

满足 SOC 约束后，超级电容储能系统在下垂控制下开始充放电，输出功率参考值为

$$P_{\mathrm{scss}} = K_{\mathrm{scss}} \Delta f \qquad (3\text{-}20)$$

式中：K_{scss} 为超级电容储能系统的下垂系数。

当系统频率下降时，超级电容储能系统持续放电，当频率上升时，风电机组为超级电容储能系统充电，减小功率输出。基于超级电容储能装置的 DFIG 惯量与一次调频策略原理框图如图 3-30 所示，为结合超级电容储能控制和 MPPT 控制模式优点，在实现最大化发电效益的同时使得风电机组具备一次频率调节能力，在无扰动和负荷变化时，风电机组运行在 MPPT 状态下，实现发电效益最大化。若负荷发生变化，一次频率调节控制启动，根据频率偏差 Δf 通过下垂控制得到附加调节功率 P_{scss}，根据虚拟惯性控制得到附加功率 P' 叠加到 MPPT 运行方式下的输出功率 P_{ω} 中，得到最终参考功率 P_{ref}。

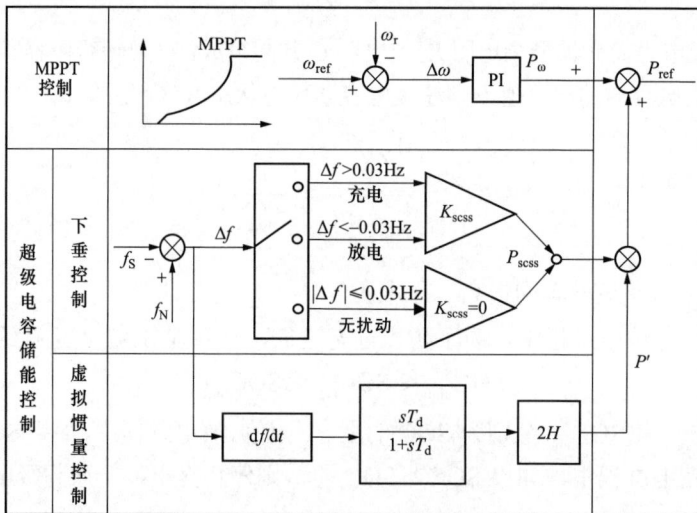

图 3-30　基于超级电容储能装置的风电机组惯量与一次调频策略框图

4. 超级电容储能装置的容量配置

所采用的超级电容器储能装置处于恒功率充放电模式，充放电原理图如图 3-31 所示。其中，充电功率为 P_c，放电功率为 P_d，电容两端电压为 U_c，超级电容器储能装置两端电压为 U，充放电深度为 $d = 1 - \gamma$，$\gamma = U_{max} / U_{min}$ 为电压比率，超级电容最低工作电压为 U_{min}，最高工作电压为 U_{max}。

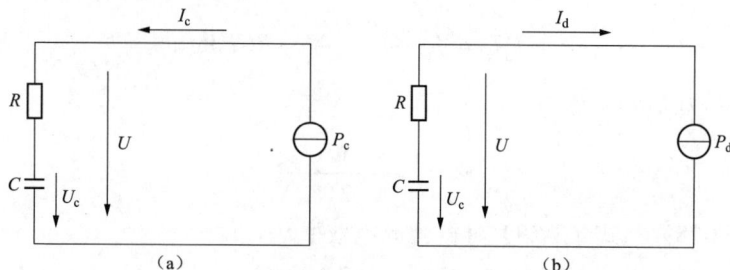

图 3-31　超级电容器恒功率充放电的原理图

（a）充电；（b）放电

如图 3-31 所示，超级电容两端电压为

$$U_c = U - Ri_c = U - R\frac{P_c}{U} \tag{3-21}$$

将式（3-21）代入电容电流方程，可得

$$i_c = C\frac{dU_c}{dt} = \frac{P_c}{U} = C\left(1 + R\frac{P_c}{U^2}\right)\frac{dU}{dt} \tag{3-22}$$

由式（3-21）得该超级电容器的充电功率，即

$$P_c = CU\left(1 + R\frac{P_c}{U^2}\right)\frac{dU}{dt} \tag{3-23}$$

在时间 T_c 内，超级电容器两端电压从电压 U_{min} 升高到最高电压 U_{max}，可得到整个充电过程中，超级电容器储能装置充得的电能 W_c 为

$$\begin{aligned}W_c &= \int_0^{T_c} P_c dt = \frac{(1 - \gamma^2)CU_{max}^2}{2} - RCP_c\ln\left(\frac{\gamma U_{max}}{U_{max}}\right)\\&= \frac{(1 - \gamma^2)CU_{max}^2}{2} - RCP_c\ln(d)\end{aligned} \tag{3-24}$$

实际充入储能装置电能为

$$W = \int_0^{T_c} U_c \times i_c dt = \int_{U_{min}}^{U_{max}} CU_c dU_c \tag{3-25}$$

进一步推导可得

$$\begin{aligned}W &= \int_{U_{min}}^{U_{max}} C\left(U - \frac{RP_c}{U}\right)\left(1 + \frac{RP_c}{U^2}\right)dU\\&= \frac{(1 - \gamma^2)CU_{max}^2}{2} - \left(1 - \frac{R^2 P_c^2}{d^2 U_{max}^4}\right)\end{aligned} \tag{3-26}$$

恒功率充电模式下的超级电容储能装置效率 η_c 为

$$\eta_c = \frac{W}{W_c} = \left(1 - \frac{R^2 P_c^2}{d^2 U_{max}^4}\right)\left[1 - \frac{2RP_c \ln(d)}{(1-\gamma^2)U_{max}^2}\right]^{-1} \tag{3-27}$$

同理，在时间 T_d 内，超级电容储能装置电压由 U_{max} 到 U_{min} 的整个放电过程中，释放能量 W_d 为

$$W_d = P_d T_d = \frac{(\gamma^2-1)CU_{max}^2}{2} + RCP_d \ln(d) \tag{3-28}$$

该储能装置释放的电能为

$$W = \frac{(1-\gamma^2)CU_{max}^2}{2} \tag{3-29}$$

根据式（3-28）与式（3-29）可得其放电效率 η_d，即

$$\eta_d = \frac{W_d}{W} = 1 + \frac{2RP_d \ln(\gamma)}{(1-\gamma^2)U_{max}^2} \tag{3-30}$$

综上，可得所提超级电容储能装置充放电效率为

$$\eta = \eta_c \eta_d = \left(1 - \frac{R^2 P_c^2}{d^2 U_{max}^4}\right)\left[1 - \frac{2RP_c \ln(d)}{(1-\gamma^2)U_{max}^2}\right]^{-1}\left[1 + \frac{2RP_d \ln(1-d)}{(1-\gamma^2)U_{max}^2}\right] \tag{3-31}$$

由式（3-31）可知，为使得超级电容储能装置效率最高，则超级电容模组电压应相对较大，单个电容电压通常不高，大约 2.5V，故可通过串、并联数个单个电容构成高电压大电容模组来满足大功率储能要求。

若储能装置由 m 组超级电容模组串联，n 组超级电容模组并联，则按照最大功率输出定理，其输出功率的最大值为

$$P_{dmax} = (n \cdot m)\frac{U^2}{4R} \geqslant P_d \tag{3-32}$$

并且应当确保超级电容器达到最小电压时所输出的功率状态为满功率输出，由此需要满足

$$U_{min} \geqslant 2\sqrt{\frac{RP_d}{n \cdot m}} \tag{3-33}$$

该超级电容器储能容量 W 满足

$$W = \frac{1}{2}C(U_{max}^2 - U_{min}^2) = P_c \cdot t = P_d \cdot t \tag{3-34}$$

根据 Q/GDW 11826—2018，风电机组一次调频调节时间不应大于 30s。结合目前实际超级电容器规格，采用 144V×55F 的超级电容模组，容量为 150W×30s 即可满足惯量支撑与一次调频需求。

综合式（3-31）、式（3-33）和式（3-34），可得表 3-5 所示超级电容器不同组合方式下的工作电压和效率及图 3-32 所示的储能装置效率曲线。由图 3-32 可知，储能装置在恒功率充放电时，其充放电效率与最高工作电压大小成正比，通过式（3-27）式（3-30）计算可得，在相同充放电功率下，恒功率放电效率总是低于恒功率充电效率。当超级电

容器恒功率充放电效率为 99.31%时，其最高工作电压为 864V，故为使超级电容器充放电效率大于 99%，并且采用的超级电容器模组最少，则工作电压必须高于 864V，因此选为超级电容储能装置最高工作电压。由上述公式计算可得，最低工作电压 $U_{\min}$ 为 386V，需采用 144V×55F 超级电容模组 6 串 3 并共 18 组组成该双馈风电机组的储能装置。

表 3-5　　　　　　　　超级电容器不同组合方式下的工作电压和效率

串联组数	并联组数	最小工作电压 （V）	最大工作电压 （V）	充放电效率 （%）
6	3	386	864	99.31
5	4	385	720	99.12
4	5	390	576	98.84
3	6	387	432	96.78

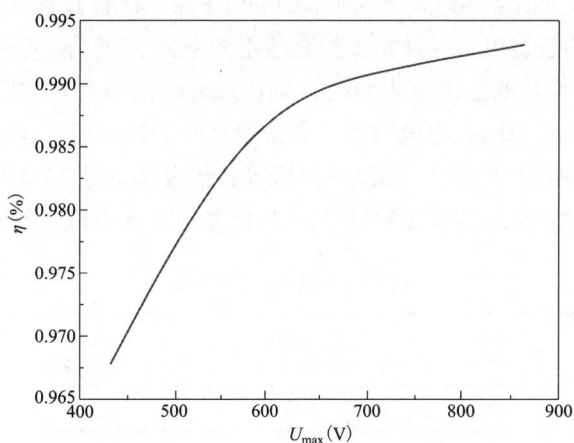

图 3-32　超级电容储能装置的效率曲线

5.　常规超速减载调频控制与基于储能调频控制的经济性评估对比

图 3-19 所示的不同减载率对应不同的转速初始超速值，其具体数值可根据式（3-4）得出，计算结果如表 3-6 所示（设风速 v_3 为 10m/s，MPPT 模式下转速值为 1（标幺值），最大风能利用系数为 0.48）。

表 3-6　　　　　　　　超速减载下转速可调节范围

减载率 （%）	初始超速值 （标幺值）	转速控制可调节范围 （标幺值）	输出功率可 调节范围
10	1.11	$1 \leftarrow 1.11 \rightarrow \omega_{\max}$	$P_A \leftarrow P_B \rightarrow P_D$

由图 3-19 和表 3-6 可知，系统无扰动时，风电机组运行在减载点 B，此时备用容量处于闲置状态，减载量为 10%下损失发电量为 $P_A - P_B$，相对于 MPPT 模式极大降低发电效益。

虚拟同步发电机若能调节有功输出，参与电网一次调频，要求当频率下降时，其有功出力可增加量的最大值至少为 $10\%\,P_N$。故给出单台容量为 1.5MW 的 DFIG 配置 10% 装机容量预留备用的经济性计算结果，相关数据[69] 如表 3-7 所示，单台 1.5MW 的 DFIG 在不限电的区域其年经济损失高达 37.8 万元，而在限电 50% 的区域，风电机组的经济损失也达到了 23.8 万元。

表 3-7　　　　　　　采用预留备用模式的风电机组运行经济性分析

是否限电	年损失电量（万 kWh）	损失电量占年放电量比例（%）	电价（元）	年经济损失（万元）
不限电	69.6	18.57	0.54	37.8
限电 50%	44.1	11.76	0.54	23.8

表 3-8 所示为 1.5MW 的 DFIG 配置 150W×30s 超级电容器为系统提供惯量支撑和一次调频的一次性投资明细。可知，1.5MW 的 DFIG 需一次性投入 54 万元用于配置储能装置，因为所配置的超级电容储能系统的充放电效率大于 99%，近似认为该储能装置配套的双向 DC/DC 变换器的效率也为 99%，则该成套储能装置充放电效率大于 98%，效率相对较高，故此处仅考虑超级电容器与变换器硬件上的损耗，通过计算折旧率得以体现；若超级电容器按照 8 年折旧，储能变流器等其他设备按照 20 年折旧考虑，通过计算可得平均每年建设投资金额约为 3.85 万元，相比备用方案有较强的经济优势。

表 3-8　　　　　　　　　储 能 系 统 投 资 明 细

分项成本	超级电容器	储能变流器	土建及配套设备	合计
投资金额（万元）	36	9	9	54

表 3-9 中对 2 种一次调频方案的技术经济性进行了对比，可知预留备用的一次调频方案可以在调节过程中提供长期的功率支撑，其调节性能与火电相当，但经济损失巨大；相比之下，配置储能方案仅需一次性投入，投资额在可接受的范围之内，且一次调频性能明显优于火电，在后续的推广运行中，储能系统还可以进一步平滑出力、减少弃风弃光，业主可通过这些综合应用的模式增加收益。由此可知配置分布式的储能装置是新能源电站首选的一次频率调节方案。

表 3-9　　　　　　　　2 种应用模式技术经济性对比

应用模式	技术性	经济性
预留 10%p.u.（标幺值）备用容量	与火电机组相当	年经济损失约 30.8（万元/台）
预留 10%p.u.（标幺值）储能装置	优于火电机组	年均投资约 3.85（万元/台）

3.2.3　控制策略建模及有效性评估

1. 仿真模型

采用 MATLAB/Simulink 仿真平台建立四机两区域仿真模型,对基于超级电容器储能调频控制进行仿真分析,其仿真模型如图 3-33 所示。其中，$G_1 \sim G_3$ 为容量 900MW 的火电厂，均配备了励磁调节器和调速器；G_4 为双馈风电场，含 300 台 1.5MW 的 DFIG，每台超级电容器组为 27.5F，容量为 150W×30s，风电机组额定风速为 10m/s。负荷 1 和负荷 2 分别为 880MW 和 950MW 的恒定有功负荷，负荷 3 为随机波动负荷，C_1 和 C_2 为无功补偿装置。

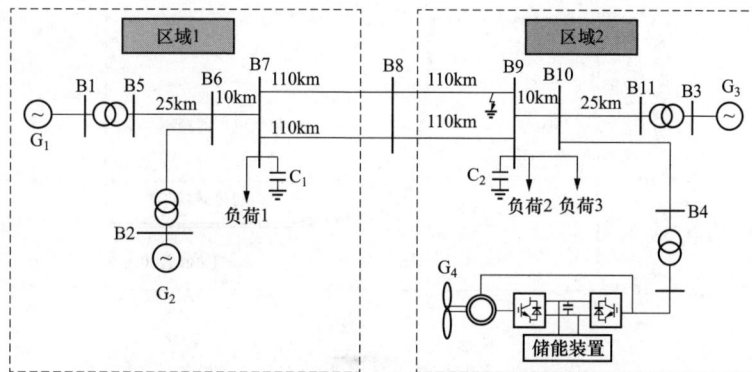

图 3-33　含双馈风电场的 4 机 2 区域系统

2. 系统负荷随机波动时的有效性评估

为了充分验证所提策略的有效性，在风速恒定为 10m/s 且负荷随机波动场景下进行仿真。

场景 1：系统负荷在 15s 时突增 100MW。DFIG 在该场景下输出功率曲线如图 3-34 所示，其中未配置超级电容储能装置的 DFIG 在 MPPT 运行（图中虚线所示），配置超级电容储能装置的 DFIG 通过超级电容储能装置经过网侧变流器向系统输出的功率来参与系统的一次调频。

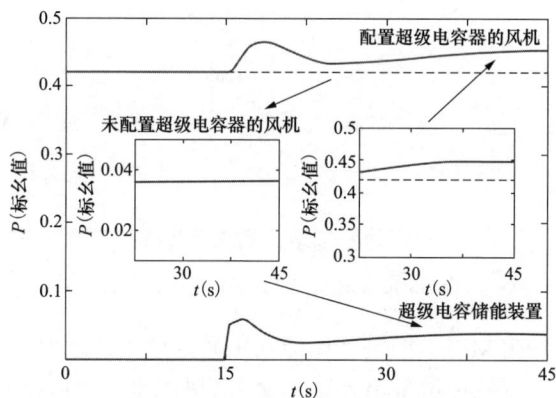

图 3-34　场景 1 双馈风电机组输出功率曲线

图 3-35 所示为负荷波动对应的频率偏差曲线，DFIG 在超速减载 10% 和 20% 的一次调频控制下，稳态频率偏差约为 0.06Hz，但在基于超级电容储能参与 DFIG 惯量支撑和一次调频控制策略下稳态频率偏差为 0.05Hz，相比较于常规的 DFIG 超速减载一次调频

41

控制策略，其一次频率调节能力提高 16.7%，提升效果显著。

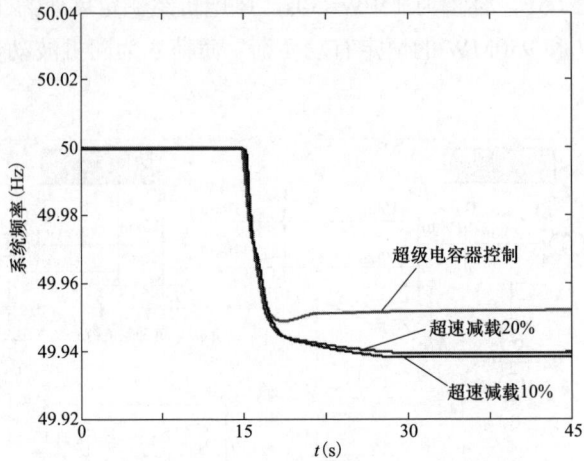

图 3-35　负荷波动对应的频率偏差曲线

在负荷突增100MW下，超级电容器参与电网一次调频进行放电时的荷电状态（SOC）和电压（U_{sc}）变化量如图 3-36 所示，为保证超级电容器在初始状态下可进行充放电运行，故超级电容器的初始 SOC 设为 60%，负荷在时间 t 为 15s 时突增 100MW，经过一次调频所需时间（30s）后其荷电状态 SOC 由 60%下降为 35.5%，超级电容器电压 U_{sc} 由 670V 减少至 517V，且尚未达到 SOC 下限值和 U_{sc} 最低工作电压。

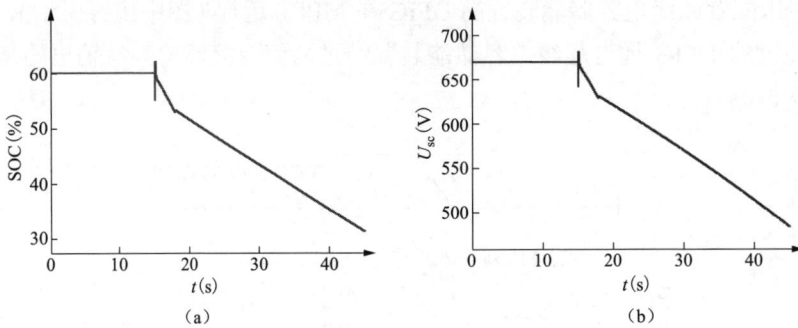

图 3-36　超级电容器参数值

（a）SOC 变化量；（b）工作电压变化量

当系统无扰动时，在 MPPT 控制下风能利用系数最大，风电机组的输出功率达到最优；在超速减载控制下风机预留备用容量，输出功率降低。当系统负荷增大时，在超速减载控制下，转速从超速点开始降低，释放存储的动能参与频率调节，风能利用系数增大，输出功率有所增加；在基于超级电容器储能控制的 DFIG 惯量支撑和一次调频控制策略下，风电机组保持最大功率输出，风能利用系数和转速保持最优值，其动态响应对比如图 3-37 所示。

由表 3-10 可知，当出现系统负荷增大 100MW 的扰动时，基于超级电容器储能参与

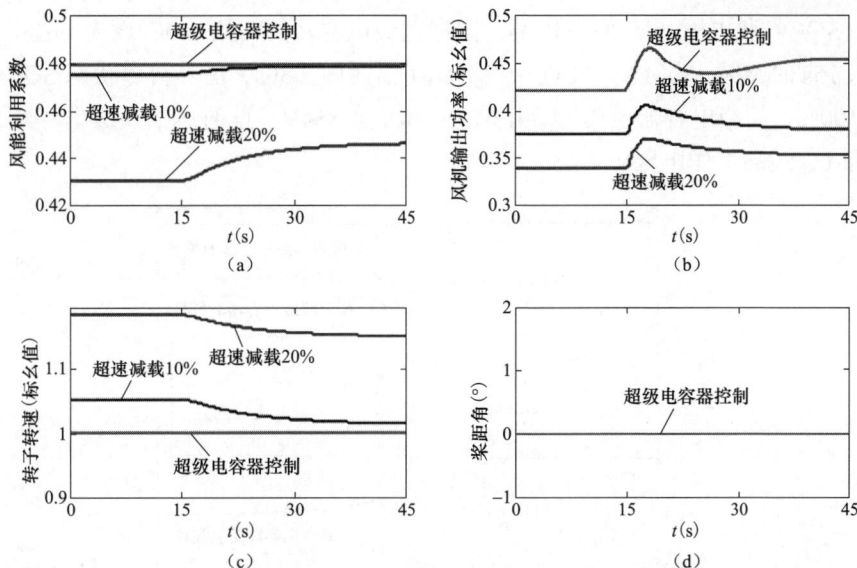

图 3-37　负荷增加 100MW 下风电机组响应对比

（a）风能利用系数；（b）风机输出功率；（c）转子转速；（d）桨距角

DFIG 惯量支撑和一次调频控制与超速减载 10%调频控制相比，虽然风能利用率相当，但输出功率增大 21%；与超速减载 20%调频控制相比，风能利用率提高 6.7%，输出功率增大 31.4%。综上所述，基于超级电容储能为系统提供惯量支撑与一次调频控制在负荷增大扰动下提高了一次频率调节能力，并且在一定程度上提高了发电效益。

表 3-10　　　　　　　　　　　负荷突增 100MW 时响应性能指标

控制策略	风能利用系数	输出功率（标幺值）	最大转速（标幺值）	桨距角（°）
超级电容器	0.48	0.46	1	0
超速减载 10%	0.478	0.38	1.02	0
超速减载 20%	0.45	0.35	1.16	0

场景 2：针对上述仿真模型，负荷在 15s 时突减 180MW。DFIG 在该场景下输出功率曲线如图 3-38 所示，其中未配置超级电容储能装置的 DFIG 在 MPPT 运行（图中虚线所示），配置超级电容储能装置的 DFIG 通过控制超级电容器充电来向系统吸收功率参与一次调频。

图 3-39 所示为负荷波动对应的频率偏差曲线。DFIG 在超速减载 10%和 20%的调频控制下其稳态频率偏差约为 0.085Hz，动态响应最大偏差量为 0.084Hz，而在基于超级电容储能参与 DFIG 惯量支撑和一次调频控制策略下稳态频率偏差为 0.065Hz，动态响应最大偏差量为 0.08Hz，其动静态响应效果都优于常规的 DFIG 超速减载一次调频控制策略，且频率调节能力相比于常规超速减载控制策略提高约 23.5%，提升效果显著。

图 3-40 所示为负荷突减 180MW 下，超级电容器参与电网一次调频进行充电时的荷

电状态（SOC）和电压（U_{sc}）变化量，同样超级电容器的初始 SOC 设为 60%，负荷在时间 t 为 15s 时突减 180MW，经过一次调频所需时间（30s）后其荷电状态 SOC 由 60% 升高为 100%，超级电容器电压 U_{sc} 由 670V 增加至 864V，此时达到超级电容器 SOC 的上限值和 U_{sc} 最高工作电压。

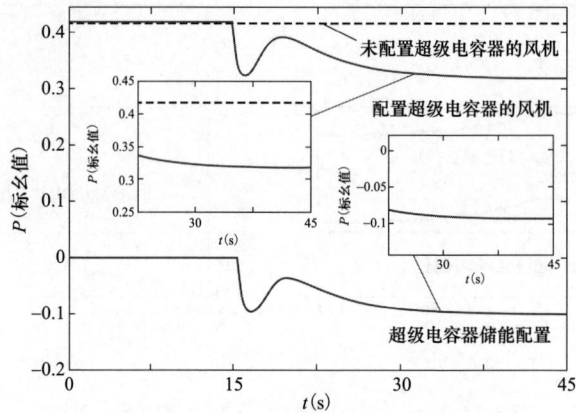

图 3-38　场景 2 双馈风电机组输出功率曲线

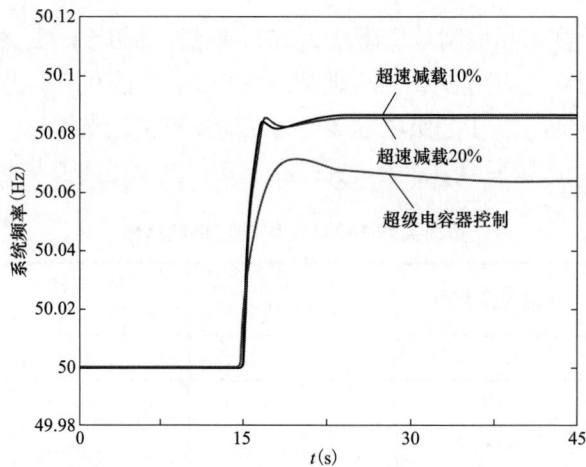

图 3-39　系统频率偏差

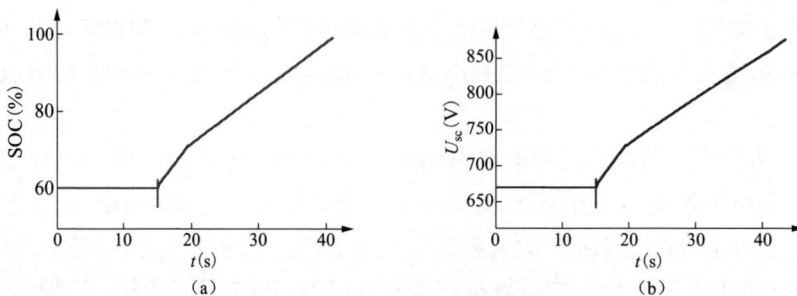

图 3-40　超级电容器参数值

（a）SOC 变化量；（b）工作电压变化量

当系统负荷降低时，在超速减载控制下，风电机组参与一次频率调节，转子吸收过剩的能量，转速增大到限值，同时启动了桨距角调节，风能利用系数大大降低，系统频率波动降低；在基于超级电容储能控制 DFIG 惯量与一次调频时，转速吸收过剩能量且未达到限值，无需进行桨距角调节，风能利用系数有所降低，系统频率波动最小。其风能利用系数、输出功率、转速和桨距角动态响应对比如图 3-41 所示。

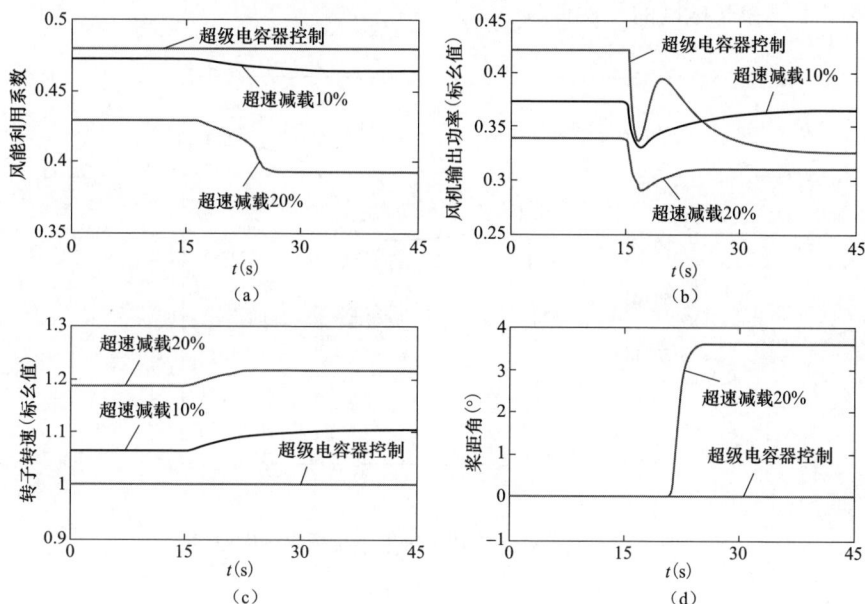

图 3-41　负荷减小 180MW 下风电机组响应对比

（a）风能利用系数；（b）风机输出功率；（c）转子转速；（d）桨距角

由表 3-11 可知，当出现系统负荷减小 180MW 的较大扰动时，基于超级电容储能参与 DFIG 惯量支撑与一次调频策略和超速减载 10%调频控制相比，风能利用率提高 2%，输出功率增大 12%；与超速减载 20%调频控制相比，风能利用率提高 23.07%，输出功率增大 19.4%，且超速减载控制启动了桨距角调节。因此基于超级电容储能为系统提供惯量与一次调频在负荷减小扰动下，其一次频率调节能力和发电效益均大大提高，且无需进行桨距角调节。

表 3-11　　　　　　　　　　负荷突减 180MW 时响应性能指标

控制策略	风能利用系数	输出功率 （标幺值）	最大转速 （标幺值）	桨距角 （°）
超级电容器	0.48	0.37	1	0
超速减载 10%	0.47	0.33	1.1	0
超速减载 20%	0.39	0.31	1.217	3.6

由于超级电容器的容量有限，为了分析极端工况下所提出的基于储能的惯量支撑与一次调频控制特性，故采用图 3-33 所示的含双馈风电场的 4 机 2 区域系统仿真模型，其

中负荷的变化量是根据超级电容器储能容量在一次调频所规定时间内可充放电的最大功率值来进行设置。故当时间 t 为 15s 时负荷减小 180MW，双馈感应风电机组通过超级电容充电参与惯量支撑和一次调频，最终系统稳态频率偏差为 0.065Hz，如图 3-42 所示。如图 3-43 所示，当时间 t 为 45s 时，超级电容器 SOC 达到 100%的上限值，无法再继续为超级电容器充电，此时系统偏差频率增加，其稳态频率偏差增加至 0.096Hz，双馈感应风电机组不再参与电网的一次调频。

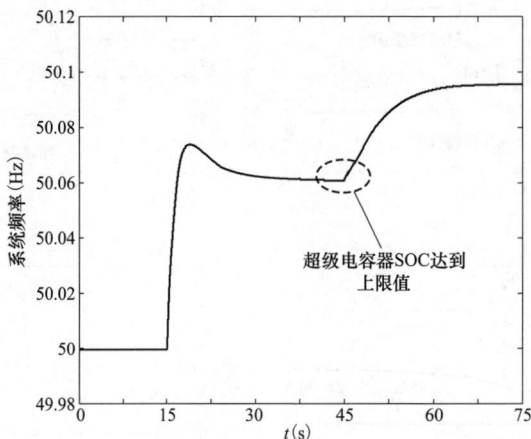

图 3-42　负荷减小极端工况下系统频率响应曲线

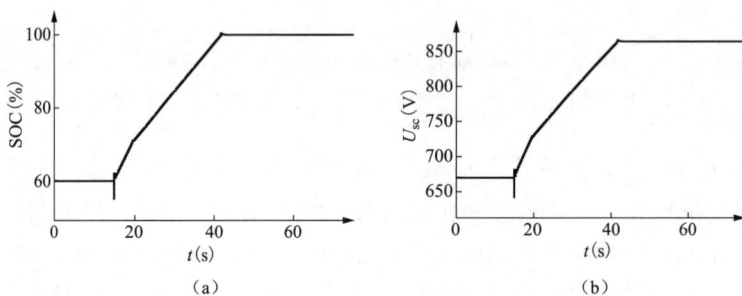

图 3-43　极端工况下超级电容器参数值（一）

（a）SOC 变化量；（b）工作电压变化量

　　同样，为验证超级电容器放电结束后的一次频率调节特性，采用图 3-33 所示的系统仿真模型，得到图 3-44 所示负荷增加极端工况下系统频率响应曲线。在时间 t 为 15s 时负荷增加 180MW，双馈感应风电机组通过超级电容器放电参与惯量支撑与一次调频，如图 3-45 所示。在时间 t 为 45s 时，超级电容器 SOC 达到 20%下限值，其工作电压 U_{sc} 由 670V 降低至 386V，达到工作电压最低值。此时双馈感应风电机组不再参与电网一次调频，系统频率偏差增加。但当变化负荷的功率小于 180MW 时，所配置的超级电容器容量可充放电时间将大于 30s，随着变化负荷功率减小其充放电时间越长，均满足一次调频响应时间的要求。

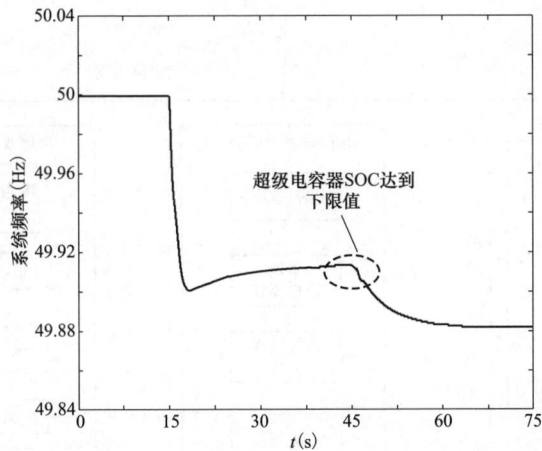

图 3-44　负荷增加极端工况下系统频率响应曲线

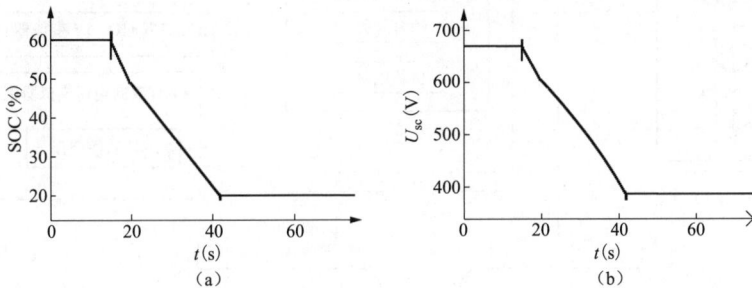

图 3-45　极端工况下超级电容器参数值（二）

（a）SOC 变化量；（b）工作电压变化量

3.2.4　控制方案实证分析

3.2.4.1　实验装置

实验所采用 10kW 双馈风电实验平台主要包括主监控台、原动机调速与双馈机转子励磁变频器柜（简称调速-转子励磁变频柜）、网侧双向变流柜、超级电容储能与控制柜、40kW 双向电网模拟器柜以及双馈发电实验机组（15kW 异步电机和 10kW 双馈感应风电机组成），系统结构示意图如图 3-46 所示。

（1）主监控台。通过以太网或 RS485 接口与"原动机调速、双馈机转子励磁变频器柜"中 ABB 变频控制器、双馈机转子侧变流控制器，"网侧变流器柜"中网侧变流控制器，"超级电容器储能柜"中变流控制器，以及 40kW 双向电网模拟器通信，实现对系统各设备运行方式、工作参数的控制和设置以及运行状态参数的监测。

（2）调速-转子励磁变频柜。主要包括两个部分：①ABB 变频器：用于驱动交流异步电动机，模拟风轮机经齿轮箱升速后的高速轴转速及机械功率，通过变频器频率调整，或者自动控制来模拟自然界中各种风况；②双馈电机转子侧变流器：用于双馈电机变速恒频发电控制。

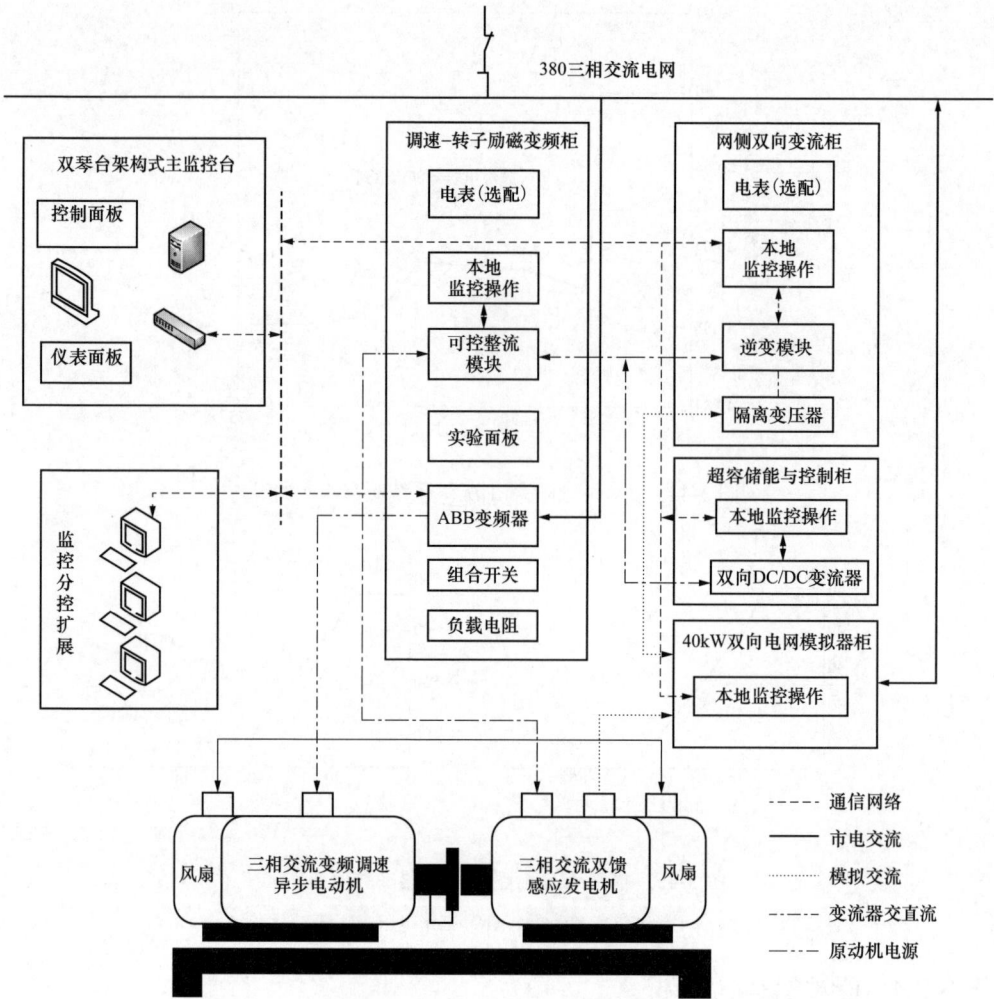

图 3-46 实验装置系统结构示意图

（3）网侧双向变流柜。用于给转子侧励磁变频器提供直流电源，在亚同步区，网侧变流器从电网吸收功率，整流为直流供给励磁变频器；在超同步区，将直流功率逆变输送到交流电网。

（4）超级电容储能与控制柜（4 组 110V×7F 的超级电容器 2 串 2 并组成）。用于双馈风电机组惯量响应与一次频率的下单边调节提供储能及控制。

（5）40kW 双向电网模拟器柜。除与电网电气隔离等安全考虑外，主要用于电网频率波动特性模拟，电网高、低电压骤变模拟。

其中，转子侧和网侧变流器均采用 DSP 控制，DC/DC 变流器则采用 YXSPACE-SP2000 快速控制原型控制器（rapid control prototype，RCP），可将 MATLAB-Simiulink 下的控制算法转换成输入、输出开关控制量和输入、输出模拟调节量，完成实际硬件控制。如图 3-47 所示为实验系统实物图，系统运行参数如表 3-12 所示。

表 3-12　　　　　　　　　　DFIG 实验系统运行参数

部件	参数	数值
双馈感应发电机	额定功率 P_N（kW）	10
	额定风速 v（m/s）	12
	桨距角 β（°）	0
	最大风能利用系数 C_p	0.48
	最优叶尖速比 λ	8.1
	叶轮半径 R（m）	3.2
	齿轮比 i	6
	极对数 p	2
转子侧变流器	额定功率 P_{RSC}（kW）	10
	额定电压 U_r（V）	220
	额定电流 I_r（A）	25
网侧变流器	额定功率 P_{GSC}（kW）	5
	额定电压 U_g（V）	220
	额定电流 I_g（A）	25
超级电容器	额定容量 C（F）	7
	直流母线电压 U_{DC}（V）	300
	最大工作电压 U_{max}（V）	220
	最小工作电压 U_{min}（V）	110
	最大连续电流 I_{max}（A）	10
	内阻 R（Ω）	1.12

图 3-47　双馈感应风电机组实验系统

3.2.4.2 控制方案的实验验证

为验证所提控制策略的有效性，选取了三组频率曲线输入电网模拟器来复现电网的频率跌落过程，在时间 t 为 $0\sim10s$ 时，电网频率维持在 50Hz。而后频率开始跌落，经过 0.5s 后，频率跌落结束，目标值分别为 49.9、49.8、49.7Hz。经过 30s 的低频过程后，再经过 0.5s 回升，在时间为 41s 时电网频率恢复至 50Hz。接着，在时间 t 为 55s 时引入频率上升，经过 0.5s 分别上升至 50.1、50.2、50.3Hz，接着经过 30s 的高频过程后，再经过 0.5s 的恢复，最终在时间 t 为 86s 时恢复至 50Hz，三组设定频率曲线如图 3-48 所示。

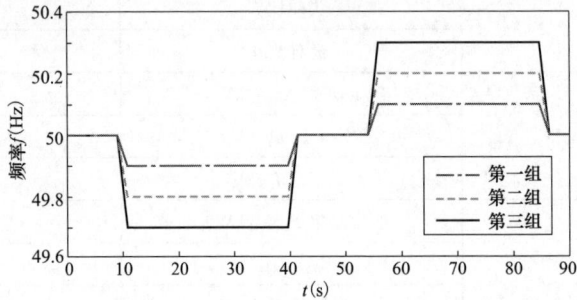

图 3-48　给定电网频率变化

期间，直流侧输出功率响应如图 3-49 所示。

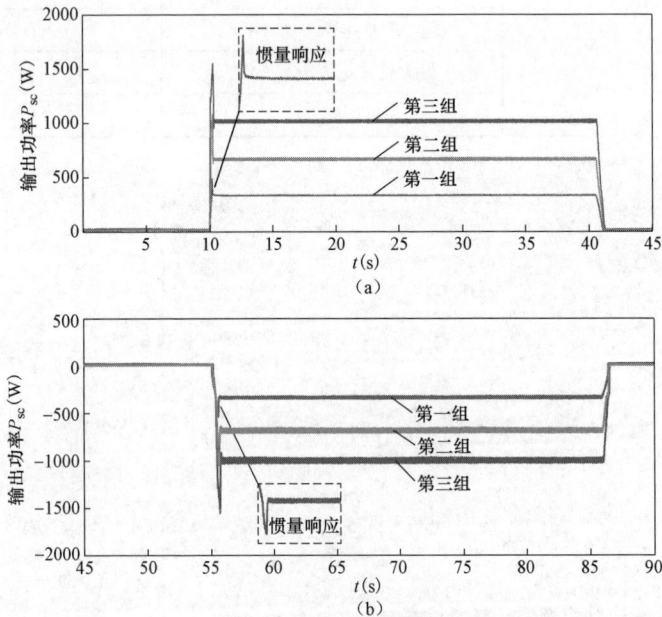

图 3-49　电网频率变化下的超级电容有功响应
（a）频率跌落时有功响应；（b）频率升高时有功响应

引入超级电容器进行有功支撑，超级电容器在调频过程中各电气量如图 3-50、图

3-51 所示。在当前控制策略下，实现了有功的下垂控制和惯量支撑，在频率下降时输出有功功率，频率上升时吸收有功功率，模拟了同步发电机的有功特性，提升了 DFIG 并网的致稳性。

图 3-50　频率突减下超级电容响应情况

（a）超级电容器电压；（b）超级电容器电流；（c）超级电容器 SOC

3.2.4.3　不同频率控制策略调频范围对比分析

为验证所提出超级电容控制的调节范围较大的特点，引入减载率为 10% 的超速减载

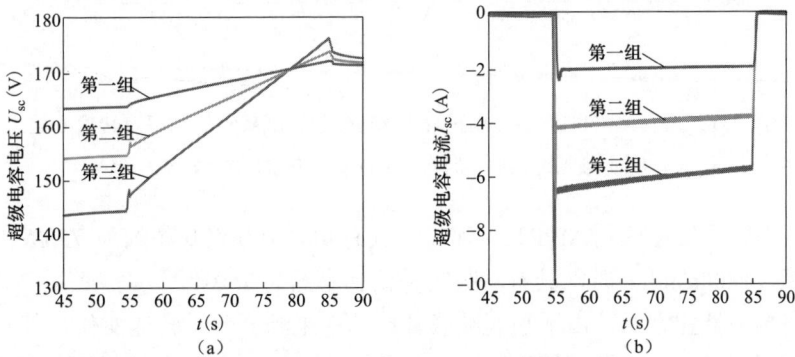

图 3-51　频率突增下超级电容响应情况（一）

（a）超级电容器电压；（b）超级电容器电流

51

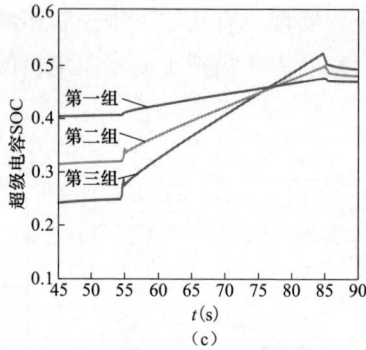

图 3-51　频率突增下超级电容响应情况（二）

（c）超级电容器 SOC

控制实验作为对比。与超级电容器控制相似，令超速减载控制按相同下垂系数响应图 3-48 中第三组频率变化，超速减载控制响应输出补偿功率 ΔP 及对应时刻转子转速如图 3-52 所示。

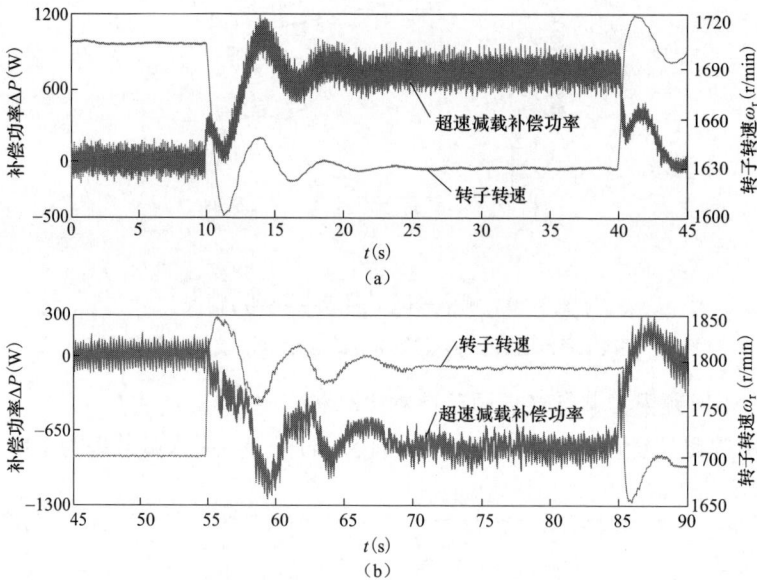

图 3-52　第三组电网频率变化过程中 DFIG 超速减载补偿功率及转速变化

（a）频率跌落时有功响应；（b）频率升高时有功响应

可见，当转子转速达到 MPPT 转速时，其有功输出补偿功率约为 750W；转速上升至最大转速（1800r/min）时，其有功吸收补偿功率约为 750W。

在动态响应性能方面，由于超速减载补偿功率来源于转子转速变化，其响应时间较长，且存在超调量，无法做到超级电容控制的快速响应；在静态调节范围方面，由于超速减载控制的补偿功率范围界限分别为 MPPT 及最大转速限制下所对应的功率范围，其在实验中表现为上下单边调节范围均为 750W，较超级电容控制 $0.1P_n$ 的调节范围较小。

在实验过程中，采用超速减载 10%控制下，其正常运行输出功率为 6650W，而超级电容器控制可在全工况下最大功率跟踪运行，输出功率约为 7400W，其发电效率较超速减载提升 11.2%。

3.3 考虑荷电状态的分布式电源一次调频控制策略

基于超级电容器控制的 DFIG 惯量与一次调频策略，若仅采用虚拟下垂控制，则无法阻碍频率下降速度和降低最大频率偏差变化量。若仅采用虚拟惯性控制，无法降低稳态频率偏差，故二者单独使用都无法合理协调稳态频率偏差与暂态频率下降速度和最大频率偏差变化率之间的矛盾。故为了避免超级电容器荷电状态 SOC 越限，同时结合惯性与下垂控制各自优势，提出计及超级电容器 SOC 反馈自适应调节的双馈感应风力发电机一次调频控制。采用一种可随频率偏差值和频率偏差变化率变化而自动调整两种调频控制参与调频的比例系数模型，实现两种调频模式平滑切换，同时综合考虑储能 SOC 实时修正虚拟惯性与下垂系数。

3.3.1 总体控制方案

为提高单台风电机组的致稳性和抗扰性，对单台风电机组配置储能装置。在储能装置选取方面，杨裕生院士从储能装置的性能指标和运行经济指标出发，推导出"规模储能装置的经济效益指数"关系式

$$YCC = [R_{out} - R_{in} / \eta] / [C / (L \cdot DOD) + C_0] \quad (3-35)$$

式中：R_{out} 和 R_{in} 分别为储能装置的电能进价和出价，元/kWh；η 为能量转换效率；C 为 1kWh 电能输出的初始投资，元/kWh；C_0 为输出 1kWh 电能的运行成本，元/kWh；DOD 为储能装置的充放电深度；L 为相应 DOD 下的循环寿命，次。

由式（3-35）得到"储能装置的直接经济效益"即利润率 P_m 的关系式为

$$P_m = (YCC - 1) \times 100\% \quad (3-36)$$

当计算得到 YCC 大于 1 时，则 P_m 大于 0，表示储能可盈利，根据相关数据，得到不同化学电源的经济效益评估结果[70], [71]，如表 3-13 所示。

表 3-13   **不同化学储能技术的性能及经济效益**

储能类型	能量效率（%）	$DOD \times$ 循环寿命	初始投资（元/Wh）	维护成本（元/kWh）	利润率（%）
铅酸电池	70～75	1×800 0.7×4500	1	0.05	−54～63
锂离子电池	90～95	1×1000	4.5	0.05	−86
全钒液流电池	70～80	1×13000	5～10	0.1	26～−30
超级电容器	80～95	1×200000	27	0.05	247

注 电价进出 R_{in} 为 0.15 元/kWh 和 R_{out} 为 0.8 元/kWh。

由表 3-13 可知，超级电容器一方面可循环次数较多，满足频繁充放电的需求，在经济性评估方面占有绝对优势，利润率 P_{m} 高达 247%。另一方面功率密度大，可瞬时大功率输出，符合电网一次调频需求。

3.3.2 基于储能的自适应调频控制策略

3.3.2.1 控制系统模型

已知基于超级电容器储能装置控制的 DFIG 机组参与电网一次调频控制方式主要分为虚拟惯性控制和虚拟下垂控制。基于对虚拟惯性和虚拟下垂两种控制策略的研究，采用一种基于频率偏差和频率偏差变化率的自适应控制策略。在系统处于惯性响应阶段时，采用虚拟惯性为主，虚拟下垂为辅的控制方式来实现对超级电容器的控制；在系统处于一次调频阶段时，则采用虚拟下垂为主，虚拟惯性为辅的控制方式。故可得到上述自适应控制方式下超级电容器的出力为

$$\Delta P_{\mathrm{E}} = c_1 K_{\mathrm{H}} \frac{\mathrm{d}\Delta f}{\mathrm{d}t} + c_2 K_{\mathrm{scss}} \Delta f \tag{3-37}$$

式中：c_1、c_2 分别为虚拟惯性模式和虚拟下垂模式的比例系数；K_{H}、K_{scss} 分别为超级电容器的虚拟惯性系数和虚拟下垂系数。

3.3.2.2 超级电容器参与一次调频控制的比例系数

1. 惯性响应阶段的比例系数

结合惯性响应阶段的频率偏差变化率和频率偏差量的变化特点，得到此阶段下系数比例，即

$$\begin{cases} c_1 = \mathrm{e}^{n\Delta f} \\ c_2 = 1 - \mathrm{e}^{n\Delta f} \end{cases}, \quad 0 \geqslant \Delta f \geqslant \ln\left(\frac{1}{2}\right)\bigg/ n \tag{3-38}$$

如图 3-53 和图 3-54 所示，分别为式（3-38）所对应的系数分配随频率偏差和频率偏差变化率的曲线图。可见，在初始惯性响应阶段，$|\mathrm{d}\Delta f / \mathrm{d}t|$ 较大，$|\Delta f|$ 较小，虚拟惯性控制优势可得到充分发挥，可以在一定程度上减小频率偏差变化率的最大值，降低频率偏差的变化速度。在后期惯性响应阶段，$|\Delta f|$ 较大，$|\mathrm{d}\Delta f / \mathrm{d}t|$ 较小，可充分发挥虚拟下垂控制的优势，频率偏差最大值得到明显减小。

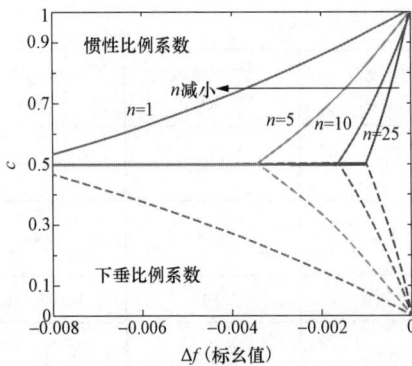

图 3-53　频率偏差曲线（惯性响应阶段）　　图 3-54　频率偏差变化率曲线（惯性响应阶段）

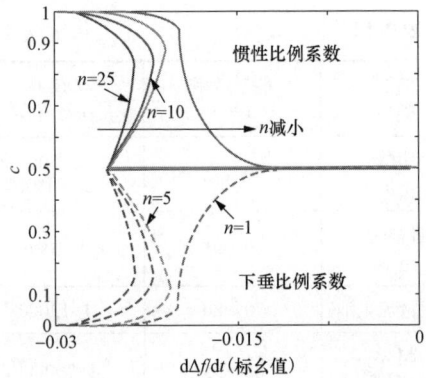

由图 3-53 和图 3-54 可知，比例系数 c_1 和 c_2 的渐变曲线与在整个惯性响应阶段中频率的变化特性相匹配，其具体取值和速度变化与式（3-38）中的 n 有关。为了分析不同 n 取值下对系统频率和超级电容器产生的影响，以所建立的四机两区域模型（见图 3-33）为基础模型，工况为负荷突增 145MW 为例，分别绘制了不同 n 取值下的频率偏差曲线（见图 3-55）和超级电容器出力曲线（见图 3-56）。

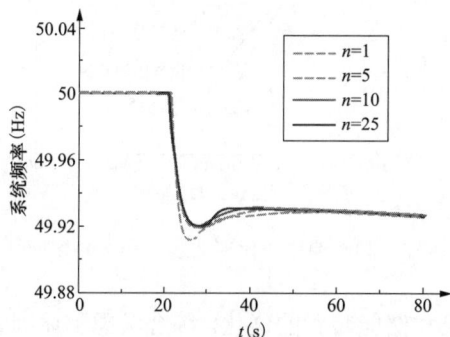

图 3-55　不同 n 取值下的频率偏差曲线　　图 3-56　超级电容器输出功率曲线

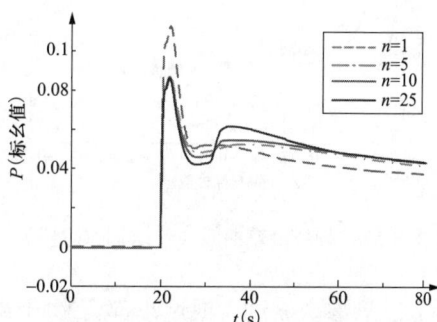

若 n 过小，则即使 $|\Delta f|$ 明显增大且 $|\mathrm{d}\Delta f / \mathrm{d}t|$ 明显减小，c_1 和 c_2 的变化也较小，则惯性响应能力和下垂响应能力均不能得到充分发挥，最大频率偏差（$\Delta f_{\max}$）过大，导致超级电容器的最大输出功率增大。同理，若 n 过大，则只要 $|\Delta f|$ 略有增大或 $|\mathrm{d}\Delta f / \mathrm{d}t|$ 略有减小，都将使 c_1 急剧减小而 c_2 急剧增大，此时难以充分发挥其下垂响应能力，且无法充分利用惯性响应的优势，对有效抑制频率偏差变化率产生不利影响。

2. 一次调频阶段的系数比例

所提控制方式应以虚拟下垂为主，虚拟惯性为辅，故可得到此阶段的系数比例为

$$\begin{cases} c_1 = \left(\dfrac{\Delta f - \Delta f_{\mathrm{low}}}{\Delta f_{\max} - \Delta f_{\mathrm{low}}}\right)^n \\ c_2 = 1 - \left(\dfrac{\Delta f - \Delta f_{\mathrm{low}}}{\Delta f_{\max} - \Delta f_{\mathrm{low}}}\right)^n \end{cases}, \quad \Delta f_{\mathrm{low}} \leqslant \Delta f \leqslant \Delta f_{\mathrm{low}} + \sqrt[1/n]{1/2}(\Delta f_{\max} - \Delta f_{\mathrm{low}}) \qquad (3\text{-}39)$$

式中：Δf_{low} 为超级电容器参与电网一次调频的阈值；$\Delta f_{\max}$ 为一次调频中最大频率偏差值。

图 3-57 和图 3-58 所示分别为式（3-39）所对应的系数分配随频率偏差和频率偏差变化率的变化曲线。已知在一次调频阶段，c_1 值以较快的速度减小到 0，c_2 值以较快的速度增大到 1，此时虚拟下垂控制优势得到显著体现，能够有效减小系统稳态频率偏差值。

一次调频阶段全过程中，存在 $c_1 < c_2$，$c_1 + c_2 = 1$，其中比例系数 c_1 和 c_2 的渐变曲线与在整个惯性响应阶段中频率的变化特性相匹配，其中一次调频阶段的系数比例数值及变化速度同样与式（3-39）中的参数 n 有关。当 n 取值太小时，存在 $c_1 = c_2 = 0.5$，此时的比例系数会导致惯性响应功率降低，且严重阻碍了下垂响应能力的发挥。当 n 取值太大时，$|\Delta f|$ 的细微变动会使 c_1、c_2 剧烈变化，影响下垂响应能力发挥，导致超级电容器出力增

大，未能优化利用超级电容器的容量。

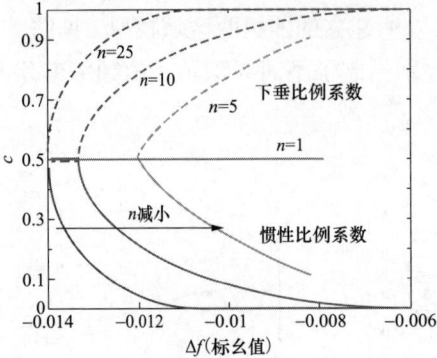

图 3-57　频率偏差曲线（一次调频阶段）　　图 3-58　频率偏差变化率曲线（一次调频阶段）

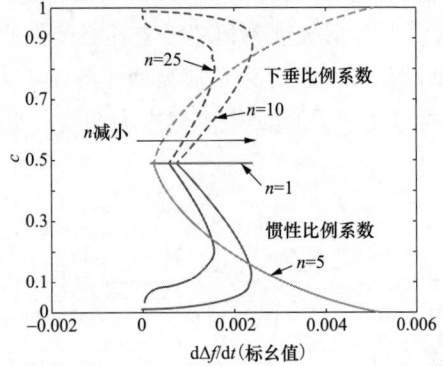

综上，参数 n 过大或过小都会影响调频效果和储能装置的优化。综合考虑上述因素，选择 n 为 10。

3.3.2.3　计及 SOC 反馈的自适应控制

由于 DFIG 所配置的超级电容器的容量有限，若一直采用最大下垂系数充放电，则超级电容器的荷电状态 SOC 易越限。为避免此问题，考虑在超级电容器 SOC 过高（充电）或过低（放电）时动态调整虚拟惯性和虚拟下垂系数，以此来减小该储能装置的出力。不仅可有效避免储能装置的过充放电问题，提高使用寿命，而且还可减少 SOC 越限时对电网系统所造成的不利影响。

将超级电容器 SOC 划分为 5 个区间，如图 3-59 所示，K_m 为双馈感应风电机组的下垂

图 3-59　超级电容器单位调节功率与 SOC 的关系

系数，设定最小值（Q_{SOC_min}）为 0.1，较低值（Q_{SOC_low}）为 0.45，较高值（Q_{SOC_high}）为 0.55 和最大值（Q_{SOC_max}）为 0.9。值得注意的是以上取值并不是唯一的，取决于不同超级电容器型号的自身 SOC 特性，为了定量分析超级电容器 SOC 越限下的极限工况，此处将 SOC 的最小值设置为 0.1。计及 SOC 反馈的超级电容器虚拟惯性系数 $K_H(Q_{SOC})$ 和虚拟下垂控制系数 $K_{scss}(Q_{SOC})$ 分别为

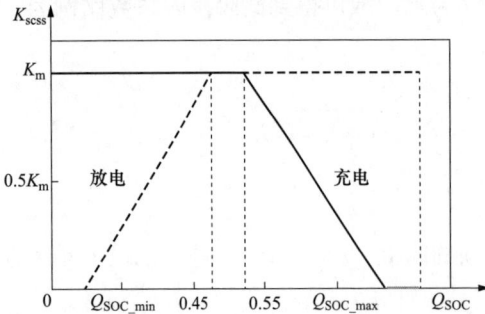

$$K_{scss}(Q_{SOC}) = \begin{cases} K_c, & f \geqslant 0.03\text{Hz} \\ K_d, & f < -0.03\text{Hz} \end{cases} \tag{3-40}$$

$$K_H(Q_{SOC}) = \begin{cases} \alpha K_c, & df/dt > 0 \\ \alpha K_d, & df/dt < 0 \end{cases} \tag{3-41}$$

式中：K_c、K_d 分别为超级电容器下垂控制过程中的充放电系数；α 为虚拟惯性系数与虚拟下垂系数之间的比例系数，此处取为 0.3。

故为防止 SOC 越限所带来的问题，采用线性分段函数来设置充放电曲线，既可以实现平滑出力，还能避免复杂函数所带来的控制难题，更利于工程的实际应用。

$$K_c = \begin{cases} K_m, Q_{SOC} \in [0, 0.55] \\ \dfrac{0.9 - Q_{SOC}}{0.35} K_m, Q_{SOC} \in [0.55, 0.9] \\ 0, Q_{SOC} \in [0.9, 0.1] \end{cases} \quad (3-42)$$

$$K_d = \begin{cases} 0, Q_{SOC} \in [0, 0.1] \\ \dfrac{Q_{SOC} - 0.1}{0.35} K_m, Q_{SOC} \in [0.1, 0.45] \\ K_m, Q_{SOC} \in [0.45, 1] \end{cases} \quad (3-43)$$

3.3.2.4 自适应控制策略的流程

基于综合考虑 SOC 反馈的超级电容储能装置 DFIG 一次调频自适应控制策略流程如图 3-60 所示。调频控制分为两大控制模式部分：①虚拟惯性为主、虚拟下垂为辅；②虚拟下垂为主、虚拟惯性为辅。

（1）将调频死区设定为 $|\Delta f| \leqslant 0.03Hz$，此时可近似判定为系统无扰动，风电机组不参与惯性调节和一次频率调节。当电网频率 f 偏离电网额定频率，$\Delta f > 0.03Hz$ 时，系统负荷减小，超级电容器充电；$\Delta f < -0.03Hz$ 时，系统负荷增加，超级电容器充电。当存在负荷扰动时，为防止过充或过放，需要判定超级电容储能系统当前 SOC 状态是否分别满足放电约束和充电约束条件。满足 SOC 约束后，可根据步骤（2）～（6）进行充放电控制。

（2）超级电容器首先在以虚拟惯性为主，虚拟下垂为辅的控制模式下工作。首次设定虚拟惯性调频模式的分配系数 $c_1=1$，虚拟下垂调频模式的分配系数 $c_2=0$，并根据式（3-37）计算超级电容器的出力情况。

（3）在惯性响应阶段内，根据式（3-38），对惯量支撑与下垂响应模式中的系数进行分配，在具体分配过程中满足虚拟惯性调频模式的分配系数 $c_1 \geqslant 0.5$，虚拟下垂的调频模式的分配系数 $c_2 \leqslant 0.5$ 的前提条件。

（4）在电网频率处于最大频率偏差 Δf_{max} 时，超级电容器的控制模式自动切换为虚拟下垂为主，虚拟惯性为辅，此时的分配系数按照 $c_1=0.5$，虚拟下垂调频模式的分配系数 $c_2=0.5$。

（5）在下垂响应阶段内，根据式（3-39）对系数进行分配，取虚拟惯性调频模式的分配系数 $c_1 \leqslant 0.5$，虚拟下垂的调频模式的分配系数 $c_2 \geqslant 0.5$。

（6）当电网频率达到稳态频率偏差值时，基于超级电容器储能的 DFIG 参与一次调频结束。

综上可知，虚拟下垂和虚拟惯性控制决定了超级电容器的出力模式，而根据式（3-40）～式（3-43）的 SOC 反馈自适应控制规律决定了下垂系数和惯性系数的大小，上述两种模式相辅相成共同决定了超级电容器的实际出力大小及方向。

3.3.3 超级电容模组的连接方式

假设储能装置需采用 144V×55F（型号：MCP0055C0-0144R0SHB）超级电容模组 6

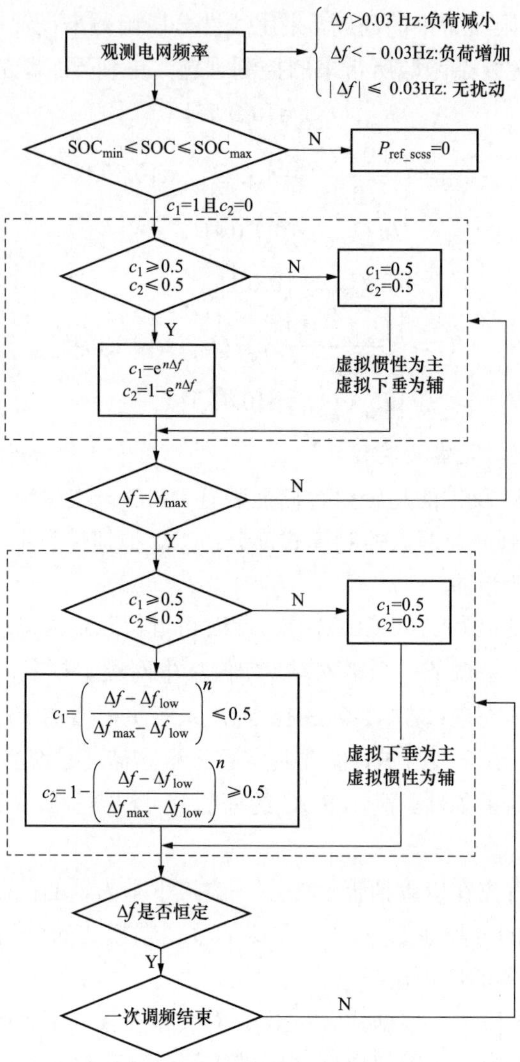

图 3-60　一次调频自适应控制策略流程图

串 3 并共 18 组组成该双馈风电机组的储能装置。已知该型号的超级电容器能量密度为 1.9Wh/kg，计算可得单台风电机组配置的超级电容器模组总质量为 658kg，质量、体积大小可接受，可将该储能柜放置于风机塔筒的变流器支架下，且接线方案可行。在上述容量配置的基础上，超级电容储能模组的连接方式有如图 3-61 所示的两种方式，图 3-61（a）所示的 m 个超级电容器先进行串联，再对其进行 n 对并联组成储能阵列和图 3-61（b）所示的先将 n 个超级电容器并联，然后再将这 m 个并联模块串联起来组成储能阵列，以上不同的连接方式可对超级电容阵列的可靠性和容量分散度产生不同的影响。

假定每个单体超级电容器的可靠性为 a（$0 < a < 1$），且相互独立无影响，经计算可得，采用图 3-61（a）中所示的超级电容器储能阵列的可靠性为 $P_1 = 1 - (1 - a^m)^n$，采用图 3-61（b）所示的超级电容器储能阵列的可靠性为 $P_2 = [1 - (1 - a)^n]^m$。由两式可知，其中 m 与 n 的数值越大，后者的连接方式越可靠。

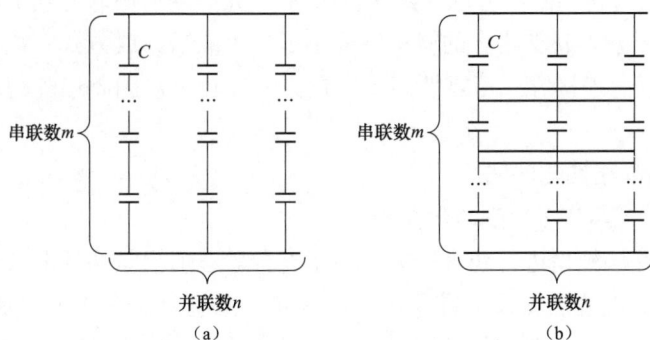

图 3-61 超级电容器不同阵列模式

（a）先串联后并联；（b）先并联后串联

且在同一串联支路中同时出现容量最大和容量最小的超级电容时，此支路上超级电容的电压差达到最大，故对电压均衡电路提出了新的挑战，假设超级电容的额定电容为 C，电容存在的分散度为 d，d 的范围为 $-10\% \sim 20\%$。单体超级电容器的容量分散度用 $d_1, d_2, \cdots, d_{mn}$ 表示，且 $d_1 < d_2 < \cdots < d_{mn}$，则所有超级电容中容量最小值为 $C_{\min} = C(1+d_1)$，容量最大值为 $C_{\max} = C(1+d_{mn})$。

在图 3-61（a）所示的先串联后并联方式中，$C_{\min}$ 和 $C_{\max}$ 出现在同一个串联支路的概率为

$$P_3 = C_n^1 C_{mn}^1 C_{mn-1}^1 \tag{3-44}$$

在图 3-61（b）所示的先并联后串联方式中，超级电容阵列可认为由 m 个模块串联构成，每个模块的容量可表示为

$$C_i = \sum_{j=1}^{j=n} C_{ij}, i = 1, 2, \cdots, m \tag{3-45}$$

m 个模块中最小的容量为

$$C_{1\min} = \left(1 + \frac{d_1 + d_2 + \cdots + d_n}{n}\right) \times n \times C \tag{3-46}$$

最大的容量为

$$C_{1\max} = \left(1 + \frac{d_{mn-n+1} + \cdots + d_{mn}}{n}\right) \times n \times C \tag{3-47}$$

由式（3-46）和式（3-47）可知，超级电容的电容分散度范围为 $\frac{d_1 + d_2 + \cdots + d_n}{n}$: $\frac{d_{mn-n+1} + \cdots + d_{mn}}{n}$，与连接之前的分散度（$d_1, d_n$）相比范围明显减小，并且分散度范围随着并联支数增大而不断减小，在该种连接方式下，$C_{1\min}$ 和 $C_{1\max}$ 连接在同一串联支路中的概率为

$$P_4 = C_m^1 C_{mn}^1 C_{mn-1}^1 \times \cdots \times C_{mn-2n}^1 \tag{3-48}$$

由式（3-48）可得，随着并联支数 n 的增加，先并联后串联方式下的最大电容量和最小电容量在同一条串联支路上的概率远远小于先串联后并联方式。综上所述，采用如图 3-61（b）所示的连接方式可靠性高，容量分散度较小，因此该阵列对均压电路平衡能力要求较低。

3.3.4 控制策略性能评估

3.3.4.1 负荷突增下 DFIG 的仿真分析

采用 4 机 2 区域模型进行仿真研究，为了充分验证所提策略的有效性，在风速恒定为 10m/s 且负荷随机波动场景下进行仿真。首先，系统负荷在 20s 时突增 145MW，图 3-62 对比展示了超级电容器储能装置在三种控制策略下的输出功率曲线：基于超级电容器储能的虚拟下垂与虚拟惯性直接切换控制（定 K–直接切换法）、惯性与下垂自适应分配系数控制（定 K–自适应控制）以及计及 SOC 的虚拟惯性与下垂自适应控制。其中，前两种控制方法的惯性系数 K_H 和下垂系数 K_{scss} 恒定不变，故也称为定 K 法。针对上述工况，由图 3-62 可得定 K–自适应控制与定 K–直接切换法相比，在配置超级电容器储能装置额定功率方面减少 20%，并且超级电容器的出力曲线较为平滑，但由于超级电容器本身容量限制问题，在时间为 60s 时，能量释放结束且不再发挥作用，此时采用上述两种控制方法则会再次产生一个频率较大跌落的过程，针对上述问题，在虚拟惯性与下垂

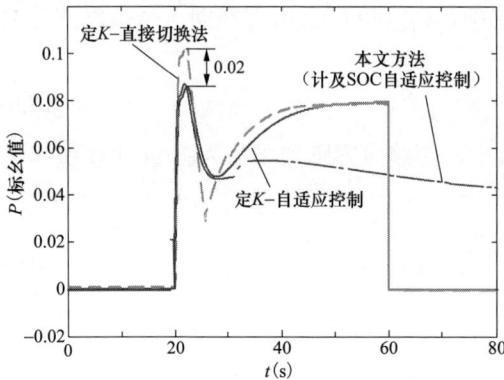

图 3-62 负荷突增 145MW 下超级电容器
输出功率的曲线

系数自适应分配的基础上考虑超级电容器 SOC 状态值，根据式（3-40）～式（3-43）实时改变其惯量与下垂系数，由图 3-62 可知所提方法相对上述两种方法短时间内输出功率较小，但可防止频率出现突变情况，避免超级电容器过充过放的现象发生，提高其使用寿命。

为方便分析，该工况下超级电容器初始 SOC 设置为 60%，初始工作电压 U_{sc} 为 670V，由图 3-63 可知，在持续放电工况下，不考虑 SOC 状态的惯性与下垂自适应控制时，在时间 t 为 60s 时，SOC 达到下限值 10%，其工作电压 U_{sc} 达到最低放电电压 270V。而所提方法的超级电容器 SOC 的维持效果较佳，相比上述控制的 SOC 提高 13.5%。

图 3-64 为上述工况下采用三种不同控制策略所对应的频率偏差曲线，其中定 K–自适应控制在 t_0～t_m 时间段内的控制方式以虚拟惯性为主，虚拟下垂为辅，可抑制最大频率偏差变化率的同时降低最大频率偏差量。t_m 时刻过后，控制模式以虚拟下垂为主，虚拟惯性为辅。与定 K–直接切换法相比，其频率最大偏差量减小 10%。实现了平滑切换，避免直接切换对电网造成的冲击。若超级电容器能量一旦完全释放，系统频率会出现再次跌落 0.015Hz。而所提方法在减小频率最大偏差量的基础上，系统频率整体相对稳定，不会出现频率突变的现象。

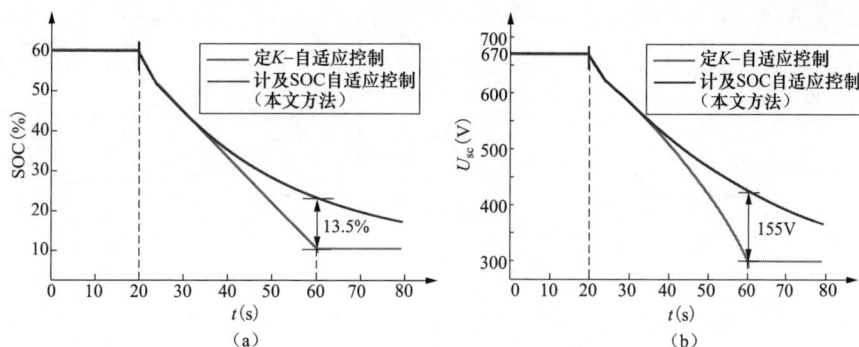

图 3-63 超级电容器参数值

(a) SOC 变化量;(b) 工作电压变换量

为验证所提计及 SOC 自适应控制的超级电容储能控制双馈感应风电机组惯量与一次调频自适应控制策略相较于常规调频控制的优势,图 3-65 所示为上述同样工况下不同调频方式所对应的频率偏差曲线,双馈感应风电机组在超速减载 10% 的一次调频控制下,稳态频率偏差约为 0.09Hz,但在所提调频控制策略下稳态频率偏差为 0.075Hz,相比较于常规的 DFIG 超速减载一次调频控制策略,其一次频率调节能力提高 22.2%,提升效果显著。

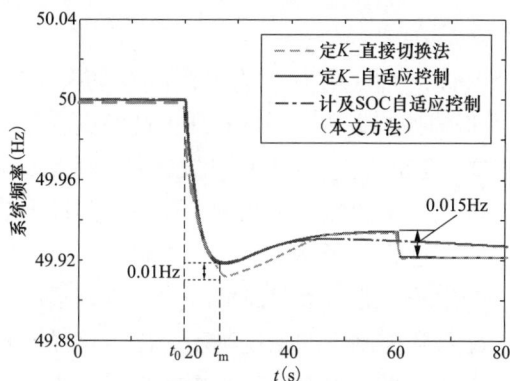

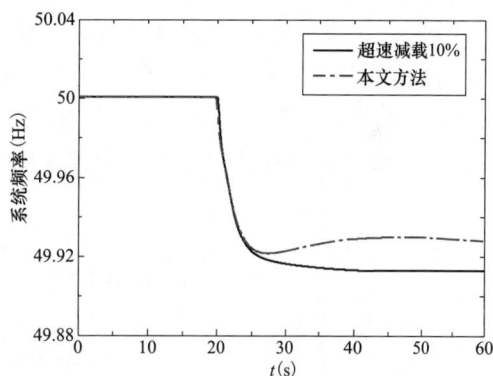

图 3-64 三种不同控制策略所对应的频率偏差曲线   图 3-65 不同调频方式所对应的频率偏差曲线

在所提控制策略下风机保持最大功率输出,风能利用系数和转速保持最优值。其动态响应对比如图 3-66 和表 3-14 所示。由表 3-14 可知,当出现系统负荷增大 145MW 的扰动时,计及超级电容器储能 SOC 参与 DFIG 惯量支撑和一次调频自适应控制与超速减载 10% 调频控制相比,风能利用率提高 3.2%,输出功率增大 31.4%。故所提控制策略不仅在负荷增大扰动下提高了一次频率调节能力,并且在一定程度上提高了发电效益。

表 3-14   负荷突增 145MW 时响应性能指标

控制策略	风能利用系数	输出功率 (标幺值)	最大转速 (标幺值)	桨距角 (°)
所提方法	0.48	0.46	1	0
超速减载 10%	0.465	0.35	1.16	0

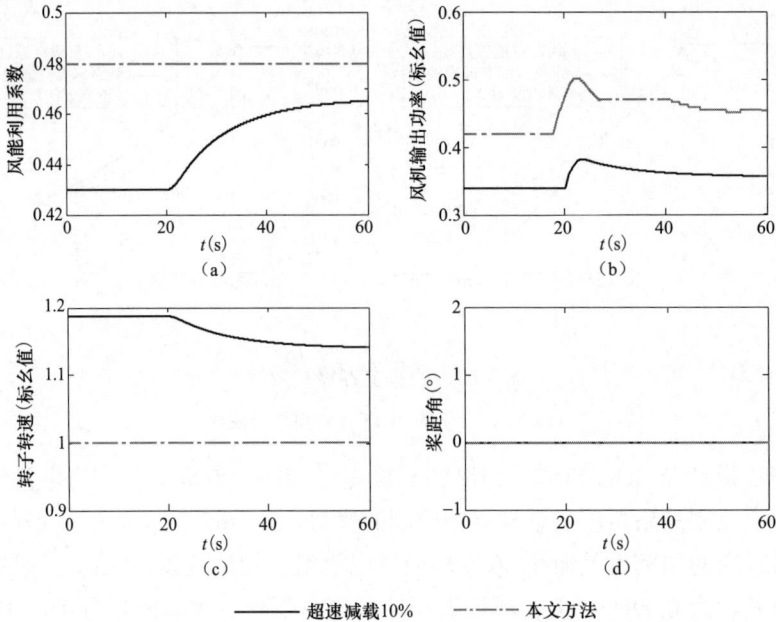

图 3-66　负荷增加 145MW 下风电机组响应对比

（a）风能利用系数；（b）风机输出功率；（c）转子转速；（d）桨距角

3.3.4.2　负荷突减下 DFIG 的仿真分析

针对上述仿真模型，负荷在 20s 时突减 180MW，图 3-67 所示为定 K-直接切换控制、定 K-自适应分配系数控制以及计及 SOC 的虚拟惯性与下垂自适应控制的超级电容器储能装置的吸收功率曲线对比图。由图 3-67 可知，在定 K-直接切换控制策略控制下系统进行一次调频，系统频率偏差达到最大值时才进行调频模式切换会导致超级电容器产生较大的功率超调量；在定 K-自适应分配系数控制下的系统则不会出现这样的较大超调量，根据储能装置在各时间点的动作深度来配置储能电池的额定功率 P_N，针对此工况下定 K-自适应分配系数控制法与定 K-直接切换法相比，其储能装置的额定功率相较于直接切换控制下所配置的储能装置额定功率减小 12.5%，不仅可有效减小超级电容器的额定功率配置裕量，还

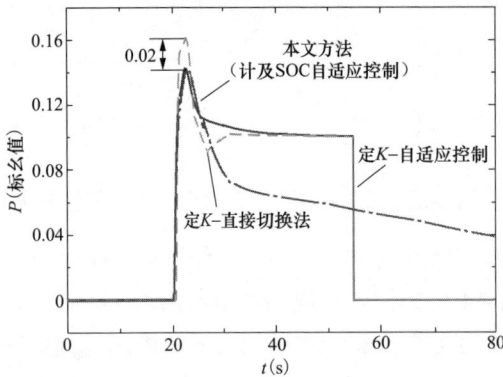

图 3-67　超级电容器吸收功率的曲线

可以实现超级电容储能装置的出力曲线平滑稳定，但同样存在上述问题，在时间为 55s 时，超级电容器吸收能量达到极限值且不再发挥作用，此时采用上述两种定 K 控制方法则会再次产生一个频率较大抬升过程，影响系统稳定性。

已知所提方法相对定 K-直接切换法与定 K-自适应控制在短时间内吸收功率较小，但由图 3-68 可知，在此工况下超级电容器初始 SOC 设置为 40%，初始工作电压 U_{sc} 为

545V，在持续充电工况下，不考虑 SOC 状态的惯性与下垂自适应控制，在时间为 55s 时，SOC 达到上限值 90%，其工作电压 U_{sc} 达到最低放电电压 870V。而所提方法的超级电容器 SOC 的维持效果较佳。相比上述控制 SOC 可降低 15%，可具备更多的容量参与系统一次调频。

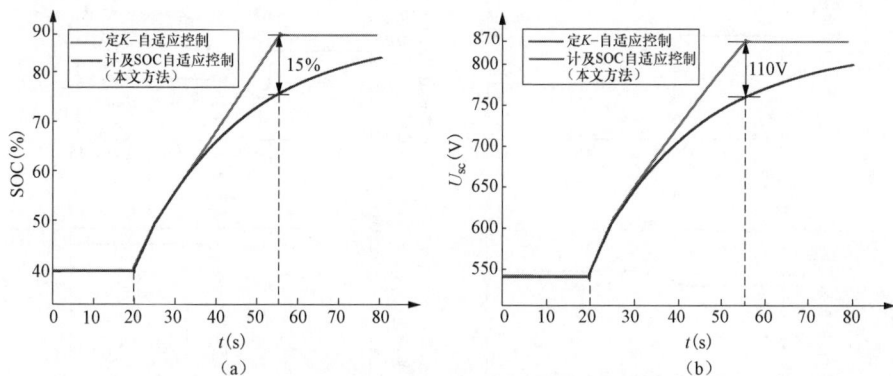

图 3-68　超级电容器参数值

（a）超级电容器 SOC；（b）超级电容器电压

负荷减小 180MW，采用上述三种控制策略所对应的频率偏差曲线如图 3-69 所示。可以明显得到在直接切换控制方式下，频率最大偏差达到 50.1Hz，而采用定 K-自适应控制策略的频率最大偏差仅为 50.08Hz，其频率最大偏差量相较于直接切换控制方式减小 20%。当超级电容器不断吸收能量时，其 SOC 达到极限值，系统频率会出现再次抬高 0.025Hz；而所提方法在减小频率最大偏差量的基础上，维持了整个系统频率的相对稳定。

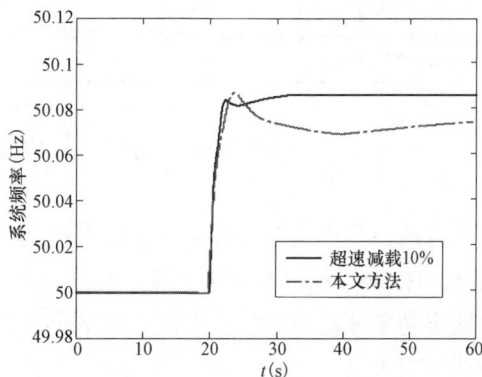

负荷减小 180MW 时，不同调频控制方式对应的频率偏差曲线如图 3-70 所示。为了进一步验证所提控制策略相较于常规调频控制的优势，双馈感应风电机组在超速减 10% 的调频控制下其稳态频率偏差约为 0.085Hz，动态响应最大频率偏差量为 0.084Hz，而在基于超级电容储能参与 DFIG 惯量支撑和一次调频控制策略下稳态频率偏差为 0.07Hz，动态响应最大偏差量为 0.08Hz，其动静态响应效果都优于常规的 DFIG 超速减载一次调频控制策略，且频率调节能力相比于常规超速减载一次调频策略提高约 17.7%，提升效果显著。

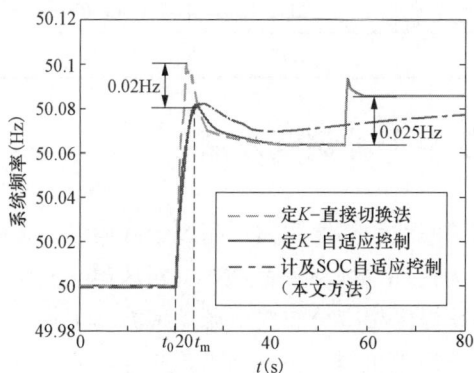

图 3-69　三种控制策略所对应的频率偏差曲线　　图 3-70　不同调频控制方式对应的频率偏差曲线

在采用所提控制策略时，转速和风能利用系数依然保持最优值，其风能利用系数、输出功率、转子转速和桨距角动态响应对比结果如图 3-71 所示。

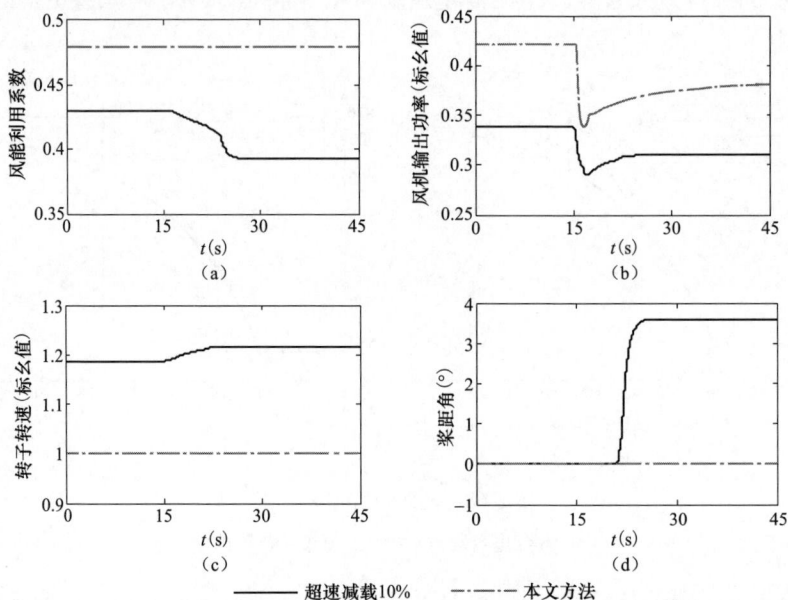

图 3-71　负荷减小 180MW 下风电机组响应对比

（a）风能利用系数；（b）风机输出功率；（c）转子转速；（d）桨距角

由表 3-15 可知，当出现系统负荷减小 180MW 的较大扰动时，所提控制策略和超速减载 10%调频控制相比，风能利用率提高 23.07%，输出功率增大 22.6%。因此计及 SOC 自适应控制的超级电容储能控制策略在负荷减小扰动下一次频率调节能力和发电效益均大大提高。

表 3-15　　　　　　　　　　　负荷突减 180MW 时响应性能指标

控制策略	风能利用系数	输出功率（标幺值）	最大转速（标幺值）	桨距角（°）
超级电容器	0.48	0.38	1	0
超速减载 10%	0.39	0.31	1.217	3.6

3.4　分布式电源频率平滑调节方法

目前，分布式新能源高比例接入电力系统频率波动幅度较大，超过一次调频动作阈值（0.033Hz）的情形频繁出现，且日益严重。为提高系统频率品质，针对风电、光伏实际输出功率波动数据，从平滑系统频率角度出发提出相应分布式电源功率波动平抑目标的研究较少[72]。另外，以风电为例，若没有结合风电机组自身一次调频控制特点，在双馈风电机组直流母线上并联配置超级电容器，从而控制其充放电来参与系统惯量支撑和一次调频的双边调节，存在所需容量较大，充放电所需频率调节次数较多，影响储能系统寿命，经济成本相对较高的问题。

针对此问题，兼顾 DFIG 运行的经济性和系统一次频率调节需求，在源-荷功率随机波动场景下，提出双馈风电机组一次频率调节平滑控制策略。该策略结合 MPPT 控制模式优势，在风速增大或负荷减小时，通过 DFIG 转速控制参与电网一次频率的上单边调节，相较于超速减载控制，其转速调节深度广，频率平滑调节效果好；在风速减小或负荷增大时，提出 DFIG 网侧变流器参与电网一次频率平滑调节的协调控制方法。通过研究实际风电场风电功率波动历史数据，确定最佳时间尺度下频率平滑所需储能装置的容量，设计直流母线储能单元最小配置容量方案，储能装置通过网侧变流器实现一次频率平滑的下单边调节。最后通过仿真和实验对所提方案的有效性进行了验证。

3.4.1 双馈风机频率平滑调节策略

3.4.1.1 负荷扰动下的一次频率调节策略

充分发挥超速减载控制和 MPPT 模式的优势，在保证发电效益最大化的同时为 DFIG 提供了在负荷突减扰动下的一次频率调节能力。给定虚拟惯性控制附加功率 ΔP_1 表达式为

$$\Delta P_1 = -K_d \frac{\mathrm{d}f_s}{\mathrm{d}t} \tag{3-49}$$

给定下垂控制附加调节功率 ΔP_2 表达式为

$$\Delta P_2 = K_p(f_N - f_s) \tag{3-50}$$

最终得到如式（3-51）所示的附加功率 ΔP，实现了变功率点跟踪控制。

$$\Delta P = -K_d \frac{\mathrm{d}f_s}{\mathrm{d}t} + K_p(f_N - f_s) \tag{3-51}$$

在负荷增加扰动下，由于风机运行在 MPPT 状态下无法提供备用容量，故配置超级电容储能系统参与一次调频[73]。考虑超级电容器的容量有限，为避免一直采用最大下垂系数放电，出现超级电容器荷电状态（SOC）越限问题，在超级电容器 SOC 过低时动态调整虚拟惯性和虚拟下垂系数，以此来减小该储能装置的出力。超级电容器的区间划分及虚拟下垂控制系数 $K_{scss}(Q_{SOC})$ 采用式（3-40）和式（3-43）所示方式。当系统频率下降时，超级电容器输出功率为

$$P_{ref\_scss} = K_{scss}\Delta f \tag{3-52}$$

3.4.1.2 风速扰动下的频率平滑控制策略

在风电机组源侧风速波动下，单机系统的频率动态响应模型如图 3-72 所示。

假设系统机组出力以及负荷均不发生变化，即 ΔP_L、ΔP_{ref} 均为 0，由风电功率波动引起的系统频率偏差的系统传递函数[74]可表述为

$$\frac{\Delta\omega_r(s)}{\Delta P_\omega(s)} = \frac{1}{(2Hs + D) + (1/R)G(s)} \tag{3-53}$$

式中：H、D 分别为系统惯性常数和系统阻尼系数；传递函数 $G(s) = 1/[(1 + sT_g)(1 + sT_t)]$，$T_t$、$T_g$ 分别表示汽轮机和调速器时间常数[75]。

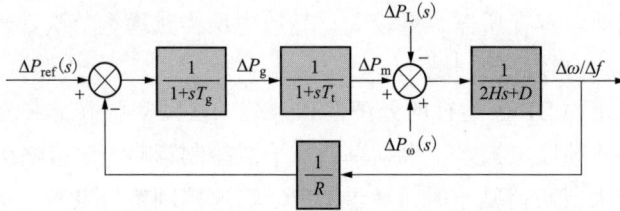

图 3-72 单机系统频率响应模型

ΔP_{m}—机械功率；ΔP_{g}—汽门偏差；ΔP_{L}—负荷扰动；ΔP_{ω}—风电功率波动量；T_{t}—汽轮机时间常数；

T_{g}—调速器时间常数；R—转速调节率；ΔP_{ref}—机组所需调频给定值

当风电功率波动 ΔP_{ω} 时，系统频率偏差表达式为

$$\frac{\Delta \omega_{\mathrm{r}}(s)}{\Delta P_{\omega}(s)} = \frac{(sT_{\mathrm{g}}+1)(sT_{\mathrm{t}}+1)}{(2Hs+D)(sT_{\mathrm{g}}+1)(sT_{\mathrm{t}}+1)+(1/R)} \tag{3-54}$$

已知汽轮机时间常数 $T_{\mathrm{t}}=0.5$，调速器时间常数 $T_{\mathrm{g}}=0.2$，系统惯性常数 $H=5\mathrm{s}$，系统阻尼 $D=1$，转速调节率 $R=0.05$。通过由图 3-73 所示的一次大风气象周期（一周 7 天）某一天 24h 风电场内单台风电机组机端输出功率波动样本代入式（3-54），得到图 3-74 所示的对应时间尺度下风电功率波动引起系统频率波动偏差曲线。

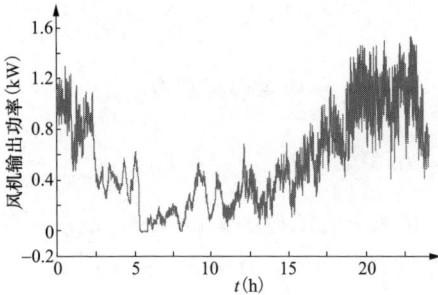

图 3-73 单台 DFIG 输出功率曲线

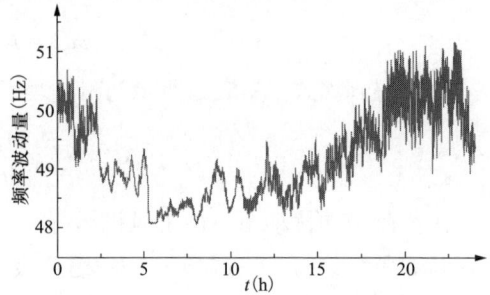

图 3-74 单台风电机组风电功率波动
对应频率波动曲线

由图 3-74 可知，风电功率波动对系统频率产生了较大影响，因此平滑因风电功率波动而产生的频率波动问题，提高单台风电机组的致稳性和抗扰性尤为重要，此处将在不同时间尺度下，通过实时采样系统频率，求取该时间尺度下的频率平均值作为一次调频时间内的频率平滑目标值，采用实时采样 n 点滚动平均算法制定能够平滑频率变化的平抑目标曲线。n 即为不同时间尺度下采样点的数量。由于一次调频时间不大于 30s，故仅需研究短时间尺度内的风电功率波动引起频率波动规律，已知短时间尺度为分钟级（1min 和 10min），故平均频率采样的时间尺度选择在 1～10min 之间。

通过实时采样 n 点滚动平均算法求取频率平滑目标值 $f_{\mathrm{ave}}(t)$ 为

$$\begin{aligned} f_{\mathrm{ave}}(t) = 1/n\{&f_{\mathrm{wind}}(t-1) + f_{\mathrm{wind}}(t-2) + f_{\mathrm{wind}}(t-3)\cdots \\ &+ f_{\mathrm{wind}}[t-(n-1)] + f_{\mathrm{wind}}(t-n)\} \qquad t \geqslant n+1 \end{aligned} \tag{3-55}$$

其中采样 n 点滚动平均算法下求得的平均频率波动值 $\Delta f(t)$ 为

$$\Delta f(t) = f_{\text{wind}}(t) - f_{\text{ave}}(t) \qquad (3\text{-}56)$$

已知通过分析单台风电机组频率响应模型得到此类机组的风电功率波动与系统频率之间的关系，根据式（3-54），已知平均频率波动值 $\Delta f(t)$ 求得对应的风电输出功率波动量 $\Delta P(t)$，通过实际风电机组输出功率 $P(t)$ 与功率波动量 $\Delta P(t)$ 做差或求和得到风电机组输出参考功率 $P_{\text{ref}}(t)$。

3.4.1.3 考虑源-荷功率同时波动下的一次频率平滑控制策略

综上所述，考虑源-荷功率波动下双馈风电机组一次频率调节平滑控制策略原理框图如图 3-75 所示，包括双馈感应风电机组最大功率跟踪控制、变功率点跟踪控制以及超级电容器控制三种控制策略。

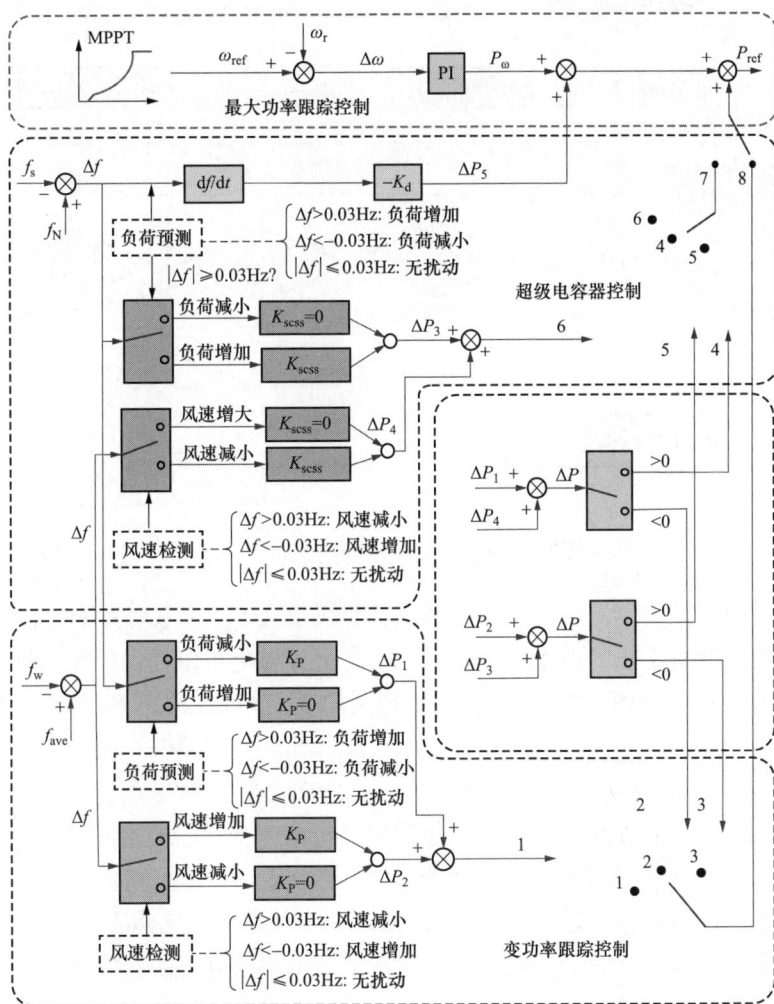

图 3-75　双馈感应风电机组的一次频率平滑控制原理框图

f_{N}—额定频率；f_{s}—负荷变化后对应的频率；f_{w}—风电功率波动对应的频率；f_{ave}—相应时间尺度下的

平均平滑频率；K_{P} 和 K_{scss}—风电机组变功率点跟踪控制与超级电容器储能装置的下垂控制系数

（1）DL/T 1870—2018《电力系统网源协调技术规范》要求新能源（风电场、光伏电站）一次调频死区应控制在 0.05Hz 内，此处参考某电力公司实际情况，设定风电机组调频死区为$|\Delta f|\leqslant 0.03$Hz。为节约超级电容器容量，保证其使用寿命，并充分利用风电机组控制优势，惯量支撑功能则由双馈风电机组的变功率点跟踪控制实现，其一次频率平滑调节控制流程图如图 3-76 所示。

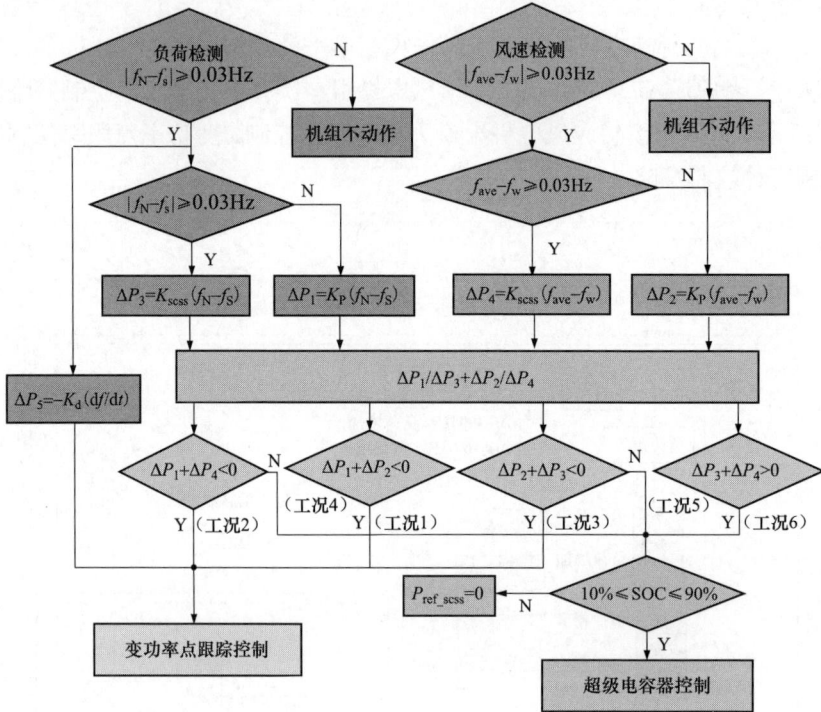

图 3-76　源-荷功率随机波动的双馈感应风力发电机一次频率平滑调节流程图

（2）负荷与风速检测同时进行，当系统负荷减小 ΔP_1，风速增大 ΔP_2 时（工况 1），此时风电机组需要减小出力功率为（$\Delta P_1+\Delta P_2$），另外风电机组提供所需惯量支撑时需要减小输出功率 ΔP_5，如图 3-77 所示。以上均采用变功率点跟踪控制实现一次频率平滑调节。

（3）当负荷增加 ΔP_3，风速减小 ΔP_4 时（工况 6），如图 3-78 所示，此时风电机组需要增加输出功率（$\Delta P_3+\Delta P_4$），利用超级电容器通过网侧变流器向电网输出功率，根据式（3-40）和式（3-43）得到计及超级电容器 SOC 的自适应下垂控制系数 K_{scss}。另外，风电机组的惯量支撑所需增加输出功率 ΔP_5 则由变功率点跟踪控制实现。

（4）当负荷和风速同时减小或增大时，基于该策略控制下的双馈风电机组出力控制方式分为以下几种典型情况：在负荷减小 ΔP_1，风速减小 ΔP_4 的情况同时发生时，如图 3-79 所示，此时通过负荷减小时该风电机组需要减小的功率 ΔP_1 和风速减小时该风电机组需要增加的功率 ΔP_4 做差；当总功率 ΔP 小于 0 时（工况 2），该机组通过采用变功率点跟踪控制实现一次调频与频率平滑控制技术；当功率 ΔP 大于 0 时（工况 4），风电机组需要采用超级电容器控制。另外，惯量支撑所需功率 ΔP_5 均采用变功率点跟踪控制实现。

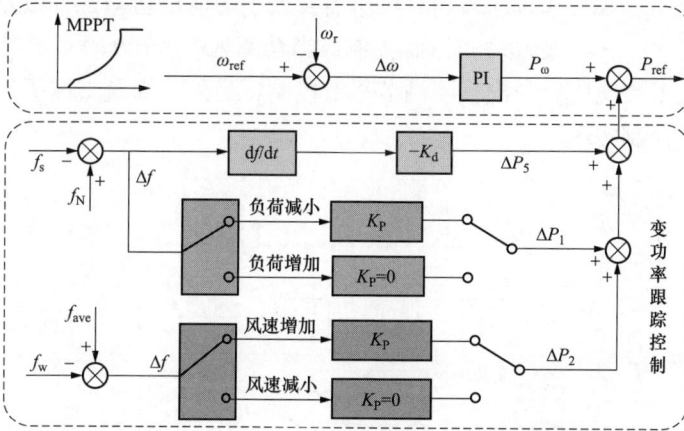

图 3-77 工况 1 下的一次频率平滑调节原理框图

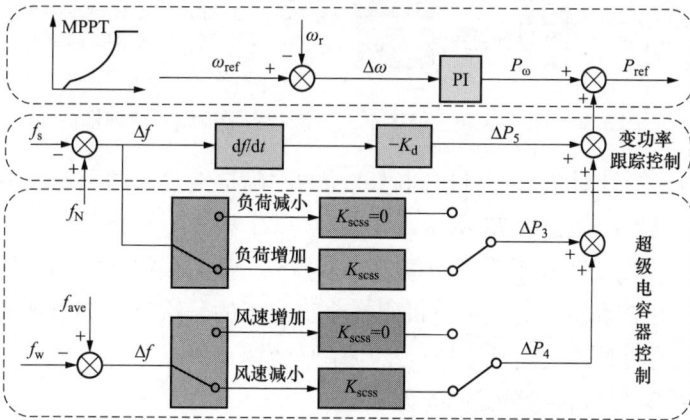

图 3-78 工况 6 下的一次频率平滑调节原理框图

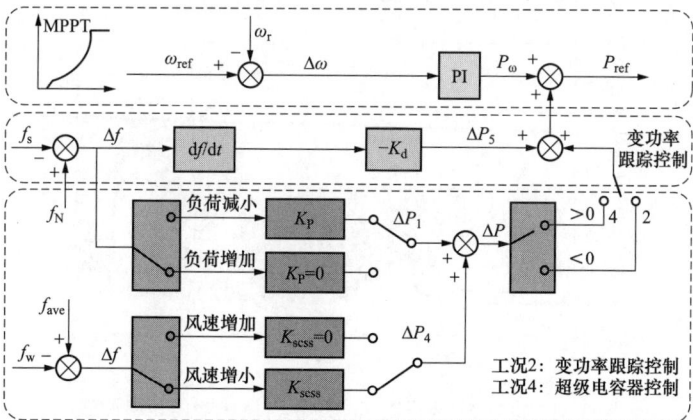

图 3-79 工况 2 和工况 4 下的一次频率平滑调节原理框图

当负荷增加 ΔP_3，风速增加 ΔP_2 时，如图 3-80 所示，此时通过负荷增加时风电机组需要增加的输出功率 ΔP_3 和风速增加时风机需要减小的输出功率 ΔP_2 做差。当总功率 ΔP 小于 0 时（工况 3），采用变功率点跟踪控制；当功率 ΔP 大于 0 时（工况 5），采用超级电容储能控制技术实现所提一次频率调节平滑控制。另外，惯量支撑所需功率 ΔP_5 均采用变功率点跟踪控制实现。

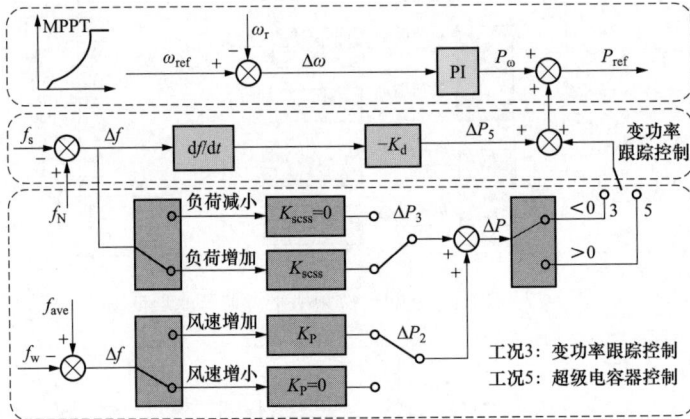

图 3-80 工况 3 和工况 5 下的一次频率平滑调节原理框图

（5）综上所述，针对负荷与风速同时波动的不确定性，通过上述 6 种工况下进行控制分析，总体控制框图如图 3-75 所示，在工况 1、2 和 3 下双馈风电机组采用变功率点跟踪控制，在工况 4、5 和 6 下采用超级电容器控制，最后根据实际功率输出通过选择上述两种方式（开关 7 和 8）实现风电机组在全工况下的一次频率调节平滑控制，提高风电机组发电效益的同时大大提升系统一次频率平滑调节效果。

3.4.2 超级电容器的容量优化配置

通过探索某风电场一次大风气象周期（见图 3-81～图 3-83）内由于风电功率波动而引起系统并网点频率波动数据规律，优化配置储能系统的额定容量。

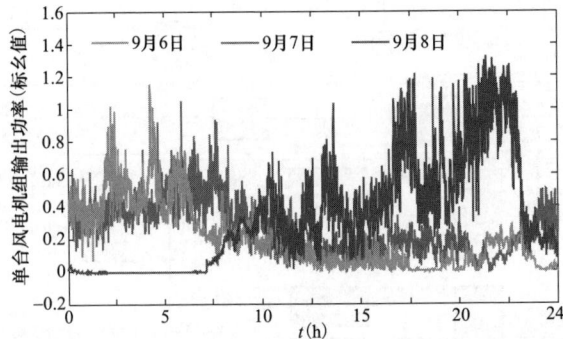

图 3-81 9 月 6～8 日某风电场单台风机输出功率曲线

已知根据风电功率波动引起频率偏差最大波动量配置的储能功率明显偏大，采用实时采样平均频率制定平滑频率波动的目标曲线，在考虑配置最优储能容量的情况下，为达到最好的频率平滑效果，分别以 1～10min 为时间尺度求取该时间尺度下的频率平均值，将其作为一次调频时间内的平滑频率波动的目标，并采用概率统计法对图 3-73 所示的风电机组实际输出功率与不同时间尺度下平滑目标后风机输出功率所围成的各面积概率进行统计计算，即为储能装置的额定容量，图 3-84 所示为一次大风气象周期时不同时间尺度下频率平滑目标所需储能容量的配置曲线图，按箭头方向分别对应 1～10min 的储能容量配置曲线。

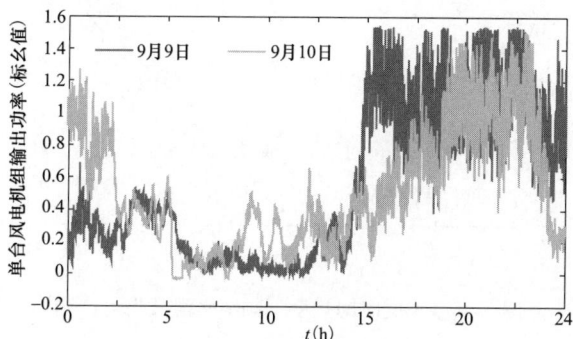

图 3-82　9 月 9/10 日某风电场单台风机输出功率曲线

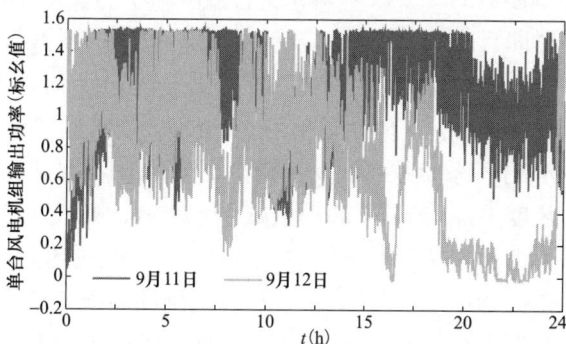

图 3-83　9 月 11/12 日某风电场单台风机输出功率曲线

若累计概率要求达到 0.9 以上[76]，即可认为实现平滑目标，则当时间尺度选为 5min 时，所需储能容量为 3.56MJ，而当时间尺度选为 10min 时，所需储能容量为 3.82MJ。由上述数据可知当选取时间尺度大于 5min 时，储能容量的选取相较于双馈感应风电机组额定容量相差不大，但如图 3-85 所示，时间尺度为 10min 下频率平滑效果明显优于时间尺度为 5min 下的频率平滑结果。值得注意的是，所提频率平滑控制策略是从源端风电功率波动入手，仅平滑的是由源端风电功率频繁波

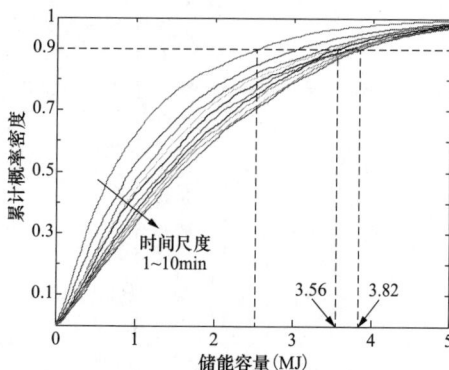

图 3-84　不同时间尺度选取下
储能容量累计概率统计图

动所引起的系统频率抖动问题，而非风机并网后系统频率稳定在 50Hz 附近的数据曲线，但通过从源端功率波动特性所平滑系统频率，可大大避免风电场内部或并网点变压器中低压侧的超过一次调频动作阈值的情形频繁出现。

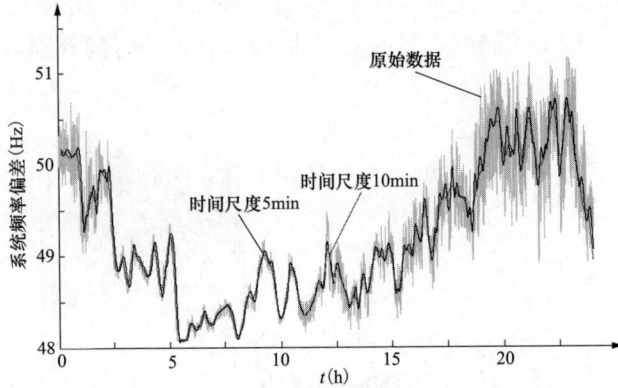

图 3-85　不同时间尺度下频率平滑效果对比图

为进一步量化反映频率平滑效果，计算得到采用不同时间尺度下频率平均值作为该时间尺度时平滑频率目标后的频率波动偏差量 $[f_{wind}(t+1)-f_{wind}(t)]$ 的累计概率密度，图 3-86 可直观反映不同时间尺度选取下频率波动量的累计概率统计，以累计概率密度达到 0.9 为达到抑制该频率波动的目标值，则当时间尺度选为 1min 时，系统频率波动量达到 0.04Hz 以内占比为 90%。同理，在时间尺度为 5min 时，系统频率波动量减小至 0.01Hz，在时间尺度选为 10min 时，系统频率波动量减小至 0.005Hz，故时间尺度为 10min 下的频率波动量相比时间尺度 1min 的频率波动量减小 87.5%，相比时间尺度为 5min 下的频率波动量减小 50%，大大提高频率平滑效果。因此，相应配置的储能容量为 3.82MJ。另外，根据 Q/GDW 11826—2018 的相关规定，计算得到的储能容量为 4.5MJ。综上所述，考虑源-荷功率随机波动性的风电机组一次频率调节平滑控制策略所需储能总容量为 8.32MJ。

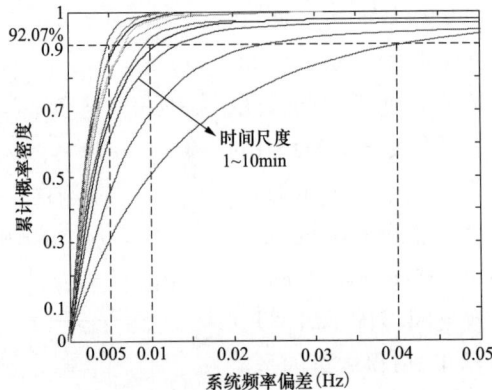

图 3-86　不同时间尺度选取下频率波动偏差累计概率统计图

参考目前实际超级电容器规格，采用 144V×55F 的超级电容模组，结合文献 [77]，得到为满足所提控制策略下超级电容器在不同串并联模式的电压和效率情况，在考虑超级电容储能单元成本最低的情况下且放电效率相对较高，采用 144V×55F 超级电容器 5 串 3 并共 15 组，其最低工作电压 U_{min} 为 27V，最高工作电压 U_{max} 为 720V，其放电效率 $\eta_d= 96.8\%$。

3.4.3 调节策略的抗扰动分析方法

3.4.3.1 负荷随机波动时的仿真分析

将对 MPPT 模式、超速减载 10% 和所提策略进行对比研究。仿真实验在恒定风速 10m/s 且负荷随机波动的场景下进行，在 20s 时系统负荷突减 180MW（该大扰动为此风电场 300 台双馈风电机组预留 10% 储能备用参与电网一次调频最大功率输出值）。负荷波动对应的频率偏差曲线如图 3-87 所示。已知双馈感应风电机组在最大功率跟踪控制下不参与系统一次调频，稳态频率偏差为 0.093Hz，而在超速减载 10% 的一次调频控制下，稳态频率偏差减小为 0.083Hz，但在基于所提一次调频控制策略下稳态频率偏差为 0.075Hz，其一次频率调节能力相比较于常规的 DFIG 超速减载一次调频控制策略提高了 10%，提升效果显著，从而增强了风电机组的致稳性与抗扰性。

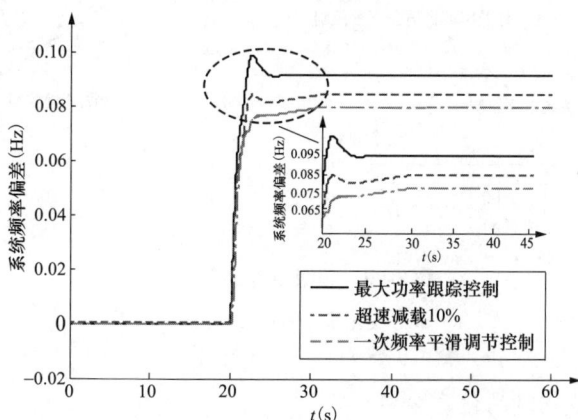

图 3-87　负荷波动对应的频率偏差曲线

同样，在时间 t 为 20s 时，系统负荷突增 100MW，系统频率偏差曲线如图 3-88 所示，双馈感应风电机组在不参与一次调频的最大功率跟踪控制下稳态频率偏差为 0.068Hz，在超速减载 10% 的调频控制下的稳态频率偏差减小为 0.061Hz，而在所提一次调频控制策略下的稳态频率偏差为 0.056Hz，频率调节能力相较于传统超速减载调频控制提高 8.2%，提升系统致稳性和抗扰性。

为方便分析所提计及 SOC 自适应下垂控制的优势，该工况下超级电容器初始 SOC 设置为 100%，初始工作电压 U_{sc} 为 720V，由图 3-89 可知，在持续放电工况下，不考虑 SOC 状态的惯性与下垂自适应控制在时间 t 为 60s 时，SOC 接近下限值为 2%，其工作电压 U_{sc} 也即将达到最低放电电压为 87V。而所提方法的超级电容器 SOC 的维持效果较佳，相比上述控制的 SOC 提高 18%，超级电容器电压响应也提高 235V，可具备更多的容量参与系统一次调频。

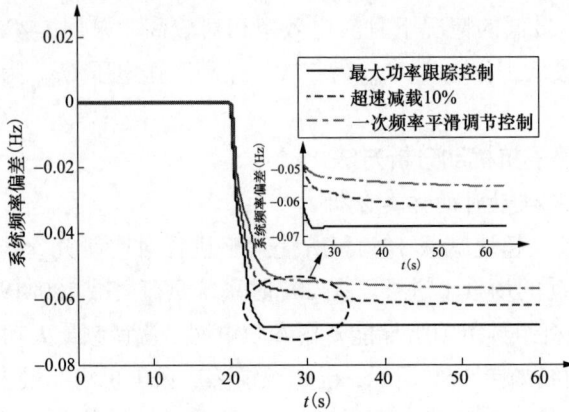

图 3-88　负荷突增 100MW 时的系统频率偏差曲线

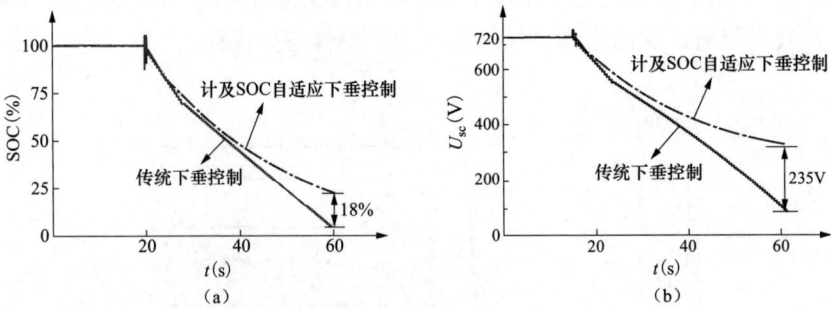

图 3-89　超级电容器参数值

（a）SOC 变化量；（b）工作电压变换量

3.4.3.2　源-荷波动时的仿真分析

为进一步验证所提策略在源-荷同时波动场景下能有效平滑频率的特性，结合风电机组参与系统一次调频的具体时间要求，截取了其中该风电场单台风电机组一天内部分风速波动曲线，如图 3-90（a）所示。负荷则设定为阶梯波动负荷[65]，如图 3-90（b）所示。

首先为解决所提平滑风电功率波动而带来的频率波动问题，截取了图 3-74 所示 24h 内的一段风功率波动引起频率波动变化曲线，将其相应数据代入至图 3-33 所示的 4 机 2 区域仿真模型中，得到有无所提频率平滑控制策略的系统频率波动对比图，如图 3-91 所示。

由图 3-91 可知，该段风功率波动所引起的系统频率偏差为−0.031～0.033Hz，当采用所提平滑频率控制策略后系统的频率偏差减小为−0.028～0.031Hz，故最大频率偏差范围量相较于无平滑控制时可降低 7.8%，大大改善了频率平滑效果，提升系统致稳性与抗扰性。

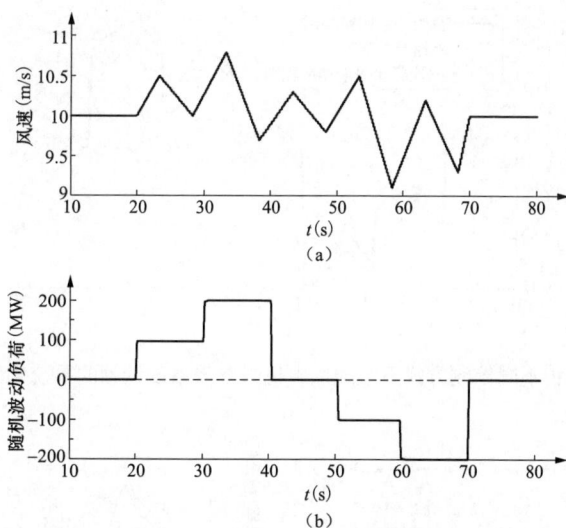

图 3-90 随机波动风速与负荷趋势图

(a) 随机波动风速；(b) 阶梯波动负荷

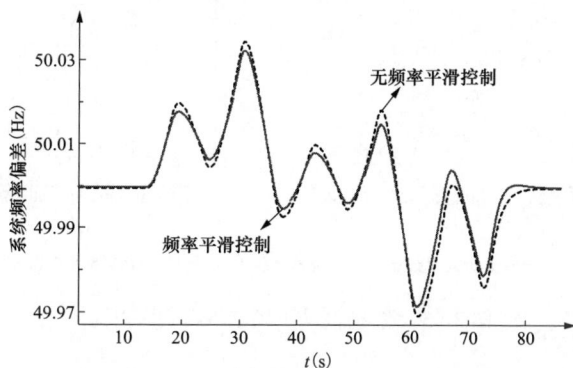

图 3-91 平滑频率控制前后频率波动对比图

三种不同控制方式下双馈风电机组参与系统调频的系统频率变化图如图 3-92 所示。为进一步验证源-荷功率波动下一次频率平滑调节控制策略的优势，其相应的风能利用系数、风电机组输出有功功率、桨距角变化和转子转速动态响应对比如图 3-93 所示。

由图 3-92 可知，在源-荷同时波动情况下，DFIG 在处于最大功率跟踪控制下，频率偏差最大波动范围为–0.12～0.095Hz；在超速减载 10%的调频控制下，频率偏差最大波动范围约减小为–0.11～0.085Hz；而采用所提出的一次频率调节平滑控制策略的频率偏差最大波动范围为–0.095～0.073Hz；故在一次频率平滑调节的整个过程中，所提策略相较于超速减载控制的一次频率平滑调节能力提高了 13.8%。

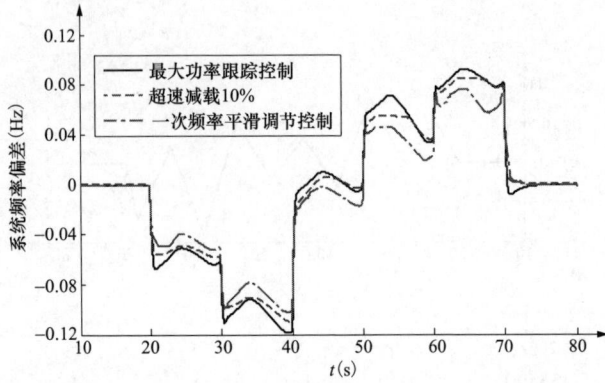

图 3-92　三种不同控制方式下双馈风电机组参与系统调频的系统频率偏差曲线

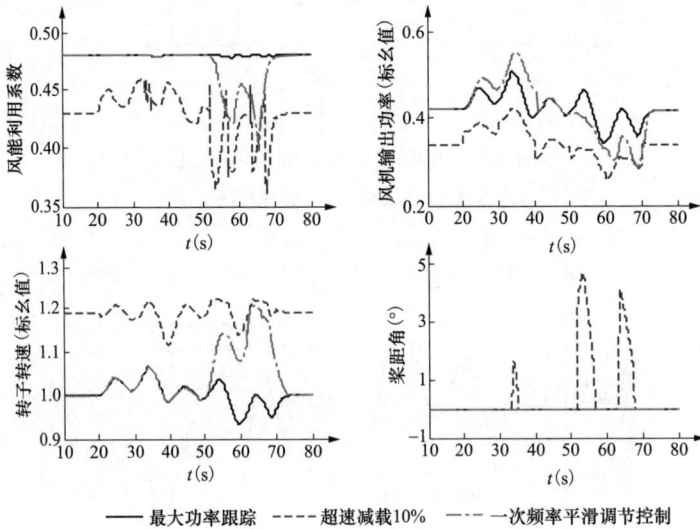

图 3-93　源-荷波动下风电机组响应对比

由图 3-93 可知，所提控制策略相较于超速减载 10%，在上述工况的整个运行过程中该 DFIG 平均输出有功功率提高 25.6%，大大增加了风电机组的发电效益，且在此工况下，若采用超速减载控制，其桨距角频繁启动，调节时间占总时间的比例高达 20%，而采用所提方法的转子转速调节范围广，无需进行桨距角调节。

3.4.4　多控制方式下策略响应特性对比

通过电网模拟器模拟系统电网频率大小波动情况来验证所提控制策略的有效性，由于电网模拟器设置方面的局限性，故此处将理想化设置其频率变化值，频率值由 50Hz 分别变化 ±0.1Hz～±0.3Hz，如图 3-94 所示。

设定风速为 8m/s，图 3-94（b）所示为基于一次频率平滑调节控制的双馈感应风电机组由于响应电网侧的不同频率变化而采集的实际输出功率曲线。当时间 t 为 35s 时，电网频率下降 0.1Hz，此时通过超级电容器经过网侧变流器向电网放电；当时间 t 为 65s 时，电网频率再次下降至 0.2Hz，此时超级电容器放电功率增大。如图 3-94（c）所示，

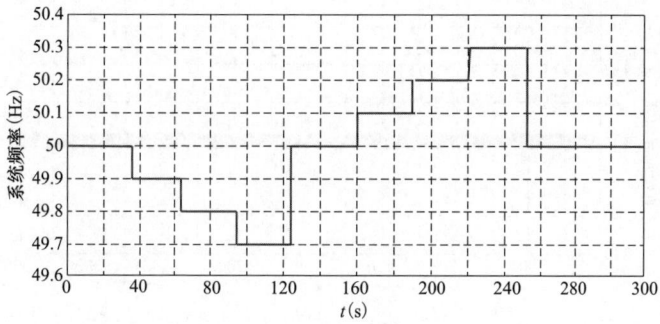

（a）

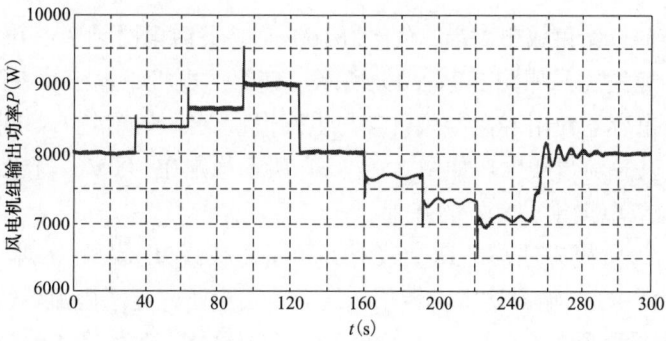

（b）

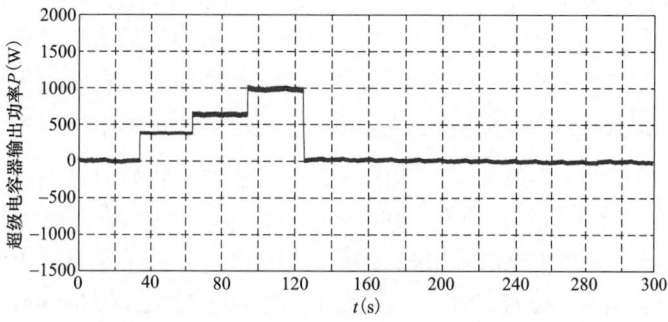

（c）

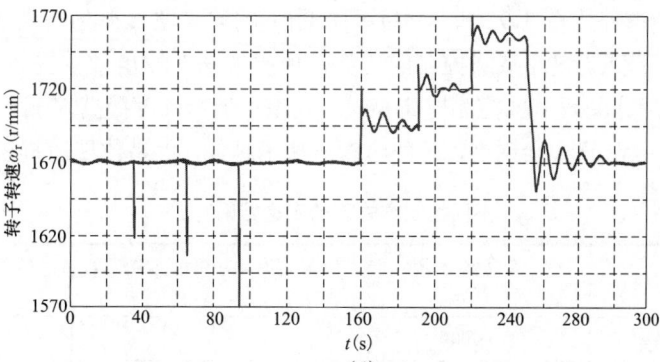

（d）

图 3-94　实验波形图（一）

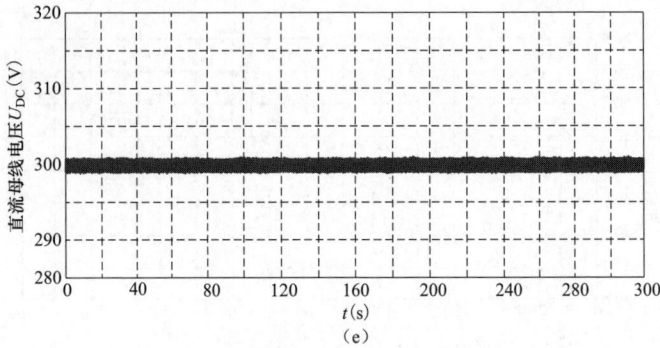

图 3-94　实验波形图（二）

在时间 t 为 125s 时，结束放电。当时间 t 为 160s 时，此时电网频率上升，双馈感应风电机组通过转子转速增加，如图 3-94（d）所示，使得风电机组输出功率降低，值得注意的是为增加超级电容器使用寿命，风机参与电网惯量支撑的能量由风电机组的变功率点跟踪控制实现。其直流母线电压如图 3-94（e）所示稳定在 300V，为超级电容器通过网侧变流器进行充/放电提供了良好的基础。

图 3-95 所示为所提方法与超速减载 10% 和超速减载 20% 两种常规一次调频控制方法的实验对比（DFIG 的输出功率，转子转速，定子电压，定子电流，转子电流）。如图 3-95（a）所示，采用所提方法时，在正常运行工况下，风速为 10.5m/s 时，风机输出功率为 8000W，转子转速稳定在 1670r/min。当系统负荷降低时，风机可以通过提高转子转速来降低输出功率。由图 3-95（b）可知，常规风电机组的最大转子转速为 1800r/min，采用所提控制方法将转子转速从 1670r/min 提高到 1800r/min，有功输出功率可调节范围由 8000W 改为 6500W，可调节范围为 1500W；而图 3-95（c）中采用的是传统的超速减载 10% 的一次调频控制，正常工况下输出功率为 7000W，相对所提方法的输出功率降低12.5%。其初始转子转速相对较高为 1760r/min，调速范围降低到 1760~1800r/min，输出功率可调节深度减小至 500W；采用超速减载 15% 控制时，正常工况下有功输出功率为6500W，相比所提方法降低 18.75%，该控制的转子转速接近 1800r/min，当负载降低时，基本不再参与一次频率调节，进而采用桨距角调节。

表 3-16 的数据值由图 3-95 所示的不同控制下的实验波形得到。表 3-16 更易直观展示所提方法相比于传统超速减载控制的优势，所提方法在发电效益提高的同时，转子转速调节范围相比超速减载 10% 控制提高 69%，功率可调节深度提高 67%。减载率越高，实际转速和功率的可调节深度越小，其有功输出功率越低，更易体现所提控制策略的优势。

表 3-16　　　　　　　　　　　　不同控制方式下的实验结果对比

控制策略	有功输出功率 （W）	输出有功功率可调节深度 （W）	转子转速可调节范围 （r/min）
超速减载 10%	7000	500	40
超速减载 15%	6500	10	5
一次频率平滑控制	8000	1500	130

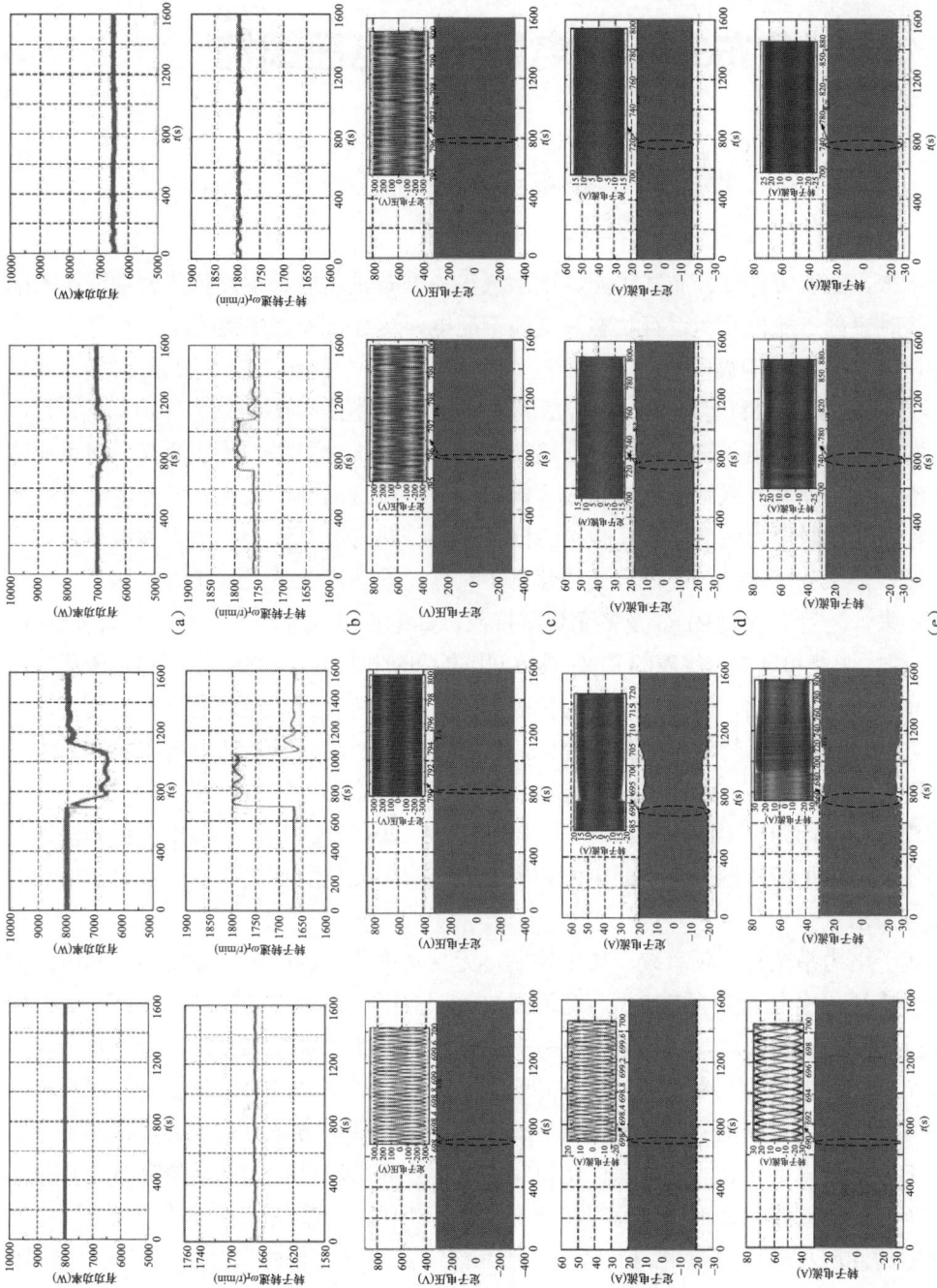

图 3-95 不同一次调频控制方案下的实验波形图

4

分布式智能电网无功电压调控

🎯 4.1 分布式电源电压调控

近年来，随着可再生分布式电源、电动汽车、分布式储能、柔性负荷大规模接入配电网，其时空分布随机性和运行状态多变性给配电网运行带来诸多挑战。

2016 年，国家能源局印发《关于推进"互联网+"智慧能源发展的指导意见》，并于 2017 年 6 月公布了首批"互联网+"智慧能源（能源互联网）示范项目。2019 年 2 月，国家电网有限公司提出"三型两网"战略布局和"加快推进世界一流能源互联网企业建设"战略目标，能源互联网发展建设成为国家能源领域战略性新兴产业智能电网方向的重大工程。配电网作为城市能源互联网的核心部分，是连接"源-荷"的重要载体，亦为提升电网增值服务水平，解决能源交易信息不对称，推动商业模式创新的关键。

近年来，随着大规模 RDG 及多元负荷接入，其运行可靠性和安全性受到诸多挑战：一方面，以太阳能和风能为代表的 RDG 具有间歇性和随机性，大规模接入影响电能质量和供电可靠性；另一方面，以电动汽车为代表的多元化负荷，其充电时空分布不确定性，导致配电网负荷结构和特性发生显著变化，使传统配电网难以满足其用电需求[78]，[79]。因此，建设更加智能、主动的配电网迫在眉睫，国家能源局也于 2016 年 8 月印发《配电网建设改造行动计划（2015—2020 年）》（国能电力〔2015〕290 号），提出全面加快现代配电网建设，满足新能源、分布式电源和电动汽车等多元化负荷接入，以及日益增长的供电服务需求[80]。

相较于电力系统有功频率统一集中控制，无功功率不宜远距离大规模输送和电压调控局部性特征，决定了无功电压调节需遵循"分层分区、就地平衡"基本原则。配电网处于系统末端，点多面广、结构繁杂、数据规模庞大、集中调控维数高、求解复杂，容易导致全局优化方案与局部运行实况难以匹配，特别是高比例 RDG 分散接入带来的运行状态时变和负载非均衡分布，更需要多时空尺度优化调控方案有效配合，抑制不确定因素带来的电压稳定问题，并确保优化控制的快速性和精准性。此外，配电网内 RDG、电动汽车、分布式储能、柔性负荷等在时空上存在不确定性和用能互补性，增加配电网运行负担的同时可通过"源-网-荷-储"多环节纵向资源整合和协调控制，实现"网-荷-储"对"源"侧的支撑，促进可再生能源消纳，并改善配电网潮流分布，防止局部电压越限，提升电能质量和设备利用效率。

因此，在传统无功电压调控基础上，结合新设备接入拓展研究思路，开展"含高比例可再生分布式电源参与调控的配电网无功电压优化控制"研究，充分利用主动配电网内多种可控源，实现光伏、风电、分布式储能、电动汽车、柔性负荷的协调控制和友好互动，改善供电质量，降低网络损耗，促进 RDG 消纳，对于提升配电网运行经济性和可靠性具有重要理论意义和实际工程应用价值，有助于打造优质可靠的配电网能源资源优化配置平台，提升区域源荷平衡和能源综合利用效率，推动区域能源结构调整和低碳发展。

未来，随着高比例 RDG 接入配电网，其出力间歇性和随机性，叠加多类型负荷波动性，容易造成馈线电压越限问题，对配电系统优化控制和运行态势预测分析带来极大困难。因此，在传统无功电压调控基础上，结合新设备接入拓展研究思路，对配电网进行多时间尺度无功协调优化[81], [82]、分层分区电压控制[83]~[86]、有功无功联合优化[87], [88]以及考虑网络重构扩展无功优化可行域[89], [90]等，成为研究人员解决配电网运行优化问题的有效手段。综合分析"含高比例 RDG 参与调控的配电网无功电压优化控制技术"，主要包括以下三部分内容：RDG 参与配电网无功电压调节、含 RDG 参与的配电网无功电压优化建模、配电网有功无功优化数学方法。

1. 双馈型异步风电机组无功调节

随着双馈型异步风电机组（doubly fed induction generator，DFIG）逐渐成为并网风电主流机型，通过背靠背式变换器进行有功无功解耦控制，实现连续无功补偿，且响应速度快，满足多时间尺度灵活调节需求，表现出同步发电机基础上更佳控制性能，使得DFIG 单机或风电场参与电压无功调控来提高系统运行稳定性成为研究热点[91]。

文献 [92] 在 DFIG 转子侧换流器采用 Q–U 下垂控制并引入 P–Q 下垂控制环节，文献 [93] 采用 DFIG 实时无功功率极限的变系数 Q–U 下垂控制，有效抑制 DFIG 有功波动引起的出口端电压波动；文献 [94] 分析 DFIG 转子侧与网侧换流器无功调节的动态过程和稳态效果，确定优先无功调节方式。针对风电场内部协调控制方面，文献 [95]按容量比例对风电场内各机组进行无功分配；文献 [96] 根据风电场群接入地区局部运行信息，设计了按容量比例、线路潮流和等网损微增率三种无功分配方法。针对风电场群单场独立控制缺乏场间无功协调的问题，文献 [97] 提出了适用于双馈型风电场群的分层无功补偿策略，并通过场群层、子场层、机组层三层实施。

目前，DFIG 参与无功电压调控、风电场群内部协调控制和并网点电压稳定控制研究相对成熟，然而关于风电场对系统潮流分布和节点电压的影响，以及如何参与配电网无功优化及电压调节成为学者关注的新焦点，也是后续探讨的重点。

2. 光伏逆变器参与电压调控

目前，光伏发电参与系统调压研究主要集中在光伏逆变器本地控制和基于全面量测的全局优化两方面[98], [99]。本地电压控制利用光伏逆变器功率调节能力，实现就地无功补偿。文献 [100] 根据无功功率与电压幅值关系确定光伏无功出力，就地补偿；文献[101] 利用光伏逆变器容性无功补偿能力，并配合设定有功功率限值、暂时存储剩余电能的方式缓解局部电压越限；文献 [102] 针对光伏逆变器采用先无功后有功的电压控制策略，由关键光伏节点控制来调节关键负荷节点电压，实现快速响应控制。

受限于功率因数、调节容量等因素，单个光伏逆变器仅根据并网点运行状态调节出力，难以实现广域无功电压调控，还需要综合考虑全配电网多类型无功调控资源的协调配合。文献［98］建立面向分布式光伏虚拟集群的配电网多级调控框架，通过全局优化调度、集群趋优控制、本地消纳控制等多级调控，适应配电网运行状态变化。

此外，当光伏系统无功裕度紧缺甚至耗尽，仍有无功补偿需求时，亦可采用有功剪切进行越限调节。文献［102］分区控制策略中，优先发挥光伏无功调节能力，无功不足时再转到有功分区层剪切有功扩展无功容量；文献［131］亦采用本地光伏无功容量用尽后缩减有功出力的方式，来恢复并网点电压。

🎯 4.2　分布式智能电网电压协调控制

协调式电压控制方法根据整个配电网的信息来确定其控制动作，因此需要进行网络节点之间的数据传输。在配电系统中，已经研发了多种协调电压控制方法，它们具备不同程度的复杂性、有效性、通信要求和投资成本。已开发的配电系统协调电压管理的实例包括集中式配电管理系统控制以及配电网组件，如 OLTC 和开关电容器的协调控制[103]。利用人工智能技术进行协调电压控制能够实现更高精度，提供自动化功能，从而确保更好的整体电压控制管理[104]，使其得到迅速发展。

4.2.1　集中配电管理系统控制与设备协调优化

配电管理系统能够进行控制决策，可分为基础配电管理系统和高级配电管理系统。在基本配电管理系统中，当网络条件恶劣时，可通过断开分布式能源资源来做出简单决策。文献［105］介绍了一种基本 DMS，考虑了两种新的集中控制功能，即电压/电流控制和最佳馈线重新配置。文献［106］考虑了高级配电管理系统，通过网络节点之间的数据传输来控制所有具有电压控制能力的组件。变电站电压和 DG 的无功功率以及其他具有电压控制能力的组件在一个协调的电压控制系统中进行调节。另一种基于 DMS 的电压控制方法是使用联合自动电压调节器和总线间变压器的有载分接开关[107]。文献［108］中介绍了一种 DMS 协调控制器，可协调有载分接开关与调节 DG 发电厂和配电馈线之间的无功交换。文献［109］提出了一种使用状态估计算法的电力 DMS，该算法与适当的电压控制设备相协调。文献［110］开发了一种先进的配电管理系统，该系统采用了先进的控制系统，需要网络状态、技术限制和能源交易市场信息等输入。该系统可提供理想的输出，如发电缩减量和负荷削减量、来自 DG 的辅助服务以及网络工作配置。DMS 还考虑了优化问题，并应用于实时应用。经典最优潮流用于寻找运行方案的最佳组合，目的是在遵守技术约束的同时，最大限度地降低由于能量损失、发电削减、无功功率和辅助服务、甩负荷和储能造成的运行成本。文献［111］利用配电状态估计得到的电压和有功/无功功率信息，开发了一种用于最优协调电压控制的元启发式优化技术。

随着分布式发电渗透率的提高，配电系统电压协调控制策略研究持续深化，形成了多设备协同优化的技术路径。该领域的核心在于通过智能协调投切电容器、有载调压变压器（OLTC）、静止同步补偿器（STATCOM）等关键设备，在确保电压稳定的同时提升系统对分布式电源的消纳能力，以下文献展现了这一方向的最新进展。文献［112］考虑投切电容器和馈线投切电容器之间的适当协调，提出了在 DG 存在的情况下使用电压调节方法。文献［113］提出了一种通过协调负载率控制变压器、有级电压调节器、并联电容器、并联电抗器和 SVC 等不同设备实现协调控制的方法。文献［114］建议在发电机自动电压控制继电器中使用分段控制器，利用 OLTC 和收集馈线负载的本地测量值以及电压和负载的远程测量值来形成状态估计器的输入。状态估计技术用于确定网络电压分布和调整自动电压控制继电器的电压目标。发电机自动电压控制继电器是改善电压控制和提高 DG 渗透率的创新技术。文献［115］提出了一种协调 STATCOM 和有载调压变压器（OLTC）电压控制的方法。对有载调压变压器分接头进行控制，以最大限度地提高 STATCOM 容量裕度，从而增加紧急情况下的动态裕度，并最大限度地减少分接头变换次数。文献［116］提出了一种使用 OLTC 和配电 STATCOM 的协调控制方法，用于在线路末端装有 DG 的长径向配电系统中进行电压控制。

4.2.2　基于模糊逻辑的智能电压控制

使用智能技术进行协调电压控制被认为是目前在包含风电机组的配电系统中实现最佳和精确电压控制的最有效方法。智能技术已经在分散式电压控制中得到了广泛的应用和检验。遗传算法（GA）被用于根据日前负荷预测确定变电站有载分接开关设置和所有并联电容器切换的最佳调度计划[117]。无功 Tabu 搜索用于确定有级电压调节器和 SVC 的协调分配和控制[118]。文献［119］提出了一种基于人工神经网络（ANN）的控制方案，用于管理 OLTC 和 STATCOM。文献［120］结合使用了人工神经网络和模糊逻辑技术，开发了一种用于管理 OLTC 和 SVC 无功功率输出的协调控制方案。文献［121］应用粒子群优化（PSO）技术解决了泰国某电力公司改进的一个 29 总线配电系统中 OLTC 和电容器的优化协调问题。研究结果表明，OLTC 与无功电压调控的变电站和馈线电容器之间的最佳协调可以实现电压/电压变化控制，从而最大限度地降低电力公司的日常能源支出和能源损耗成本。基于模糊逻辑的协调电压控制方案中的电压控制器将用户平均电压作为输入，将优选分接开关设置作为输出[122]，将 GA 应用于具有多个调节器的三相不平衡配电系统的协调电压控制。在不同的负荷条件下，确定了电压调节器的最佳设置，如负载比变压器、SVC 和 DG 无功功率，同时将电压曲线保持在规定的范围内[123]。非支配排序 GA 用于有载分接开关和无功补偿器的协调控制，以解决多目标优化问题，实现最优电压控制[124]。

为应对有源配电网电压智能控制的复杂需求，模糊逻辑技术展现出独特的协调优势。相较于传统研究仅将其应用于单一或两种控制环节（如功率因数调节或 OLTC 分接头切换），这里将模糊逻辑应用于协调有源配电网功率因数控制、OLTC 控制和发电削减控制三种不同的电压控制方法。

4.2.2.1　模糊逻辑和模糊推理系统

模糊逻辑是一套基于隶属度而非经典二元逻辑的分明隶属度的知识表示数学原理[125]。与二元布尔逻辑不同，模糊逻辑是多值逻辑。模糊逻辑使用介于 0（完全为假）和 1（完全为真）之间的逻辑值连续体，也可以同时接受部分为真和部分为假的事物。模糊集合理论的基本思想是：一个元素以一定的隶属度属于一个模糊集合，隶属度通常取区间［0，

1］内的实数。基本上，设计模糊系统的第一步是确定隶属函数。隶属函数通常是根据专家关于所要解决的问题的经验和知识来创建的。模糊集的隶属函数有多种类型，可定义为三角函数、梯形函数、高斯函数和尖峰函数。

模糊集合理论的根源在于语言变量的概念，语言变量也被称为模糊变量。1973 年，Zadeh 提出了一种通过在模糊规则中捕获人类知识来分析复杂系统的新方法。模糊规则可以被定义为条件语句的形式，即

$$\rightarrow \text{IF } x \text{ is A, THEN } y \text{ is B} \rightarrow \tag{4-1}$$

式中：x 和 y 为语言变量；A 和 B 为由模糊集确定的语言值。

同时，模糊推理包含两个不同的部分，在模糊系统中，前半部分是一个模糊语句，所有前半部分在一定程度上都成立，后半部分也在相同程度上成立。一个模糊系统通常包含多个描述专家知识的规则。模糊逻辑控制利用基于模糊逻辑的决策原理来实现控制操作。通过利用规则库选择合适的输入输出语言变量，可以获得广泛的期望控制结果。系统操作者根据经验和离线学习定义控制策略，并将其转化为层次模糊推理系统的规则。为了获得输出变量的单一清晰解，模糊系统将所有输出模糊集汇总为单一输出模糊集，然后将得到的模糊集去模糊化为单一数字。这一过程称为模糊推理，是模糊逻辑和模糊集理论最流行的应用之一[12]。模糊推理被定义为利用模糊集理论从给定的输入到输出之间进行映射的过程[126]。

现有两种模糊推理技术，即 Mamdani 法和 Sugeno 法。Mamdani 法因其能够捕获模糊规则中的专家知识，在模糊专家系统中被广泛接受。然而，Mamdani 法会造成计算负担。Sugeno 法提高了模糊推理的计算效率，并与自适应和优化技术相结合，更适合控制动态非线性系统。调整模糊专家系统以适应所遇到的问题，通常会比确定模糊集和构建模糊规则花费更多的时间和精力。因此，在决定控制规则和隶属函数以解决问题之前，必须收集有关系统的精确知识。

4.2.2.2　协调电压控制模糊逻辑的实现

图 4-1 给出了所提出的基于协调模糊逻辑的电压控制在含分布式电源的配电系统中的实现过程。首先，校验网络中每个负载母线的电压，若母线上的电压越限，则根据控制算法采取模糊逻辑措施。当检测到电压越限时，模糊逻辑控制器将从 PFC、OLTC 和发电削减三种电压控制方法中决定启动和应用哪种方法。如果选择的控制选项不能实现电压控制，则模糊逻辑控制器决定下一个要激活的控制方法，在这种情况下，系统的输入为负载电压和 DG 功率。

1. 输入输出参数的选取

一方面，选取两个输入和三个输出作为所提出的模糊逻辑推理控制系统的实现参数。两个输入分别为每个发电机的有功功率和负荷节点记录的电压。另一方面，选择的输出为 PFC、OTLC 和发电削减三种控制方式，当电压（标幺值）超过其允许范围 0.95～1.05 时，必须启动这三种控制方式。更准确地说，控制输出选项分类如下所述，以适应输入功率和输入电压的不同范围。

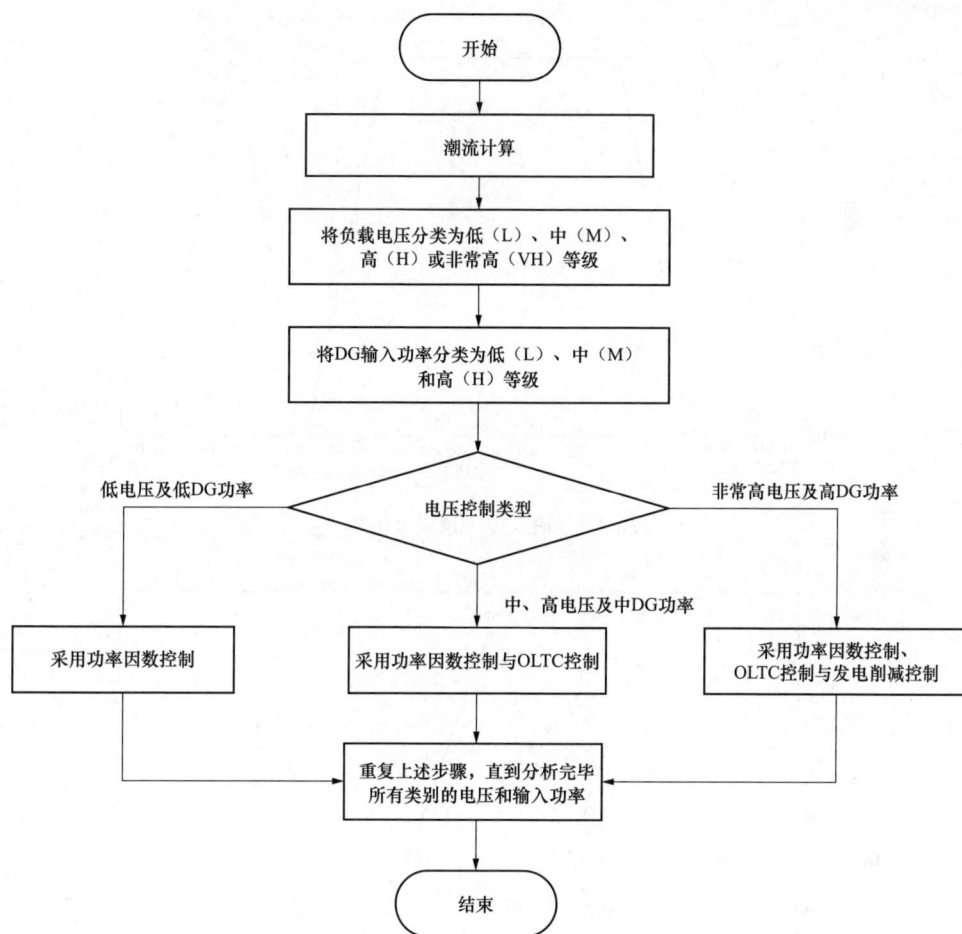

图 4-1　实现基于模糊逻辑的协调电压控制的流程图

2. 模糊逻辑输入隶属函数

输入隶属度函数如图 4-2 和图 4-3 所示。将作为系统输入的电压分为四类,并在数值范围内表示为低=[0.9,0.95]、中=[0.925,1.05]、高=[1.03,1.072]、非常高=[1.05,1.1]。

系统的第二个输入为 DG 输入功率,同样将其分为低、中、高三类,具体为低=[0.9,0.98]、中=[0.946,1.034]、高=[1.007,1.1]。

3. 模糊逻辑输出隶属度函数

建立模糊逻辑控制系统的下一步是建立输出隶属度函数。输出隶属度函数是控制输出动作,分为功率因数值领先或滞后,OLTC 设置和削减发电量百分比。图 4-4~图 4-6 描述了所开发的三种模糊逻辑控制输出隶属度函数。PFC 是所提出的协调模糊逻辑控制实现过程中需要激活的第一个控制动作,其依据是发电机通常以一定的功率因数运行,并具有自发无功功率的能力。功率因数表示发电机组的无功功率输出与实际功率输出保持一定比例,从而使功率因数保持恒定。例如,马来西亚配电网运营商 Tenaga Nasional

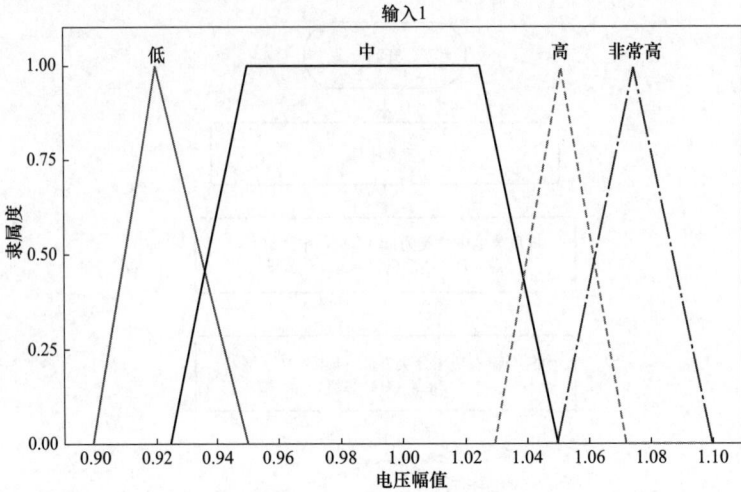

图 4-2　输入电压隶属度函数

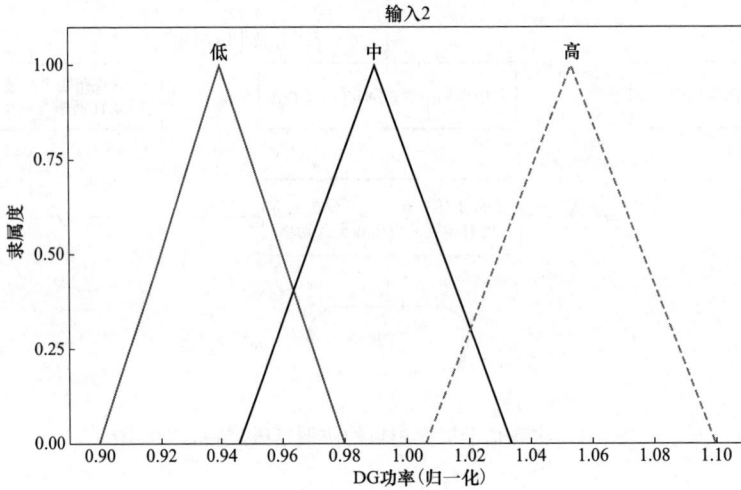

图 4-3　输入功率隶属度函数

Berhad（TNB）要求所有接入网络的发电机在功率因数 0.90（超前）和 0.90（滞后）之间运行。模拟结果表明，以超前功率因数运行 DG 可以缓解电压升高。这与文献［127］中的研究结果一致，即在超前功率因数下运行 DG 可减轻电压升高。另外，在滞后功率因数下运行 DG 会增加负载母线的电压水平，因此适用于管理低电压发电设备。对含两个 DG 的 IEEE13 节点测试系统进行仿真，发现 0.90 和 0.95 超前功率因数更适合用于 PFC。0.95 超前功率因数适用于控制 5% 允许电压限值中等范围（0.95～1.05）的电压，以及管理输入功率的中间范围。对于高、超高电压和高输入功率范围内的电压，采用 0.90 超前功率因数进行控制。

　　下一个需要激活的控制选项是 OLTC 控制，在达到 PFC 或无功功率能力的限制后启动。与 OLTC 控制相关的研究发现，OLTC 设定值在 1.02～1.033 范围内，可有效管理电压波动并限制网络损耗［128］,［129］。如图 4-6 所示，采用两种不同的 OLTC 设定值：$T_{\mathrm{apmax}}=$

1.05 和 T_{apmax}=1.02，发现后者在管理高电压水平和高输入功率方面比 1.05 更有效。

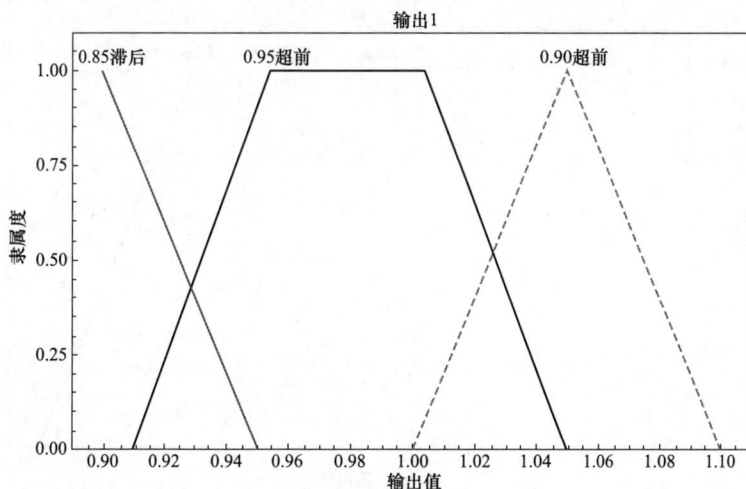

图 4-4　PFC 输出隶属度函数

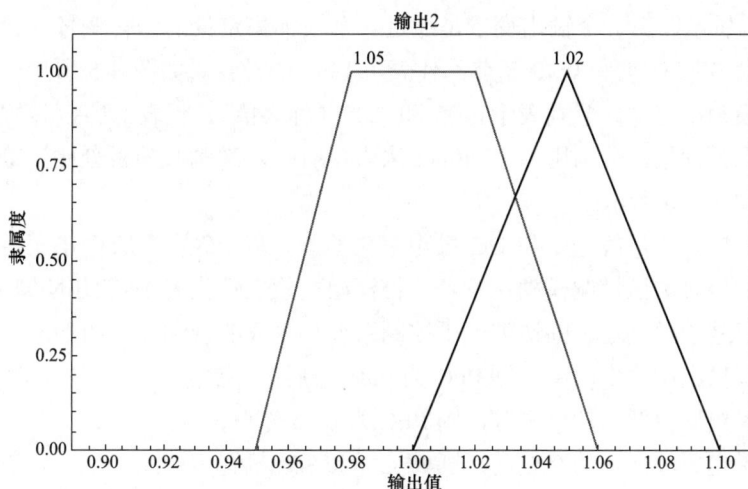

图 4-5　OLTC 输出隶属度函数

优先级最低或最不受欢迎的控制方案是弃风控制，因为在选择这种控制措施之前需要考虑多种因素。这种方法大多数时候是在发电机已经耗尽电压控制能力的情况下作为最后手段来解决电压升高问题。文献［129］建议必须削减 41% 的 DG 有功功率来控制电压升高。此处选择 0% 和 40% 作为削减量，对于较低电压和中低功率，选择 0% 的削减量。另外，如图 4-6 所示，当电压较高和输入功率较大时，选择 40% 的削减量。

4. 模糊逻辑控制规则的生成

基于两个输入和三个输出变量制定了模糊逻辑控制规则。第一个输入变量（V）通过使用四个模糊子集来定义其语言变量，分别为 Low（L）、Medium（M）、High（H）和 Very High（VH）。第一个输入变量的隶属度函数如图 4-2 所示。如图 4-3 所示，第二个输入变量定义为向 DG 提供的有功功率，分为三个模糊集，即低（L）、中（M）和高（H）。

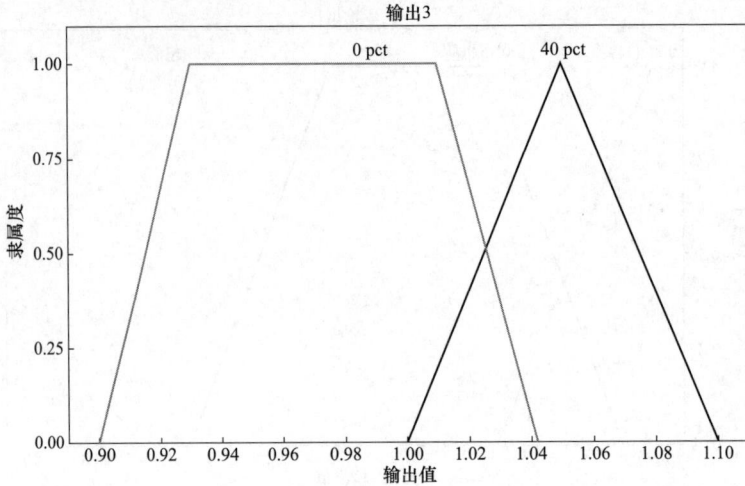

图 4-6　发电弃风出力隶属度函数

如图 4-4 所示，第一个输出变量是通过三个模糊集定义的语言变量，它们分别表示为 0.85 滞后、0.95 超前和 0.90 超前，代表了 PFC 的设置。如图 4-5 所示，第二个输出变量由两个模糊集定义，分别表示 1.05 和 1.02（标幺值），代表 OLTC 设置。第三个输出也分为两个模糊集，分别用 0 和 40pct 来表示有功功率削减的百分比，第三个模糊输出隶属函数如图 4-6 所示。

表 4-1 是以负载母线电压和 DG 发电量为输入，以 PFC、OLTC 电压控制方法和切机量为输出的协调电压控制模糊决策表。将模糊决策表转化为 IF-THEN 规则，生成 12 条规则，构建基于模糊逻辑的协调电压控制系统。生成的规则样本如下：

（1）如果低电压、低功率，则 PFC 为 0.85 滞后；

（2）如果电压较低，功率中等，则 PFC 为 0.85 滞后；

（3）如果电压较低，功率较高，则 PFC 为 0.85 滞后；

（4）如果电压为中压，功率为小功率，则 PFC 为 0.95 超前；

（5）如果电压为中压，功率为中功率，则 PFC 为 0.95 超前；

（6）如果电压为中、功率为高，则 PFC 为 0.95 超前；

（7）如果电压高、功率低，则 PFC 为 0.90 超前，OLTC 为 1.05（标幺值），切机率为 0%；

（8）如果电压较高、功率适中，则 PFC 为 0.90 超前，OLTC 为 1.05（标幺值），切机率为 0%；

（9）如果电压较高，功率较大，则 PFC 为 0.90 超前，OLTC 为 1.05（标幺值），切机率为 0%；

（10）如果电压很高，功率很低，则 PFC 为 0.90 超前，OLTC 为 1.02（标幺值），发电减少 40%；

（11）如果电压很高，功率中等，则 PFC 为 0.90 超前，OLTC 为 1.02（标幺值），发电减少 40%；

（12）如果电压很高，功率很高，则 PFC 为 0.90 超前，OLTC 为 1.02（标幺值），发电减少 40%。

表 4-1　　　　　　　　　　　　　用于协调电压控制的模糊决策表

输入变量 1	输入变量 2	输出变量（控制电压）						
负载母线电压	DG 发电量	PFC			OLTC		切机量	
		0.85 滞后	0.95 超前	0.90 超前	1.05（标幺值）	1.02（标幺值）	0pct	40pct
L	L	√						
L	M	√						
L	H	√						
M	L		√					
M	M		√					
M	H		√					
H	L			√	√		√	
H	M			√	√		√	
H	H			√	√		√	
VH	L			√		√		√
VH	M			√		√		√
VH	H			√		√		√

如表 4-1 所示，所有这些规则都是根据在配电测试系统上进行的仿真工作以及在文献中查阅的其他工作生成的，目的是测试在实施基于模糊逻辑的协调电压控制时要使用的设置。

🎯 4.3　分布式智能电网无功电压优化调控

4.3.1　配电网无功电压优化建模方法

1. 配电网多时间尺度无功优化

从时间尺度而言，配电网无功优化包括日前优化和日内实时优化。日前优化通常基于 RDG 出力和负荷预测数据，以配电系统运行经济性、电压偏差最小、安全裕度最大等为目标，优化次日各时段内有载调压变压器（on-line tap changer，OLTC）、并联电容器组（shunt capacitor bank，SCB）等慢动作设备运行状态及联络线功率参考值，获取未来 24h 运行方案。日内实时调控以日前优化方案为基础，保证 OLTC、SCB 等慢动作设备按日前优化方案运行，基于实时检测的负荷、RDG 出力和电网运行状态信息，通过调节 RDG、SVC 和 SVG 等动态无功设备展开实时优化控制，时间尺度通常为 5、15min，在负荷和 RDG 功率波动下保障运行安全。因此，日前运行方案的合理程度是日内运行效果的基础，日内实时控制对日前运行方案偏差矫正，实现精细化调控[130]~[132]。

针对日前和日内无功优化，国内外学者做了大量研究工作。文献［133］以系统运行成本最小为目标，并将 OLTC 和 SCB 动作次数融入目标函数统筹考虑，进行长时间尺度配电网无功优化调度；文献［130］进一步考虑了负荷、RDG 出力不确定性和电压越限风险；文献［134］采用"静态优化-离散变量优化-连续变量优化"的多阶段方法解决 SCB 和 OLTC 动作次数约束问题，提升研究成果的实用性。基于最优潮流的全局优化控制是含 RDG 配电网协调各控制手段的最有效途径，但受限于当前广域通信技术和求解速度，可通过长、短时间尺度协调配合滚动优化，适应配电网运行态势时变性。文献［81］在电压调控中考虑负荷特性，以提高在工业和商业负荷密集地区的适用性，协调日前优化和实时调控，降低预测误差影响，并尝试增加日前优化校正环节挖掘无功设备调节潜力。

细化时间尺度来缓解 RDG 波动对配电网运行实况影响，是基于某时间断面或未来某优化时段的开环优化控制，本质为静态优化。相比之下，基于模型预测控制（model predictive control，MPC）[135],[137] 多时段动态优化调控策略，焦点在于未来一段时间内的闭环最优控制，并通过反馈校正，及时纠正预测误差和随机因素带来的控制结果偏差。通过预测信息及调控方式逐层细化，协调配电网无功电压的"大幅调节""小幅调控""反馈调整"，有效提高优化控制的精度。在多时间尺度滚动协调电压控制的基础上，一些学者进一步研究将模型预测控制思想引入含 RDG 的配电网无功调控，来应对 RDG 出力不确定性和负荷波动对系统电压稳定性带来的挑战。文献［136］基于 MPC 的中央控制器调节 RDG 响应动态无功补偿，维持配电网母线电压在合理范围内。文献［137］充分利用配电网内 RDG、储能和 OLTC 进行最小成本电压控制，通过 MPC 多步滚动优化，使电压控制过程更为灵活平滑。文献［138］对比分析了本地控制和基于 MPC 控制策略性能，表明基于 MPC 控制策略可提供更佳的电压分布。

2. 配电网无功电压分层分区控制

进行分层分区控制，从全局层面对系统统一协调优化，并对配电网中地理毗邻、特性相关的 RDG 和调压设备分区调控，从而兼顾全局"统筹优化"和局部"自我平衡"，充分发挥 RDG 灵活控制的优势。

（1）电压分层调控体系。

配电系统常用电压控制方式包括集中控制、分布式控制和集中-分布式控制。集中控制基于通信系统实现集中控制器和全网调压设备互联，提供全局电压控制；分布式控制利用本地或有限临近调压设备信息进行电压控制，强调电压的局部治理，兼顾一定的全局优化性，对通信要求较低。分层电压控制是集中-分布式电压控制的一种重要形式，结合集中控制和分布式控制优点，按照控制空间尺度和时间尺度分层，自下而上可分为三层[139]：下层分布式电压控制（一级控制）、中间层分区控制（二级控制）和上层中央控制（三级控制）。

其中，一级电压控制为本地毫秒或秒级控制，通过 RDG 并网逆变器电压控制，使并网点电压达到或接近参考值，一级电压控制为设备级独立控制，不考虑设备间配合，电压参考值由二级电压控制器下发。二级电压控制为区域分钟级控制，通过控制区域内的 SVC、OLTC 等设备，调整局部电压水平，减小线路无功流动，同时二级控制还会调整区域内各 RDG 控制参考值。三级电压控制为全系统长时间尺度优化控制，通过全网各可控无功设备协调，并结合二级电压控制进行全网技术和经济性优化。

电压分层控制不仅是空间上分层，也包括在逻辑和时间上分层，使电压控制层次更加明确：在各层间通信无碍的基础上，各层控制器具有明确的功能目标，且可同时执行；分区控制中，各电压控制分区间松散耦合，降低控制干扰，避免分区控制响应速度不匹配而影响控制效果。此外，分层电压控制降低各层间的依赖，有助于根据系统规模扩展控制层级，且各功能模块定义统一接口后可被各控制层级调度复用，避免重复开发。

电压分层控制体系中，分区电压控制（二级控制）是提高系统电压水平、提升调节速度、保障电压稳定的中坚环节，同时也是连接中央控制和本地控制的关键环节，对维持区域电压水平，提高全网电压控制效果具有重要意义[140]。

（2）电压分区调控。

传统配电网电压中枢点为首端变电站节点，随着可调控的 RDG 不断接入，其并网节点也成为电压中枢点，因此，配电网电压分区调控需要满足如下分区原则：①保证各分区内节点间电气强耦合，各分区间电气弱耦合，以减少分区间无功电压控制的相互影响；②各分区内均含有负荷节点和动态无功源，保证分区无功平衡并预留充足动态无功储备，以响应区域内节点电压动态变化；③同一分区内各节点保持连通性，即同一分区中各节点间为直接或间接相连；④不存在孤立节点，即分区内至少有两个节点，且各分区无重复节点。

开环放射或树状结构配电网可根据支路自然形成分区，负荷和 RDG 接入分散性和功率波动性带来的系统结构和潮流分布的时变性需要动态调整无功电压控制范围，以适应运行时况变化。文献［141］、［142］基于电压/无功灵敏度，计算各 RDG 对各节点独立调节幅度，并根据电压波动阈值动态分区。文献［143］根据电压灵敏度及 RDG 动态无功储备自适应分区，确保分区间低水平无功交换，提高分区独立电压控制效果；文献［144］同时考虑分区无功平衡、分区内强耦合、分区间弱耦合及无功储备四项指标，采用二进制编码遗传算法结合了配电网辐射结构特点，对每条支路分配一个基因位表示区域划分连接状态，满足分区连通性且降低计算复杂度。文献［145］采用支路切割枚举法分区，保证区域内节点连通性，重点分析实时控制电压越限情况下的自适应动态分区。文献［146］根据电气距离矩阵特征根确定最佳分区数，但初步分区仅考虑电气距离单一指标，若要满足其他约束，分区调整工作量较大。

在分区电压调控基础上，文献［83］、［84］提出"自律协同"技术路线。其中，自律控制对象为子控制区域，利用子区域内快速可调资源，将子区域内注入量波动导致的状态量（尤其是边界状态量）变化控制在某一目标值或预置范围内，使子控制区对全局系统在边界上表现出"友好"外部性；协同控制针对各自律控制器，通过全局计算来设定其控制目标值或范围，实现整体优化。通过分布自律，降低问题复杂性，获得控制的敏捷性、可靠性和可操作性；而通过全局协同，获得控制的全局性和最优性。文献［147］重点研究了场内自律电压控制，并融入 MPC 模块，进一步将单时间断面反馈控制模式转变为未来时间窗内动态轨迹最优控制，优化场内动态无功储备应对未来潜在扰动，为"逐层细化"来平抑配电网内大规模 RDG 分散接入导致的电压波动及薄弱节点电压越限提供参考。

随着多样化可控源和无功设备大量接入，配电网控制方式复杂化和信息数据海量化，广域通信技术尚难以满足实时控制要求，分区电压控制和"自律协同"控制一定程度上可满足控制的快速性和精准性，将备受关注。

3. 配电网网络重构与无功协调优化

配电网中居民、商业和工业等多类型负荷特性差异鲜明，RDG 出力特性迥异，叠加 RDG 出力随机性和负荷波动性，增加了系统运行态势时变性，导致线路负载不同时间断面非均衡分布甚至逆向潮流。此外，RDG 出力变化态势与负荷曲线形态往往不同调，例如：风电反调峰特性和光伏发电集中出力特性，高比例接入带来系统净负荷"鸭子曲线"现象[148]，均给系统运行控制带来隐忧。

网络重构作为运行控制的重要手段融入配电网有功/无功优化调控进行多时空主动管理，为解决出力特性迥异 RDG 大规模接入、"源-网-荷-储"动态时空分布匹配失衡等导致的配电系统运行态势分析控制困难寻求新途径。文献［149］构建适用于多风电场同时接入的配电网重构模型，以场景分析为基础，适应了风电场出力随机性特征。文献［150］将网络重构方法融入区域综合能源系统最优潮流算法，实现系统经济运行，并改善电压分布。文献［89］兼顾配电网结构灵活性和调压资源调节能力构建双层优化模型，上层动态重构确保长时间尺度内运行经济性；下层兼顾馈线自动调压器局部无功优化，保障系统安全运行。

受配电系统自身复杂性和广域通信技术成熟度限制，网络重构在配电网运行控制中广泛应用尚面临诸多困难，主要体现在如下方面：①需要兼顾配电系统大规模优化求解的快速性和寻优质量；②需要处理三相不平衡状况；③需要处理不确定性信息，提高网络重构结果的优化可信度，包括 RDG 出力随机性、负荷波动性、开关动作成本随时空变化性等。因此，同时考虑"多类型电源-多结构电网-多种类负荷"等多重复杂因素交互下的灵活重构和协同运行方法，并通过重构避免结构性问题导致的弃风、弃光，提高 RDG 资源消纳和就地平衡，也成为研究人员和工程技术人员关注的焦点。

4.3.2 配电网多时间尺度无功优化

4.3.2.1 RDG 无功调控机理

1. DFIG 风电机组无功调控特性

DFIG 风电机组基本结构如图 4-7 所示[151]，其定子侧经变压器直接并网，转子侧经由转子侧变换器和网侧变换器接入电网。通常风速处于中低风速区间，风电机组有功输出低于额定值，定子侧具有较大无功出力空间。

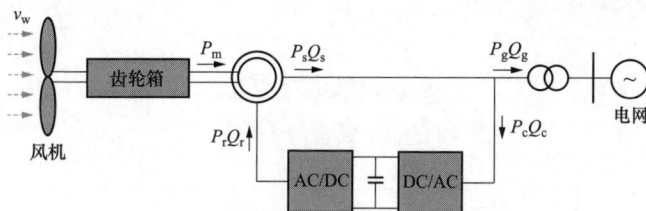

图 4-7 DFIG 风电机组基本结构

P_m—风电机组输入机械功率，由捕获风能大小决定；P_s、Q_s—定子的注入有功功率和无功功率；P_g、Q_g—
风电机组注入电网的有功功率和无功功率；P_r、Q_r—转子侧变换器注入转子的有功功率和无功功率；
P_c、Q_c—网侧变换器从电网输入的有功功率和无功功率

忽略定转子电阻，在转子侧最大电流约束下，定子侧无功调节范围为

$$\begin{cases} Q_{s,max1} = -\dfrac{3U_s^2}{2\omega_1 L_s} + \sqrt{\left(\dfrac{3L_m}{2L_s}U_s I_{r,max}\right)^2 - \left(\dfrac{P_m}{1-s}\right)^2} \\ Q_{s,min1} = -\dfrac{3U_s^2}{2\omega_1 L_s} - \sqrt{\left(\dfrac{3L_m}{2L_s}U_s I_{r,max}\right)^2 - \left(\dfrac{P_m}{1-s}\right)^2} \end{cases} \tag{4-2}$$

式中：L_s、L_m 分别为定子电感和励磁电感；$I_{r,max}$ 为转子电流最大值；s 为转差率 [$s = (\omega_1 - \omega_r)/\omega_1$，$\omega_1$、$\omega_r$ 分别为同步旋转角速度和转子旋转角速度]；U_s 为定子电压有效值。

考虑定子侧最大电流 $I_{s,max}$ 限制，定子侧无功调节范围为

$$\begin{cases} Q_{s,max2} = \sqrt{(U_s I_{s,max})^2 - \left(\dfrac{P_m}{1-s}\right)^2} \\ Q_{s,min2} = -\sqrt{(U_s I_{s,max})^2 - \left(\dfrac{P_m}{1-s}\right)^2} \end{cases} \tag{4-3}$$

综合上述两种情况，DFIG 定子侧无功调节范围为

$$\begin{cases} Q_{s,max} = \text{Minimum}\{Q_{s,max1}, Q_{s,max2}\} \\ Q_{s,min} = \text{Maximum}\{Q_{s,min1}, Q_{s,min2}\} \end{cases} \tag{4-4}$$

网侧换流器无功调节能力主要受限于换流器容量 $S_{c,max}$，即

$$P_c^2 + Q_c^2 \leqslant S_{c,max}^2 \tag{4-5}$$

则网侧换流器无功极限为

$$\begin{cases} Q_{c,max} = \sqrt{S_{c,max}^2 - \left(\dfrac{sP_m}{1-s}\right)^2} \\ Q_{c,min} = -\sqrt{S_{c,max}^2 - \left(\dfrac{sP_m}{1-s}\right)^2} \end{cases} \tag{4-6}$$

综合定子侧和网侧换流器无功调节能力，不同有功输出下的无功调节范围如图 4-8

所示。

$$\begin{cases} Q_{\max} = Q_{s,\max} + Q_{c,\max} \\ Q_{\min} = Q_{s,\min} + Q_{c,\min} \end{cases}$$（4-7）

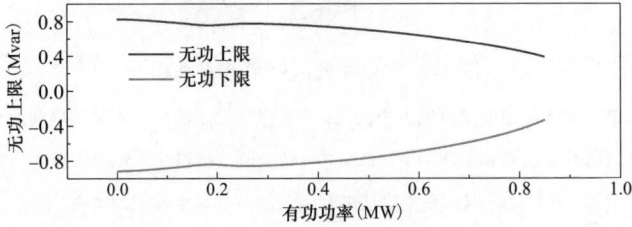

图 4-8　DIFG 风电机组无功调节范围

2. 光伏逆变器无功调控特性

光伏逆变器可利用自身无功控制功能为配电系统提供电压支撑，可调无功范围与逆变器容量关系为

$$Q_{\max}^{\text{PV}} = \pm\sqrt{(S^{\text{inv}})^2 - (P^{\text{PV}})^2}$$（4-8）

式中：$Q_{\max}^{\text{PV}}$ 为逆变器最大无功输出容量；P^{PV} 为光伏逆变器有功出力；S^{inv} 为逆变器容量，为额定有功容量的 1.0～1.1 倍。

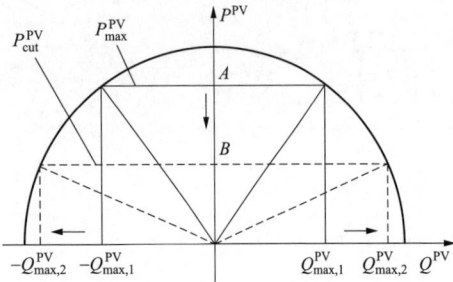

图 4-9　光伏逆变器 $P\text{--}Q$ 容量曲线图

图 4-9 给出光伏逆变器 $P\text{--}Q$ 容量调节范围曲线。其中，A 点为光伏并网有功额定功率 $P_{\max}^{\text{PV}}$，对应无功调节范围 $[-Q_{\max,1}^{\text{PV}}, Q_{\max,1}^{\text{PV}}]$，$S^{\text{inv}}$ 为 1.1 倍额定有功时，最大无功约为额定有功容量的 46%；B 点 $P_{\text{cut}}^{\text{PV}}$ 为逆变器切入切出功率，对应无功调节范围为 $[-Q_{\max,2}^{\text{PV}}, Q_{\max,2}^{\text{PV}}]$；逆变器白天无功可在 $[-Q_{\max}^{\text{PV}}, Q_{\max}^{\text{PV}}]$，$Q_{\max}^{\text{PV}} \in [Q_{\max,1}^{\text{PV}}, Q_{\max,2}^{\text{PV}}]$ 间动态变化，夜间有功输出为 0，无功范围为逆变器额定容量，调节潜力可观。

4.3.2.2　RDG 出力随机模型

1. 风电机组出力随机模型

风机出力随机性由风能随机分布引起，大量统计数据分析表明，多数地区平均风速的概率密度遵循威布尔分布[152]，即

$$f(v) = \frac{k}{c}\left(\frac{v}{c}\right)^{k-1} e^{-(v/c)^k}$$（4-9）

式中：v 为实际风速；c 为尺度系数，表征风速分布离散程度；k 为形状系数。

为降低建模工作量，假设接入配网的风电机组型号相同，忽略机组间风速相关性，风电机组有功功率 P_t^{WT} 与风速 v_t 的关系描述为

$$P_t^{\text{WT}} = \begin{cases} 0, v_t < v_{\text{ci}}, v_t \geqslant v_{\text{co}} \\ \dfrac{v_t^3 - v_{\text{ci}}^3}{v_r^3 - v_{\text{ci}}^3} P_r^{\text{WT}}, v_{\text{ci}} \leqslant v_t < v_r \\ P_r^{\text{WT}}, v_r \leqslant v_t < v_{\text{co}} \end{cases} \tag{4-10}$$

式中：P_t^{WT} 为风电机组的额定出力；v_{ci} 为切入风速；v_r 为额定风速；v_{co} 为切出风速。风电机组有功功率概率密度见文献［153］。

2. 光伏发电随机性模型

太阳光照强度在某时间断面内一般服从 Beta 分布，其概率密度函数[154],[155]为

$$f(r) = \frac{\Gamma(\delta + \varphi)}{\Gamma(\delta)\Gamma(\varphi)} \left(\frac{r}{r_{\max}}\right)^{\delta-1} \cdot \left(1 - \frac{r}{r_{\max}}\right)^{\varphi-1} \tag{4-11}$$

式中：$\Gamma(\bullet)$ 为 Gamma 函数；r、$r_{\max}$ 分别为该时段内实际光强和最大光强；δ、φ 均为 Beta 分布的形状参数，其关系为：$\varphi = \delta(1-u)/u$，u 为光强平均值。

光伏电池出力与最大功率点跟踪（MPPT）效率、光电转换效率、入射角有关，与光照强度呈线性比例关系，亦服从 Beta 分布，其概率密度函数见文献［156］。

3. RDG 出力随机性对电压调控的影响

根据预测风速和光照获取 RDG 有功出力和相应无功调节范围，风速和光照不确定性传导至实际有功输出，进而导致可用无功容量不确定性。假设时段 t 预测有功出力为 $P_t^{\text{RDG}*}$，实际出力可能为 $P_t^{\text{RDG,H}}$ 或 $P_t^{\text{RDG,L}}$，对应无功极限为 $Q_t^{\text{RDG}'}$ 和 $Q_t^{\text{RDG}''}$，如图 4-10 所示；$Q_t^{\text{RDG}'} > Q_t^{\text{RDG}*}$，有功出力变化扩展无功极限，满足无功调控；$Q_t^{\text{RDG}''} < Q_t^{\text{RDG}*}$，RDG 无功调节范围收缩，将越极限调节。

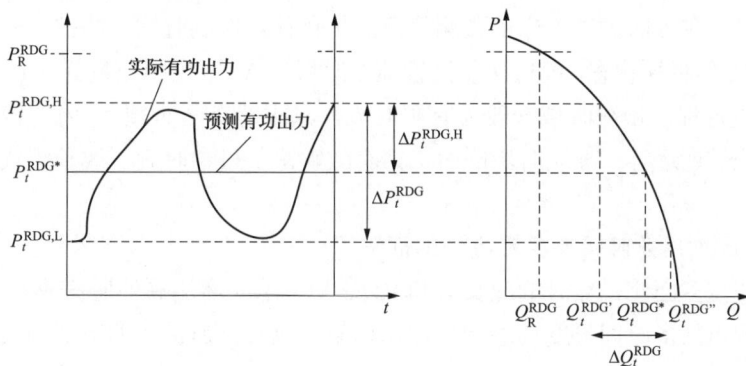

图 4-10　RDG 出力与 P–Q 曲线的对应关系

4.3.2.3　模型预测控制方法

在多时间尺度滚动协调电压控制的基础上，一些学者进一步研究将 MPC 思想引入含 RDG 的配电网无功调控，来应对 RDG 出力不确定性和负荷波动对系统电压稳定性带来的挑战。

MPC 又称滚动时域优化控制，是一种基于模型的有限时域闭环优化控制算法，方便计入多种约束条件，预测模型形式无特殊要求，可同时跟踪多重优化目标，具有易于建

模、控制效果良好、鲁棒性强等优点，能有效克服系统非线性、时变性、时滞性、环境不确定性等因素影响，适于求解含可再生能源出力随机性、负荷不确定性的配电网无功优化问题[157]。

MPC 由"预测模型""滚动优化""反馈校正"三部分组成[158]，其思想为：在每个采样时刻考虑系统未来有限时域内态势，并根据当前时刻量测值和预测模型，获取优化控制序列；下一采样时刻将当前时刻控制序列首项用于系统实际控制，然后重复执行上述控制过程。MPC 的核心特征是通过在线求解一个约束优化问题，做出系统下一时刻的控制决策，并使得预测时域内的某一性能指标达到最小[159]。MPC 原理如图 4-11 所示。

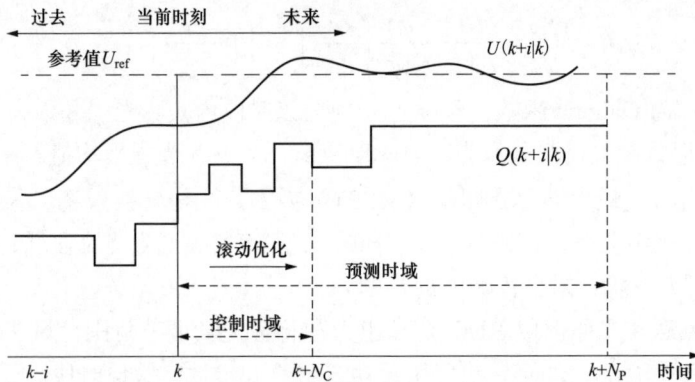

图 4-11　模型预测控制原理图

图 4-11 中，横轴为时间区域；N_P 为预测时域，N_C 为控制时域，且 $N_P \geqslant N_C$；纵轴为控制输出。当前时刻 k 将时间区域分为两部分，左边为过去实际输入输出，右边为将来预测输入输出。在 k 时刻基于当前预测信息，优化计算控制时域内的控制变量，以满足预测时域 $k+N_P$ 的目标状态，但每次仅执行控制时域 $k+N_C$ 中控制变量首项 $Q(k|k)$；在 $k+1$ 时刻重复上述过程。预测时域一般为有限时域，只求解有限时域 N_P 内的控制量，难以支撑控制系统长期运行；控制时域的引入，有效解决了采样时刻在线求解优化问题的快速性。

4.3.2.4　配电网多时间尺度无功优化框架

配电系统点多面广，实时响应负荷和 RDG 功率脉动增加额外通信成本，基于 MPC 思想，构建配电网多时间尺度动态无功优化框架，包含日前优化调节层和实时滚动调控层，如图 4-12 所示。

日前优化调节提前一天给出配电系统未来 24h 无功运行方案，优化时间粒度取 1h，侧重于运行经济性，通过不同调节速率无功设备间的协调配合，进行大幅度无功调节；增加以满足动态无功储备为指标的电压稳定概率约束，从而在日前方案中提前锁定可靠性风险，降低实时调控难度。实时滚动调控取 5min 为时间粒度，以日前无功优化方案为基准，侧重于系统电压稳定性；基于 RDG 出力、负荷超短期滚动预测值，根据电压灵敏度矩阵，求解 RDG 动态无功补偿需求；应用滑动平均滤波方法，分离动态无功补偿曲线中的慢变分量和快变分量，若慢变分量触发反馈调整阈值，则根据反馈校正优化目标，修正当前至周期末时域内各调压设备运行计划，同时归并慢变分量至日前稳态调节范围内，快变分量由 RDG 承担，实现根据运行实况的自启动反馈校正；若未触发反馈调整阈值，由 RDG 跟踪无功补偿曲线动态调整无功出力。

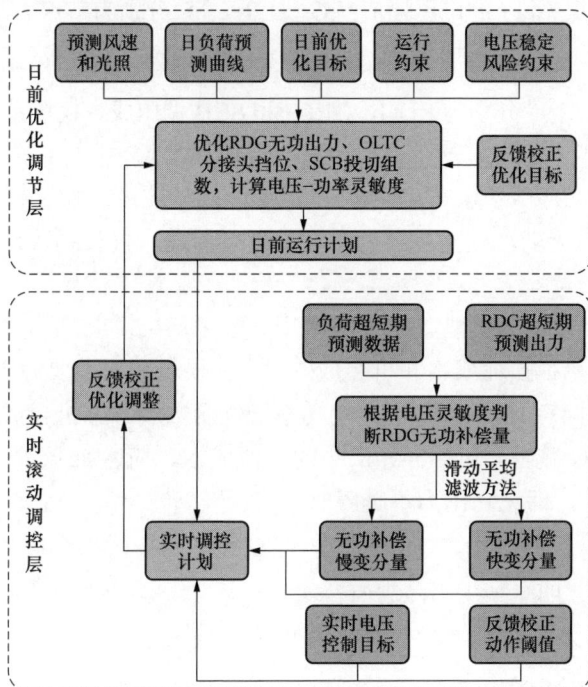

图 4-12　配电网多时间尺度无功优化框架

实时滚动调控中滑动平均滤波时间窗口即为 MPC 预测时域，在有限时域内预测控制支撑短期安全运行，并通过反馈校正构成闭环优化控制，及时校正运行结果偏差，最大限度消除不确定因素对运行方案的影响，提高配电网优化运行精度。此外，电压灵敏度矩阵依赖于配电网当前运行状态（例如重载或轻载运行），在线更新难以匹配滚动控制快速性，可在日前阶段由离线潮流计算得到。

4.3.2.5　日前优化模型

1. 目标函数

相较于输电网而言，配电网阻抗大，线路有功损耗高，为影响运行经济指标的重要因素。因此，日前优化以系统综合成本最小为目标，包括有功损耗成本、OLTC 和 SCB 动作成本，以及 RDG 无功成本，即

$$\min f_{\mathrm{DA}}(\boldsymbol{x}) = \sum_{t=1}^{T} (\pi_t \cdot P_{\mathrm{loss},t} + C_{Q,t}) \tag{4-12}$$

$$P_{\mathrm{loss},t} = \sum_{i=1}^{n} U_{i,t} \sum_{j=1}^{n} U_{j,t} (G_{ij} \cos \delta_{ij} + B_{ij} \sin \delta_{ij}) \tag{4-13}$$

$$C_{Q,t} = \lambda^{\mathrm{RDG}} C_{Q,t}^{\mathrm{RDG}} + \lambda^{\mathrm{TC}} C_t^{\mathrm{TC}} + \lambda^{\mathrm{SCB}} C_t^{\mathrm{SCB}} \tag{4-14}$$

式中：x 为控制变量，$x = [Q_t^{\text{RDG}}, K_t^{\text{TC}}, N_t^{\text{SCB}}]$，$Q_t^{\text{RDG}}$、$K_t^{\text{TC}}$、$N_t^{\text{SCB}}$ 分别为 RDG 无功出力、OLTC 挡位、并联电容器组投运数；t 为时段索引编号；T 为优化周期；π_t 为网损电能边际价格；$P_{\text{loss},t}$ 为有功损耗；$C_{Q,t}$ 为系统无功补偿总成本；n 为网络节点数；$U_{i,t}$、$U_{j,t}$ 分别为时段 t 节点 i 和 j 的电压幅值；G_{ij}、B_{ij}、δ_{ij} 分别为节点 i 和 j 之间的电导、电纳和相角差；$C_{Q,t}^{\text{RDG}}$、C_t^{TC}、C_t^{SCB} 分别为 RDG 无功出力成本、OLTC 动作成本、SCB 投切成本；λ^{RDG}、λ^{TC}、λ^{SCB} 分别为 RDG、OLTC 和 SCB 调压成本权重系数。

动态无功储备水平为衡量系统电压稳定程度的重要指标[160]，为避免日前稳态调节过度调用 RDG 动态无功资源，削弱系统紧急响应扰动能力，设置权重系数引导日前优化方案预留充足动态无功，根据各类无功设备重要程度，权重系数设置为：$\lambda^{\text{RDG}} \geqslant \lambda^{\text{TC}} \geqslant \lambda^{\text{SCB}}$。

2. RDG 无功出力成本模型

RDG 无功成本包括损耗成本和机会成本[161]。损耗成本主要源于 RDG 提供无功增加的变换器开关器件有功损耗，可用无功功率线性函数表示。机会成本为系统动态无功补偿无法满足，RDG 减少弃风、弃光产生的补偿成本。描述如下：

当 $Q_t^{\text{RDG}} \leqslant Q_{\max,t}^{\text{RDG}}$，即无功出力不越限时，有

$$C_{Q,t}^{\text{RDG}} = c \cdot Q_t^{\text{RDG}} \tag{4-15}$$

当 $Q_t^{\text{RDG}} > Q_{\max,t}^{\text{RDG}}$，即无功出力越限时，有

$$C_{Q,t}^{\text{RDG}} = c \cdot Q_t^{\text{RDG}} + \pi_t \cdot \Delta P_t^{\text{RDG}} \tag{4-16}$$

式中：c 为无功出力成本系数；ΔP_t^{RDG} 为弃风/弃光电量。

3. 变压器、电容器组无功调节成本模型

电容器组和变压器动作次数限制带来优化周期内时段间耦合问题，增加求解复杂度，从全周期角度考虑，以单位调控成本形式将其转化为经济指标融入目标函数，实现设备动作次数软约束，并设置权重系数增、减设备动作程度，提高无功优化方案的实用性。C_t^{TC} 和 C_t^{SCB} 表示为

$$C_t^{\text{TC}} = \Delta C^{\text{TC}} \cdot \left| K_t^{\text{TC}} - K_{t-1}^{\text{TC}} \right| \tag{4-17}$$

$$C_t^{\text{SCB}} = \Delta C^{\text{SCB}} \sum_{n^{\text{SCB}}=1}^{N^{\text{SCB}}} \left| n_t^{\text{SCB}} - n_{t-1}^{\text{SCB}} \right| \tag{4-18}$$

式中：ΔC^{TC}、ΔC^{SCB} 分别为变压器和电容器组单位调节成本；K_t^{TC}、n_t^{SCB} 分别为时段 t 的 OLTC 挡位和电容器投运组数；N^{SCB}、n^{SCB} 分别为配电网中电容器组总安装数量及相应编号。

4. 约束条件

（1）潮流方程约束，即

$$\begin{cases} P_i = U_i \sum_{j=1}^{n} U_j (G_{ij} \cos \delta_{ij} + B_{ij} \sin \delta_{ij}) \\ Q_i = U_i \sum_{j=1}^{n} U_j (G_{ij} \sin \delta_{ij} - B_{ij} \cos \delta_{ij}) \end{cases} \tag{4-19}$$

式中：n 为网络节点数；P_i、Q_i 分别为各节点注入的有功和无功。

（2）控制变量约束，即

$$U_{i,\min} \leqslant U_i \leqslant U_{i,\max} \tag{4-20}$$

$$Q_{\min,t}^{RDG} \leqslant Q_t^{RDG} \leqslant Q_{\max,t}^{RDG} \tag{4-21}$$

$$K_{\min}^{TC} \leqslant K_t^{TC} \leqslant K_{\max}^{TC} \tag{4-22}$$

$$\left| K_t^{TC} - K_{t-1}^{TC} \right| \leqslant K_{L,\max}^{TC} \tag{4-23}$$

$$0 \leqslant n_t^{SCB} \leqslant N^{SCB} - n_{R,t}^{SCB} \tag{4-24}$$

式中：$U_{i,\max}$、$U_{i,\min}$ 分别为节点 i 电压上、下限值；$Q_{\min,t}^{RDG}$、$Q_{\max,t}^{RDG}$ 为时段 t 内 RDG 无功出力最小、最大值；$K_{\min}^{TC}$、$K_{\max}^{TC}$ 分别为 OLTC 最小、最大挡位，为满足逆调压需求，高峰时段取 1.05～1.07，低谷时段取 1.0～1.02；$K_{L,\max}^{TC}$ 为 OLTC 相邻两次动作最大挡位限值；$n_{R,t}^{SCB}$ 为准稳态无功备用预留电容器组数，用于反馈校正日前运行计划。

此外，为抑制配电网功率波动对上级电网的影响，将配电网根节点关口交换功率及功率因数约束在一定范围内[84],[162]，即

$$\begin{cases} P_{\min}^0 \leqslant P_t^0 \leqslant P_{\max}^0 \\ Q_{\min}^0 \leqslant Q_t^0 \leqslant Q_{\max}^0 \end{cases} \tag{4-25}$$

$$F_{t,\min} \leqslant \frac{P_t^0}{\sqrt{(P_t^0)^2 + (Q_t^0)^2}} \leqslant F_{t,\max} \tag{4-26}$$

式中：P_t^0、Q_t^0 分别为配电网根节点与主网交换有功、无功功率；$P_{\max}^0$、$P_{\min}^0$ 分别为配电网根节点与主网交换有功功率最大值、最小值；$Q_{\max}^0$、$Q_{\min}^0$ 分别为配电网根节点与主网交换无功功率最大值、最小值，$Q_{\min}^0$ 置为 0 以避免无功回流；$F_{t,\min}$、$F_{t,\max}$ 为关口功率因数限值，高峰时段取 0.95～1.0，低谷时段取 0.92～0.95。

（3）电压稳定风险约束。

不确定性因素的存在使配电系统电压越限甚至失稳，动态无功储备对支撑系统电压稳定至关重要，若要满足系统所有情况下电压稳定在约束范围内，动态无功储备需求较高，削弱运行经济性，事实上某些极端情况发生概率很小。采用机会约束规划建立系统电压稳定性风险约束模型，以满足动态感性/容性无功储备指标为约束条件，即

$$\begin{cases} P_r\{\sum(Q_{\max,t}^{RDG} - Q_t^{RDG})/Q_t^{load} \geqslant \varphi_Q^{cap}\} \geqslant \alpha \\ P_r\{\sum(Q_t^{RDG} - Q_{\min,t}^{RDG})/Q_t^{load} \geqslant \varphi_Q^{ind}\} \geqslant \alpha \end{cases} \tag{4-27}$$

式中：$P_r\{\}$ 为事件成立的概率；α 为预设置信水平；Q_t^{RDG}、$Q_{\max,t}^{RDG}$、$Q_{\min,t}^{RDG}$ 分别为 RDG 时段 t 内无功出力、感性无功极限和容性无功极限；Q_t^{load} 为系统时段 t 内无功需求；φ_Q^{cap}、φ_Q^{ind} 分别为系统动态感性、容性无功储备指标。

4.3.2.6 日内滚动调控优化模型

1. 目标函数

日内运行参考日前优化方案执行，并借助实时更新的风速、光照和负荷超短期预测

信息，滚动优化 RDG 无功补偿量，平抑各馈线节点电压波动，提高运行稳定性和电能质量。日内滚动优化以电压总偏差及相邻时段波动最小为目标，描述为

$$\min f(x) = \sum_{i=1}^{n} \left(\left| (U_{i,t} - \Delta U_{i,t}) - U_{i,t}^{\text{ref}} \right| + \left| (U_{i,t} - \Delta U_{i,t}) - U_{i,t-1}^{\text{ref}} \right| \right) \tag{4-28}$$

式中：$U_{i,t}$ 为时段 t 节点 i 超短期预测电压值，根据日前稳态节点电压和电压/无功灵敏度矩阵，由各节点有功/无功偏差计算得到；$\Delta U_{i,t}$ 为电压调节量；$U_{i,t}^{\text{ref}}$ 为节点电压日前优化参考值；$U_{i,t-1}^{\text{ref}}$ 为时段 $t-1$ 的实际电压值。

相关约束条件包括节点电压约束和 RDG 无功出力约束。

2. 电压/功率灵敏度模型

配电网阻抗比值大，各节点有功、无功变化均影响系统电压调控，从电压/功率灵敏度角度出发，精细化调节 RDG 无功出力来调控系统电压。基于交流潮流方程，在稳态解处对非线性潮流方程线性化，得到矩阵表达式[163]

$$\begin{bmatrix} \Delta \boldsymbol{P} \\ \Delta \boldsymbol{Q} \end{bmatrix} = \begin{bmatrix} \dfrac{\partial \boldsymbol{P}}{\partial \boldsymbol{\theta}} & \dfrac{\partial \boldsymbol{P}}{\partial \boldsymbol{U}} \\ \dfrac{\partial \boldsymbol{Q}}{\partial \boldsymbol{\theta}} & \dfrac{\partial \boldsymbol{Q}}{\partial \boldsymbol{U}} \end{bmatrix} \begin{bmatrix} \Delta \boldsymbol{\theta} \\ \Delta \boldsymbol{U} \end{bmatrix} = \boldsymbol{J} \begin{bmatrix} \Delta \boldsymbol{\theta} \\ \Delta \boldsymbol{U} \end{bmatrix} \tag{4-29}$$

式中：$\boldsymbol{P}$、$\boldsymbol{Q}$ 分别为节点注入有功、无功功率变化量矩阵；$\boldsymbol{\theta}$、$\boldsymbol{U}$ 分别为节点电压相角及幅值变化量矩阵；$\boldsymbol{J}$ 为雅克比矩阵。

对式（4-29）求逆，可得

$$\begin{bmatrix} \Delta \boldsymbol{\theta} \\ \Delta \boldsymbol{U} \end{bmatrix} = \boldsymbol{J}^{-1} \begin{bmatrix} \Delta \boldsymbol{P} \\ \Delta \boldsymbol{Q} \end{bmatrix} = \boldsymbol{S} \begin{bmatrix} \Delta \boldsymbol{P} \\ \Delta \boldsymbol{Q} \end{bmatrix} = \begin{bmatrix} \boldsymbol{S}_{P\theta} & \boldsymbol{S}_{Q\theta} \\ \boldsymbol{S}_{PU} & \boldsymbol{S}_{QU} \end{bmatrix} \begin{bmatrix} \Delta \boldsymbol{P} \\ \Delta \boldsymbol{Q} \end{bmatrix} \tag{4-30}$$

式中：$\boldsymbol{S}_{PU}$、$\boldsymbol{S}_{QU}$ 分别为节点注入单位有功和无功功率电压幅值变化量，代表有功、无功功率影响节点电压的能力；$\boldsymbol{S}_{P\theta}$、$\boldsymbol{S}_{Q\theta}$ 分别为节点注入单位有功和无功功率电压相角变化量矩阵。

配电网电压幅值与有功/无功变化量序列 $\Delta \boldsymbol{P}$ 和 $\Delta \boldsymbol{Q}$ 关系可表示为

$$\Delta \boldsymbol{U} = \boldsymbol{S}_{PU} \Delta \boldsymbol{P} + \boldsymbol{S}_{QU} \Delta \boldsymbol{Q} \tag{4-31}$$

配电网系统中，节点 i 电压除受自身有功/无功变化影响外，还受其他节点 ΔP_j 和 ΔQ_j 注入影响，节点 i 电压可表示为

$$U_i = U_i^0 + \sum_{j=1}^{N} S_{PU,ij} \Delta P_j + \sum_{j=1}^{N} S_{QU,ij} \Delta Q_j \tag{4-32}$$

式中：U_i^0 为节点 i 稳态电压；$S_{PU,ij}$、$S_{QU,ij}$ 分别为 $\boldsymbol{S}_{PU}$ 和 $\boldsymbol{S}_{QU}$ 的元素。

3. 反馈校正动作阈值

负荷和 RDG 出力超短期预测与日前预测偏移量较大时，需深度调用 RDG 动态无功补偿，抑制配电网电压越限风险。若动态无功裕度不足，应及时反馈校正日前运行方案，由稳态设备承担大尺度补偿，确保后续时域安全稳定运行。反馈校正可采用定时启动和定值启动两种方式，定时启动操作管理简单，但难以及时跟踪系统运行时况。因此，通过评估系统运行状态，设置反馈校正启动阈值，动态决策反馈校正动作。采用滑动平均

滤波方法[164]将 RDG 动态无功补偿量分离为快变分量和慢变分量。滑动平均滤波方法时间窗通常是对滤波点及之前有限时域内的历史性快照，鉴于滑动平均滤波方法与滚动预测的结合，将时间窗进行前推扩展，得

$$Q_t^{\text{slow}} = \begin{cases} \dfrac{\displaystyle\int_t^{t+T_{\text{MA}}} Q_{t'}^{\text{com}} \mathrm{d}t'}{T_{\text{MA}}}, & t \leqslant T - T_{\text{MA}} \\[4mm] \dfrac{\displaystyle\int_t^{T} Q_{t'}^{\text{com}} \mathrm{d}t'}{T - t}, & T - T_{\text{MA}} < t \leqslant T \end{cases} \tag{4-33}$$

$$Q_t^{\text{fast}} = Q_t^{\text{com}} - Q_t^{\text{slow}} \tag{4-34}$$

式中：Q_t^{com} 为时段 t 无功补偿量；Q_t^{slow}、Q_t^{fast} 分别为时段 t 无功补偿量分离的慢变分量和快变分量；T_{MA} 为滑动平均滤波时间常数，取 MPC 预测时域。

以动态无功储备一定比例为预置阈值，Q_t^{slow} 触发阈值则启动反馈校正，优化调整日前运行计划。否则，动态无功补偿可完全由 RDG 承担。

4. RDG 无功调控策略

RDG 快速响应无功补偿需求，滚动调控配电系统各馈线节点电压回归至合理范围内。如图 4-13 所示，其具体策略如下：

（1）根据 RDG 有功出力、各节点有功/无功负荷超短期预测值，计算与日前预测偏差，形成各节点有功/无功偏差向量：$\Delta \boldsymbol{P} = [\Delta P_1, \Delta P_2, \cdots, \Delta P_N]^{\text{T}}$，$\Delta \boldsymbol{Q} = [\Delta Q_1, \Delta Q_2, \cdots, \Delta Q_N]^{\text{T}}$。

（2）根据稳态潮流有功/无功-电压灵敏度矩阵，计算各节点电压幅值偏移量，[见式（4-31）]，并由稳态电压分布，计算各节点超短期预期电压值。

（3）优化求解 RDG 无功补偿量，使各节点调整后电压幅值相较于参考电压偏移量最小。

（4）考虑 RDG 并网点无功注入变化，特别是深度补偿及不同 RDG 反向调节时，容易导致个别节点电压再度偏离预期值。因此，以调节后电压分布为参考，重复上述过程，直至各节点电压两次调整后，幅值偏移量误差在规定范围内，滚动调控结束。

4.3.2.7 反馈校正优化

反馈校正调整日前运行方案，即为全周期后续时域内的日前优化过程，运行经济性优化目标与日前优化一致，即

图 4-13 滚动优化调控流程图

$$\min f_{\text{adj},1}(x) = \sum_{t=1}^{T} (\pi_t P_{\text{loss},t} + \lambda^{\text{RDG}} C_{Q,t}^{\text{RDG}} + \lambda^{\text{TC}} C_t^{\text{TC}} + \lambda^{\text{SCB}} C_t^{\text{SCB}}) \tag{4-35}$$

考虑无功调压"自律-协同"[83]的实际需求，日内调整尽可能降低对上级电网影响，控制配电网对全局系统表现出"友好"外部性，特别是主网无功不足时，调整 OLTC 挡

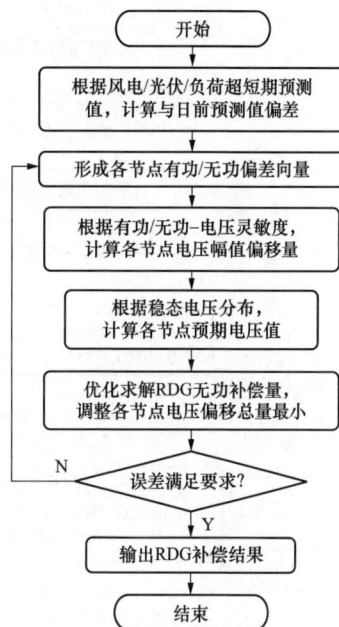

位仅改变无功分布，将加剧无功短缺而引发电压崩溃。因此，反馈校正应避免 OLTC 挡位调整，并保障充足动态无功储备，权重系数设置为 $\lambda^{\mathrm{TC}} \geqslant \lambda^{\mathrm{RDG}} \geqslant \lambda^{\mathrm{SCB}}$。

此外，在满足运行约束的前提下，后续低扰动时段尽可能执行日前运行计划，保障全周期运行经济性和系统稳定性，设置最小调整量优化目标，即

$$\min f_{\mathrm{adj},2} = \sum_{t=1}^{T} \left(\left| Q_t^{\mathrm{RDG}} - Q_t^{\mathrm{RDG}'} \right| + \beta_1 \left| K_t^{\mathrm{TC}} - K_t^{\mathrm{TC}'} \right| + \beta_2 \left| N_t^{\mathrm{SCB}} - N_t^{\mathrm{SCB}'} \right| \right) \tag{4-36}$$

式中：$Q_t^{\mathrm{RDG}'}$ 为调整后的 RDG 无功出力；$K_t^{\mathrm{TC}'}$ 为 OLTC 调整后的抽头位置；$N_t^{\mathrm{SCB}'}$ 为调整后的电容器组投运数；β_1、β_2 为权重系数，确保 OLTC 分接头和电容器组投运调整量，与 RDG 无功出力调整量数量级一致。

将式（4-36）以惩罚项的形式融入式（4-35）中，避免量纲不同而难以求解，则反馈校正优化目标函数表示为

$$\min f_{\mathrm{adj}} = f_{\mathrm{adj},1} + \lambda_{\mathrm{adj},2} f_{\mathrm{adj},2} \tag{4-37}$$

式中：$\lambda_{\mathrm{adj},2}$ 为惩罚系数。

反馈校正优化模型约束条件与日前优化约束条件一致，包括潮流方程约束，节点电压、RDG 无功出力、OLTC 挡位、SCB 投切组数等控制变量约束、电压稳定风险约束。

4.3.2.8 优化算法

配电网无功电压调控问题呈现非线性、多约束、多类型设备特性差异显著等特征。因此，日前优化和反馈校正优化阶段采用二进制编码遗传算法求解，迭代过程中融合概率约束求解，将 OLTC 挡位、并联电容器组等离散变量连续化处理，保持寻优路径平滑渐进；采用精英保留策略，避免交叉、变异等遗传操作随机性破坏优秀染色体；交叉率、变异率采用自适应方式防止陷入局部寻优。遗传算法流程如图 4-14 所示。日内滚动优化目标函数为关于 RDG 无功补偿量的线性绝对值函数，可转化为多元二次函数，应用二次规划方法求解，不再赘述。

4.3.3 配电网动态分区无功优化

4.3.3.1 分区准则及衡量指标

1. 分区准则

配电系统无功电压分区需要满足以下要求：

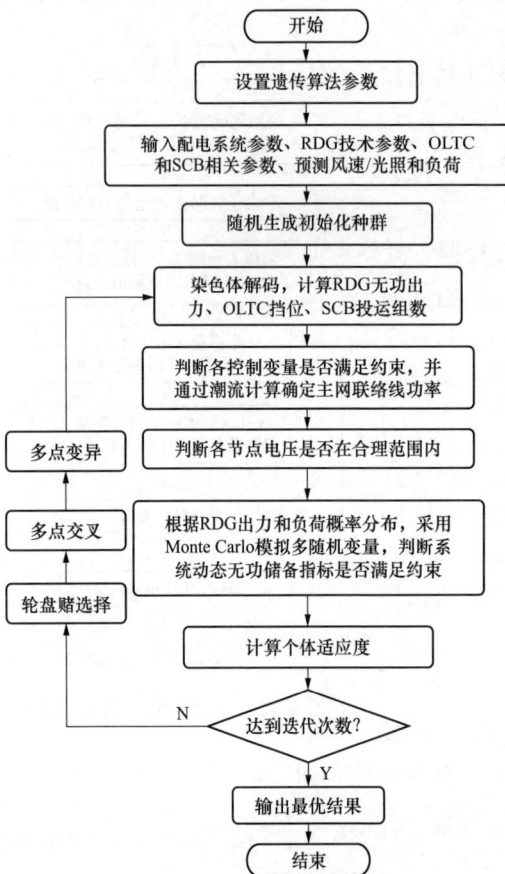

图 4-14 融合概率约束求解
的遗传算法流程图

（1）保证各分区内节点间电气强耦合，各分区间电气弱耦合，以减少分区间无功电压控制的相互影响。

（2）保证各分区内无功平衡并预留一定无功储备，合理分配动态无功资源，确保分区内部对节点电压动态变化的调节。

（3）同一分区内各节点保持连通性，即同一分区中各节点间直接或间接相连，而非经其他分区节点方可相连。

（4）避免孤立节点，即分区内至少含两个节点，且各分区无重复节点。

2.　模块度函数指标

社团结构是复杂网络的一个重要属性，是网络中一组相互之间相似性较大而与其他节点相似性较小的节点集合，复杂网络由若干个社团组成[165],[166]。Girvan 和 Newman 等人提出模块度函数的概念，拓展到加权网络之中，用以衡量复杂网络社团结构特性，并确定最优分区数目[167],[168]，即

$$\rho = \frac{1}{2m} \sum_i \sum_j \left(A_{ij} - \frac{k_i k_j}{2m} \right) \delta(i,j) \tag{4-38}$$

$$k_i = \sum_j A_{ij} \tag{4-39}$$

$$m = \left(\sum_i \sum_j A_{ij} \right) / 2 \tag{4-40}$$

式中：A_{ij} 为连接节点 i 和节点 j 的边的权重，当节点 i 和节点 j 直接相连时 $A_{ij}=1$，不相连时 $A_{ij}=0$；k_i 为所有与节点 i 相连的边的权重之和；m 为网络中所有边的权重之和；$\delta(i,j)$ 为 0-1 变量函数，若节点 i 与节点 j 在同一分区，则 $\delta(i,j)=1$，否则 $\delta(i,j)=0$。

根据模块度定义，模块度 ρ 取值严格小于 1，模块度越高，社团内部越紧密，外部越稀疏，网络的社团结构越合理。因此，可以通过搜索所有连接方式中的模块度最大值确定最优网络分区。为准确描述节点间电气耦合度，本章中节点间的权重主要由电压无功灵敏度决定，即

$$A_{ij} = \frac{S_{QU,ij} + S_{QU,ji}}{2} \tag{4-41}$$

不同节点间灵敏度大小与节点间的阻抗相关，而节点间阻抗又与节点间地理属性直接相关，因此以电压无功灵敏度为权重进行初始分区可在一定程度上保证区域间节点的连通性和电气耦合。

3.　分区动态无功储备指标

动态无功储备充裕有助于配电网应对各种扰动引起电压波动，对维持系统电压稳定具有重要作用。SCB 属于静态无功设备，动态无功储备主要由 RDG 提供。为避免分区紧急控制难以响应或无功资源过剩，需均衡分配 RDG 动态无功资源。因此，制定分区动态无功储备指标 β_i 为

$$\beta_i = \begin{cases} \dfrac{Q_{G,i}}{Q_{L,i}} & Q_{G,i} < Q_{L,i} \\ 1 & Q_{G,i} \geqslant Q_{L,i} \end{cases} \tag{4-42}$$

式中：$Q_{G,i}$ 为分区 i 可用动态无功裕度；$Q_{L,i}$ 为区内负荷无功需求。

分区结果必须满足各区域无功储备指标 β_i 大于预置值。

4.3.3.2 配电网动态分区方法

1. 分区优化模型

配电网动态分区可分为三步：①初步合并；②初始分区；③分区调整。其中，初始分区与分区调整优化目标函数描述为

$$\max f = \rho \tag{4-43}$$

分区无功储备约束为

$$\beta_i \geqslant \alpha \tag{4-44}$$

式中：ρ 为配电网的模块度函数；β_i 为分区 i 的动态无功储备；α 为常数，取 20%。

若存在分区不满足无功储备约束，则执行分区调整。

2. 动态分区方法

动态无功电压分区步骤如下：

（1）计算配电网总动态无功储备 β，若满足要求，初始化配电网分区，以各节点作为一个独立子分区。

（2）根据配电网辐射状结构特征进行初步合并：若某支路含 RDG 节点，且非末端节点，则将距该支路末端最近 RDG 节点连同末端之间的节点合并到一个分区，合并后的分区作为 RDG 节点（即分区中包含 RDG 节点）处理；若某支路所有节点均为非 RDG 节点，则该支路所有节点连同其分支根节点合并到一个分区，合并后的分区作为负荷节点处理，如图 4-15 所示。

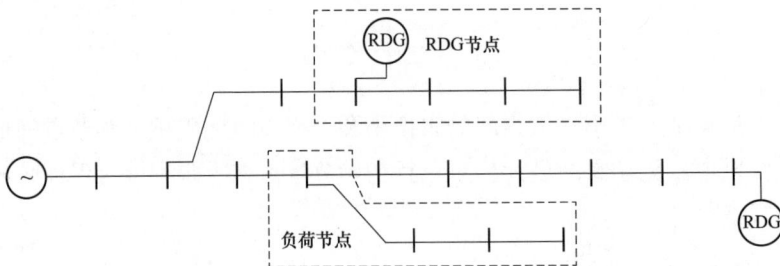

图 4-15　节点合并示例图

（3）以式（4-43）目标函数为衡量指标进行初始分区。从 RDG 节点开始，每次合并两节点形成新分区，两节点中必须含一个 RDG 节点且至少含一个孤立节点（独立成分区的节点），合并后的分区作为 RDG 节点。

（4）重复步骤（3）继续执行分区过程，直至所有孤立节点合并完毕，初始分区完成。

（5）计算各分区无功储备 β_i，判断是否需要分区调整。

（6）若某分区 β_i 不满足式（4-44）无功储备约束，则与相邻无功储备充裕的分区合并，直至所有分区均满足无功储备约束，保留当前分区方案，执行步骤（7）。

（7）若所有分区 β_i 满足式（4-44），则根据式（4-43）目标函数进行分区合并优化，直至模块度函数最大，分区过程停止，获取最优分区结果。分区算法流程如图4-16所示。

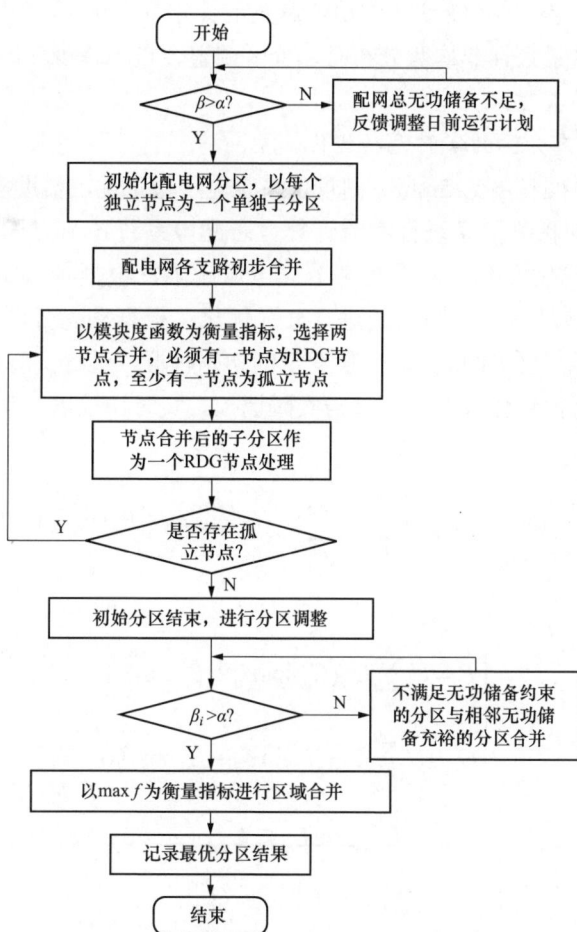

图 4-16　分区算法流程图

整个分区过程中，初始分区以 RDG 节点为分区中心，保证每个分区均含有动态无功源，从而在初始分区过程中尽可能满足分区无功储备要求；模块度函数表征不同节点间耦合程度，以此为衡量指标可满足分区内节点电气强耦合，区域间节点电气弱耦合要求。基于模块度最优化的社团发现算法主要有层次聚类算法[169]和人工智能算法[170]。其中，层次聚类算法准确度较高，但复杂度随网络规模扩大明显增加，为弥补其缺陷，根据配电网结构特征，首先对每条支路进行初步合并，然后在初始分区过程中限制每次聚类合并两点中必须有一点为 RDG 节点，且至少有一点为孤立节点，从而通过引导性层次聚类降低算法时间复杂度，有利于动态分区与实时无功优化快速性需求相匹配。

此外，RDG 出力随机性容易导致可用动态无功电源非均衡分布，难以保证初始分区后各分区均满足无功储备要求。若在初始分区中增加无功储备约束，分区复杂度极大增加，且容易出现连通性约束破坏的现象，限制初始分区采用模块度函数可自动满足连通性约束的固有优点。因此，根据实际情况调整初始分区，调整后分区数目由优化结果自动确定，无需提前设定；当系统动态无功容量充足且分布均衡时，分区数目会相应增加；当可用动态无功容量紧张且非均衡分布时，分区调整会自动减少分区数目来保证各分区内的无功储备满足要求。

4.3.3.3 考虑动态分区的实时无功优化模型

实时滚动调控时间粒度为 5min，侧重于系统电压稳定性，借助实时更新的 RDG 出力、负荷需求超短期预测信息进行潮流计算，若配电系统各节点未出现电压越限，则严格执行日前无功优化方案；若系统某节点电压越限，根据各 RDG 无功裕度计算系统总无功储备，若满足需求，则系统进行分区优化；根据动态分区结果，在遗传算法中只随机生成电压越限区 RDG 无功补偿变量的初始种群，进行实时优化；OLTC、SCB 等离散设备扔执行日前优化方案，不参与实时调控。实时调控以有功网损最小为优化目标，即

$$\min F = P_{\text{loss}} = \sum_{i=1}^{n} U_i \sum_{j=1}^{n} U_j (G_{ij} \cos \delta_{ij} + B_{ij} \sin \delta_{ij}) \tag{4-45}$$

约束条件为

$$\begin{cases} P_i = U_i \sum_{j=1}^{n} U_j (G_{ij} \cos \delta_{ij} + B_{ij} \sin \delta_{ij}) \\ Q_i = U_i \sum_{j=1}^{n} U_j (G_{ij} \sin \delta_{ij} - B_{ij} \cos \delta_{ij}) \end{cases} \tag{4-46}$$

$$U_{i,\min} \leqslant U_i \leqslant U_{i,\max} \tag{4-47}$$

$$Q_{i,\min}^{\text{RDG}} \leqslant Q_i^{\text{RDG}} \leqslant Q_{i,\max}^{\text{RDG}} \tag{4-48}$$

式中：P_{loss} 为网络损耗；P_i、Q_i 分别为各节点注入的有功和无功；n 为网络节点数；U_i、U_j 分别为节点 i 和 j 的电压幅值；G_{ij}、B_{ij}、δ_{ij} 分别为节点 i 和 j 之间的电导、电纳和相角差；$U_{i,\max}$、$U_{i,\min}$ 分别为节点 i 电压上、下限值；$Q_{i,\min}^{\text{RDG}}$、$Q_{i,\max}^{\text{RDG}}$ 分别为 RDG 无功出力最小值、最大值。

RDG 接入位置不同对配电网无功电压支撑贡献不同，且各 RDG 无功出力深度亦会直接影响调压效果。通过调用电压越限节点所在分区内最小距离存留无功裕度的 RDG 承担主要调节任务，降低电压调节对其他分区的影响，且减少无功功率远距离流动。此

外，系统内总无功储备不足或分区不再执行（分区数目减少到1）时，若实时无功优化后仍存在节点电压越限，则启动反馈校正，对 OLTC、SCB 动作状态和 RDG 出力等日前运行方案进行重新优化校正。

4.3.4 配电网多时空尺度无功优化

4.3.4.1 配电网多时空尺度电压无功调控框架

1. 多时空尺度电压无功调控框架

配电网内负荷/电源类型多样性、接入分散性及无功补偿局部性特征，决定了无功电压调节需兼顾全局优化与局部自治；RDG 出力随机性和负荷波动性带来系统运行态势时变性，需多时间尺度调控协调配合。鉴于此，采用"自律协同"和"模型预测控制"思想，建立配电网多时空尺度无功优化模型，在空间域进行全局协调优化和分区自律调控，对各层分别建模，提升调控精度；在时间域逐层细化预测信息，逐步削弱预测误差影响；通过"层层递进，逐层细化"，实现系统无功电压调控适配状态。配电网多时空尺度无功优化框架如图 4-17 所示，包括"全局协同优化""分区自律调控""全局协同调控与反馈校正"三层。

全局协同优化包含全局无功优化和动态分区两个环节。全局无功优化根据配电网内 RDG 出力、负荷等完全预测信息，以系统运行经济性和负荷均衡分布为目标，优化全系统 OLTC、SCB、RDG 等无功设备运行状态，以及遥控开关投切状态，获取最佳网络拓扑结构和经济运行方案，实现全局意义下的电压合理分布，并预留充足动态无功储备响应系统扰动。动态分区基于各 RDG 时变运行态势、负荷变化趋势及网架拓扑结构，并按照"地理属性相似、电气耦合连接"原则将配电系统动态划分为不同区域，实现空间解耦，且保证分区内动态无功储备充裕。

分区自律调控核心是调用子区域内快速无功补偿资源，将注入量脉动导致的时变状态量控制在目标范围内，使子区域对全局系统在边界上表现出"友好"外部性。根据全局协同优化稳态潮流，计算电压/功率和网损/功率灵敏度矩阵，作为分区调控数据基础；基于动态分区结果，建立本区域调控优化模型，以将越限节点电压拉回合理水平，降低电压偏差为首要调控目标，并在此基础上进一步降低分区网损。

单一时间断面调控难以兼顾时间常数迥异无功调节设备的时序配合和功率脉动诱发的电压波动平抑。因此，时间尺度上选择全局协同优化一天为周期，1h 为时间粒度，向分区自律调控 5min 时间粒度递进，并在每层嵌入 MPC 的"预测模型""滚动优化"和"反馈校正"三个模块。其中：分区自律调控预测时域取 1h，即 12 个时点，每次仅取第一个时点下发调控指令；若预测时域内某时点 RDG 动态无功补偿无法满足局部调压需求，则反馈预校正分区稳态无功运行方案；若反馈预校正后可满足本区调压需求，则执行预校正方案，否则启动全局反馈校正。

分区自律调控过程中，子分区间的松散电气耦合仍会对相邻分区产生微弱影响，特别是子分区电压稳定裕度不足时，容易导致二次越限。因此，在各分区调控结束后，返回全局层面检测节点电压，进行全局协同调控，通过微调存在电压二次越限节点所在分区的动态无功源，进一步消除电压越限，提高调控精度。

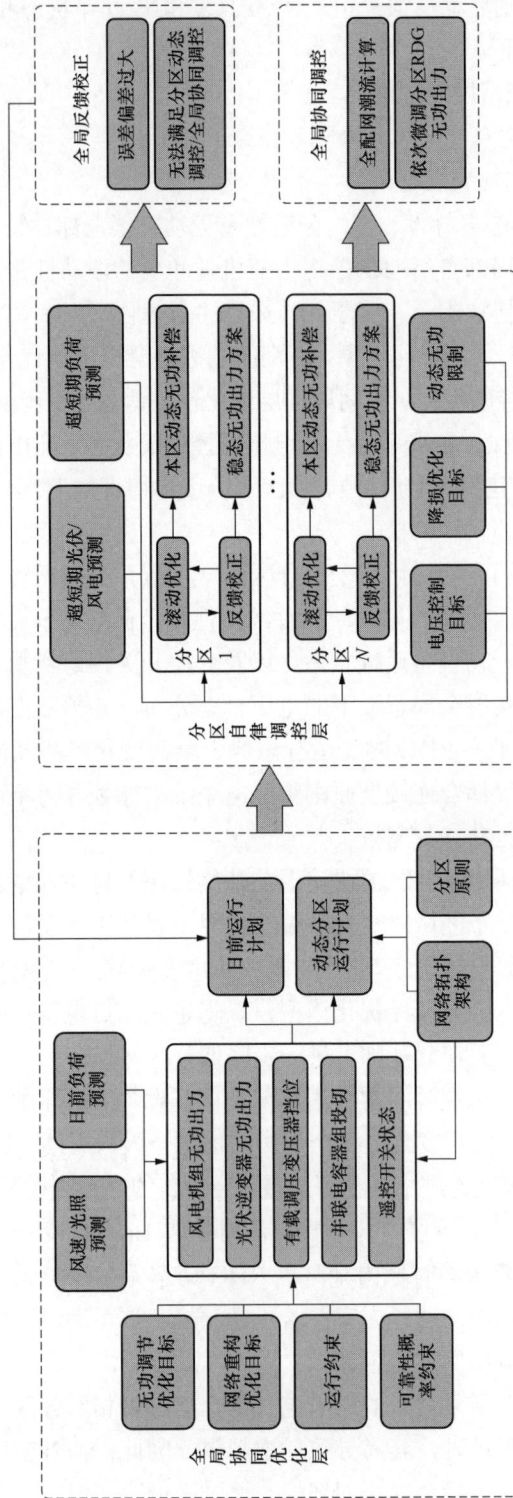

图 4-17 配电网多时空无功优化框架

2. 不确定因素分析及多场景建模

风速和光照预测值、风电机组和光伏逆变器有功出力，以及负荷的概率密度分布和累计分布函数见文献［156］，此处不再赘述。

场景分析法用最少场景最大限度地拟合随机变量特性，以确保优化评估整体效率。采用基于 Wasserstein 距离的最优场景生成法[153]将 RDG 有功出力、有功/无功负荷等连续随机变量，根据其概率分布离散生成场景集合，并采用同步回代缩减法进行场景缩减，形成典型场景。

4.3.4.2　配电网日前全局协调优化模型

配电网线路阻抗比值大、有功损耗高，影响系统运行经济性；居民/工商业等多类型负荷特性差异鲜明，风电/光伏等间歇性 RDG 高密度分散接入，容易导致线路负载非均衡分布，特别是重载运行，存在安全隐忧。因此，日前全局协调优化以综合成本最小和网络重构负荷最佳均衡为目标，获取运行方案的经济性和可靠性双重效益。

1. 运行经济性优化目标

综合成本包括网损成本、RDG 无功调节成本、OLTC 损耗及动作成本、SCB 动作成本、遥控开关动作成本等，目标函数描述为

$$\min f_1^{\text{glob}}(\boldsymbol{x}) = \sum_{t=1}^{T}[\pi_t \cdot (P_{\text{loss},t}^{\text{net}} + P_{\text{loss},t}^{\text{TC}}) + C_t^Q] \tag{4-49}$$

$$P_{\text{loss},t}^{\text{net}} = \sum_{i=1}^{n} U_{i,t} \sum_{j=1}^{n} U_{j,t}(G_{ij}\cos\delta_{ij} + B_{ij}\sin\delta_{ij}) \tag{4-50}$$

$$\begin{aligned} C_t^Q(\boldsymbol{x}) = {} & \lambda^{\text{TC}} \cdot C_t^{\text{TC}}(x_t^{\text{TC}}) + \lambda^{\text{SC}} \cdot C_t^{\text{SC}}(x_t^{\text{SC}}) \\ & + \lambda^{\text{RDG}} \cdot C_{Q,t}^{\text{RDG}}(x_t^{\text{RDG}}) + \lambda^{\text{NR}} \cdot C_t^{\text{NR}}(x_t^{\text{NR}}) \end{aligned} \tag{4-51}$$

式中：$\boldsymbol{x}$ 为控制变量矩阵，$\boldsymbol{x} = [x_t^{\text{TC}}; x_t^{\text{SC}}; x_t^{\text{RDG}}; x_t^{\text{NR}}]$，$x_t^{\text{TC}}$、$x_t^{\text{SC}}$、$x_t^{\text{RDG}}$、$x_t^{\text{NR}}$ 分别表示 OLTC 挡位、SCB 投切状态、RDG 无功出力、遥控开关状态；$P_{\text{loss},t}^{\text{net}}$ 为配电网有功损耗；$P_{\text{loss},t}^{\text{TC}}$ 为 OLTC 损耗；t 为时段索引编号；T 为总时段数；π_t 为网损电能边际价格；C_t^Q 为系统无功调节总成本；n 为网络节点数；$U_{i,t}$、$U_{j,t}$ 分别为时段 t 节点 i 和 j 的电压幅值；G_{ij}、B_{ij}、δ_{ij} 分别为节点 i 和 j 之间的电导、电纳和相角差；C_t^{TC}、C_t^{SC} 分别 OLTC 动作成本、SCB 投切成本；$C_{Q,t}^{\text{RDG}}$、C_t^{NR} 分别为风电机组/光伏逆变器无功出力成本、遥控开关动作成本；λ^{TC}、λ^{SC}、λ^{RDG}、λ^{NR} 分别为 OLTC、SCB、RDG 调压成本及网络重构成本权重系数，引导不同设备调用程度。

2. 网络重构负荷均衡优化目标

网络重构设置系统负荷均衡最优目标，扩大系统安全裕度，避免功率波动将系统带入紧急状态甚至失稳[171]~[173]，即

$$\min B_i = \sum_{i=1}^{n}\left(\frac{S_i}{S_{i,\max}}\right) = \sum_{i=1}^{n}\left(\frac{\sqrt{P_i^2 + Q_i^2}}{S_{i,\max}}\right) \tag{4-52}$$

式中：S_i 为支路 i 的注入复功率；$S_{i,\max}$ 为支路 i 允许的最大复功率。

3. 设备调压成本模型

（1）OLTC 调压成本。

OLTC 损耗包括固定损耗和变动损耗，改善配电网电压的同时，可能增加变压器损耗，描述为

$$P_{loss,t}^{TC} = \Delta P_t^{fix} + \Delta P_t^{var} \tag{4-53}$$

$$\Delta P_t^{fix} = (U / U_e) \sum \Delta P_0 \tag{4-54}$$

$$\Delta P_t^{var} = \{[(P_t^{TC})^2 + (Q_t^{TC})^2] / U^2\} \cdot R \tag{4-55}$$

式中：ΔP_t^{fix}、ΔP_t^{var} 分别为 OLTC 固定损耗和可变损耗；P_t^{TC}、Q_t^{TC} 分别为 OLTC 传输有功、无功功率；U 为实际运行电压；U_e 为额定电压；ΔP_0 为空载损耗；R 为等值电阻。

（2）RDG 无功调控特性及成本模型。

RDG 无功调节成本包含损耗成本和机会成本两部分。损耗成本主要源于无功输出增加的变换器有功损耗，可表示为无功功率线性函数；机会成本为 RDG 剪切有功扩大无功补偿产生的成本，即

$$C_{Q,t}^{RDG} = \begin{cases} c \cdot Q_t^{RDG} & Q_t^{RDG} \leqslant Q_{t,max}^{RDG} \\ c \cdot Q_t^{RDG} + \pi_t \cdot \Delta P_t^{RDG} & Q_t^{RDG} > Q_{t,max}^{RDG} \end{cases} \tag{4-56}$$

式中：c 为 RDG 无功出力成本系数，DIFG 风电机组和光伏逆变器取值不同；ΔP_t^{RDG} 为弃风/弃光电量。

此外，OLTC 单次动作成本、SCB 投切成本模型参见文献[81]；遥控开关动作成本模型参见文献[174]。

4. 约束条件

（1）光伏逆变器有功/无功出力约束。

光伏逆变器利用自身无功控制功能为配电系统提供电压支撑，可调无功范围受逆变器容量限制，即

$$(Q^{PV})^2 \leqslant (S^{inv})^2 - (P^{PV})^2 \tag{4-57}$$

式中：Q^{PV} 为变器无功输出容量；P^{PV} 为光伏逆变器有功出力；S^{inv} 为逆变器容量，为额定有功容量的 1.0～1.1 倍。

（2）DFIG 风电机组有功/无功出力约束。

根据 DFIG 风电机组运行特性，DFIG 无功功率由定子侧变流器和网侧变流器共同决定。其中，定子侧无功极限同时受定子侧电流及转子侧电流限制见式（4-58）、式（4-59），网侧无功极限受变流器容量限制见式（4-60）。

$$\left(\frac{P_m}{1-s}\right)^2 + (Q_s)^2 \leqslant (U_s I_{s,max})^2 \tag{4-58}$$

$$\left(\frac{P_m}{1-s}\right)^2 + \left(Q_s + \frac{3U_s^2}{2\omega_1 L_s}\right)^2 \leqslant \left(\frac{3L_m}{2L_s} U_s I_{r,max}\right)^2 \tag{4-59}$$

$$\left(\frac{sP_{\mathrm{m}}}{1-s}\right)^2 + (Q_{\mathrm{c}})^2 \leqslant (S_{\mathrm{c,max}})^2 \tag{4-60}$$

式中：P_{m} 为风电机组输入机械功率，由捕获风能大小决定；Q_{s}、Q_{c} 分别为定子侧注入无功功率和网侧变换器从电网中输入的无功功率；$I_{\mathrm{s,max}}$、$I_{\mathrm{r,max}}$ 分别为定、转子电流最大值；s 为转差率，$s = (\omega_1 - \omega_{\mathrm{r}})/\omega_1$，$\omega_1$、$\omega_{\mathrm{r}}$ 分别为同步旋转角速度和转子旋转角速度；U_{s} 为定子电压有效值；$S_{\mathrm{c,max}}$ 为网侧换流器容量限值。

（3）配电网拓扑放射结构约束。

为保护整定和减小短路电流，一般要求配电网呈辐射状运行，即网络中无"回路"和"孤岛"拓扑结构，表示为[175]

$$s.t. \begin{cases} \sum\limits_{(i,j)\in\Phi_l} z_{i,j} = n_{\mathrm{b}} - n_{\mathrm{s}} \\ z_{i,j} \in \{0,1\}, \forall (i,j) \in \Phi_l \end{cases} \tag{4-61}$$

式中：$z_{i,j}$ 为支路 ij 投切状态二元变量：0—支路断开，1—支路闭合；n_{b}、n_{s} 分别为配电网节点总数和根节点数。

辐射状网络可抽象为图论中"树"结构，每条馈线为一棵树，根节点对应树的根，节点对应树的节点，支路对应树的边，同时需满足"总边数等于节点数减根数"。

（4）运行可靠性约束。

多随机因素混叠增加了配电网系统电压越限甚至失稳风险，动态无功储备水平为衡量系统电压稳定程度的重要指标，若在稳态电压调节时过渡调用，将极大削弱系统抗扰动能力。因此，日前优化以满足动态感性/容性无功储备指标作为运行可靠性约束，即

$$\begin{cases} \sum\limits_{g\in\varphi_{\mathrm{RDG}}} (Q_{\mathrm{max},t}^g - Q_t^g)/Q_t^{\mathrm{load}} \geqslant \varphi_Q^{\mathrm{cap}} \\ \sum\limits_{g\in\varphi_{\mathrm{RDG}}} (Q_t^g - Q_{\mathrm{min},t}^g)/Q_t^{\mathrm{load}} \geqslant \varphi_Q^{\mathrm{ind}} \\ (Q_{\mathrm{max},t}^g - Q_t^g)/Q_t^g \geqslant \varphi_Q^{g,\mathrm{cap}} \\ (Q_t^g - Q_{\mathrm{min},t}^g)/Q_t^g \geqslant \varphi_Q^{g,\mathrm{ind}} \end{cases} \tag{4-62}$$

式中：Q_t^g、$Q_{\mathrm{max},t}^g$、$Q_{\mathrm{min},t}^g$（$g \in \varphi_{\mathrm{RDG}}$）分别为可再生分布式电源 g 在时段 t 内无功出力、感性无功极限和容性无功极限，φ_{RDG} 为 RDG 集合；Q_t^{load} 为系统时段 t 内无功需求；φ_Q^{cap}、φ_Q^{ind} 分别为系统动态感性、容性无功储备指标；$\varphi_Q^{g,\mathrm{cap}}$、$\varphi_Q^{g,\mathrm{ind}}$ 分别为单台 RDG 机组动态感性、容性无功储备指标。

此外，还需要考虑的约束有潮流方程约束；控制变量约束，包括 OLTC 挡位及单次动作约束、SCB 投切组数约束；状态变量约束，包括节点电压约束、配变联络线传输功率和功率因数约束、支路容量约束等。

5. 配电网动态分区方法

（1）分区原则。

仅依据网络拓扑结构和地理属性的静态分区难以适应配电网调控元素多样性、动态重构灵活性特点。因此，以调控资源空间布局为基础，以电气耦合紧密、运行方式相似、

便于分区集中调控且避免无功大范围转移为原则，进行动态分区。此外，为降低局部调控复杂度，以消除某节点电压偏差使分区内其余各节点电压偏差期望最小为原则，选取具有可观性和可控性的主导节点，用以监控分区电压。

（2）分区评价指标。

分区评价指标体系可分为两部分，即结构指标和功能指标[166]。结构上以分区内节点间电气联系紧密，分区间联系松散，选用基于电气距离的模块度函数表示；功能上需兼顾调控性能，分区内"源-荷"匹配协调，确保无功就地平衡，采用分区动态无功储备指标表示。

（3）分区方法实现。

对于含 n 个节点的配电网，采用层次聚类算法实现模块度函数优化。

4.3.4.3 配电网日内分区自律调控模型

1. 目标函数

针对配电网内"源-荷"功率预测偏差容易引起电压越限和网损变化，分区自律调控以抑制电压波动为首要目标，在此基础上进一步降损。最小电压偏差目标函数表示为

$$\min f(x) = \sum_{i=1}^{I_n} \left| (U_{i,t} - \Delta U_{i,t}) - U_{\text{ref}} \right| \tag{4-63}$$

式中：i、I_n 分别为节点编号和分区 n 的节点数；$U_{i,t}$ 为馈线节点 i 超短期预测电压值，根据日前稳态节点电压和电压/功率灵敏度矩阵，由各节点超短期注入有功/无功功率偏差计算得到；U_{ref} 为馈线节点电压参考值；$\Delta U_{i,t}$ 为节点电压调节量，为分区状态变量，由分区内动态无功补偿量 ΔQ_t^{RDG} 计算得到，即 ΔQ_t^{RDG} 为控制变量。

分区自律滚动调控最小网损目标函数为

$$\min f(x) = \sum_{i=1}^{I_n} (S_i^{P_{\text{loss}}P} \cdot \Delta P_j + S_i^{P_{\text{loss}}Q} \cdot \Delta Q_i) \tag{4-64}$$

式中：$S_i^{P_{\text{loss}}P}$、$S_i^{P_{\text{loss}}Q}$ 分别为节 P_i、Q_i 的功率/网损灵敏度，见式（4-67）。

相关约束条件包括节点电压约束、RDG 无功出力约束。

2. 功率/网损灵敏度

网损灵敏度物理概念明确，可快速计算网损随节点功率注入改变情况。由式（4-50）全微分推出，即

$$\frac{\partial P_{\text{loss}}^{\text{net}}}{\partial P_i} = \frac{\partial P_{\text{loss}}^{\text{net}}}{\partial U} \frac{\partial U}{\partial P_i} + \frac{\partial P_{\text{loss}}^{\text{net}}}{\partial \theta} \frac{\partial \theta}{\partial P_i}$$

$$\frac{\partial P_{\text{loss}}^{\text{net}}}{\partial Q_i} = \frac{\partial P_{\text{loss}}^{\text{net}}}{\partial U} \frac{\partial U}{\partial Q_i} + \frac{\partial P_{\text{loss}}^{\text{net}}}{\partial \theta} \frac{\partial \theta}{\partial Q_i} \tag{4-65}$$

其矩阵形式为

$$\begin{bmatrix} \dfrac{\partial P_{\text{loss}}^{\text{net}}}{\partial \theta_i} \\[3mm] \dfrac{\partial P_{\text{loss}}^{\text{net}}}{\partial U_i} \end{bmatrix} = \begin{bmatrix} \dfrac{\partial P_i}{\partial \theta_i} & \dfrac{\partial Q_i}{\partial \theta_i} \\[3mm] \dfrac{\partial P_i}{\partial U_i} & \dfrac{\partial Q_i}{\partial U_i} \end{bmatrix} \begin{bmatrix} \dfrac{\partial P_{\text{loss}}^{\text{net}}}{\partial P_i} \\[3mm] \dfrac{\partial P_{\text{loss}}^{\text{net}}}{\partial Q_i} \end{bmatrix} \tag{4-66}$$

根据矩阵运算法则、潮流方程和雅各比矩阵，系统网损对 P_i、Q_i 注入的灵敏度为

$$
\begin{bmatrix} S_i^{P_{loss}P} \\ S_i^{P_{loss}Q} \end{bmatrix} = \begin{bmatrix} \dfrac{\partial P_{loss}^{net}}{\partial P_i} \\ \dfrac{\partial P_{loss}^{net}}{\partial Q_i} \end{bmatrix} = (J^T)-1 \begin{bmatrix} \dfrac{\partial P_{loss}^{net}}{\partial \theta_i} \\ \dfrac{\partial P_{loss}^{net}}{\partial U_i} \end{bmatrix} \tag{4-67}
$$

3. 滚动调控与反馈校正策略

按照"最大程度调用 RDG 动态无功，最小限度调整稳态运行方案，优先满足电压稳定控制，更进一步降低网络损耗"的原则，制定分区实时滚动自律调控策略、全局协同调控和全局反馈校正策略。

（1）分区自律调控策略。

动态分区在结构和功能指标约束下，子分区一定程度上电压独立可控，且主导节点对分区表现出可观性和可控性。制定分区自律调控策略如下：

步骤1：根据子分区内超短期预测信息和稳态电压/功率灵敏度，快速计算预测时域内主导节点电压偏差和 RDG 动态无功补偿量，若分区内动态无功储备可满足在预测时域内将各时间断面越限电压全部拉回到合理水平，则跳转至步骤4，否则执行步骤2。

步骤2：预测时域某时间断面分区主导节点电压仍然越限，说明分区内动态无功储备不足以响应实时无功补偿，则以调整量最小为原则，反馈预校正该分区内 SCB 投运组数，并根据超短期预测信息进行分区潮流计算和隔离优化。

步骤3：若预校正后可实现预期调压目标，则执行预校正结果，并执行步骤4；若仍然无法满足调压需求，则说明预测时域内超短期预测与日前预测偏离严重，局部电压调控无法满足，启动全局反馈校正。

步骤4：根据功率/网损灵敏度，快速计算局部最优降损的 RDG 动态无功补偿。系统非线性和多峰效应可能导致 RDG 动态无功补偿对改善电压和降低网损呈现反向调节。因此，降损和调压的 RDG 无功补偿满足同向调节，则在电压允许范围内继续调节 RDG 无功出力，否则放弃。

（2）全局协同调控策略。

分区间电气耦合使隔离调控容易引起相邻分区薄弱区域电压再度越限，返回全局层面对二次过电压节点所在分区 RDG 无功出力微调，进一步消除误差。全局协同调控策略如下：

步骤1：根据稳态和动态调控结果，进行全配电网系统潮流计算，检测各分区节点是否二次电压越限，若所有节点电压在合理范围内，则结束；若检测到节点电压越限，则执行步骤2。

步骤2：对越限节点按电压偏差由高到低排序，偏差越大说明所在分区电压裕度越小且与相邻分区耦合越紧密，应优先二次调控；根据电压/功率灵敏度，快速计算分区内 RDG 无功补偿增量。

步骤3：所有存在电压越限的分区二次调控结束后，再次进行全配电网潮流计算，若所有节点电压在合理范围内，则全局协同调控结束；若仍存在部分节点越限，则继续

执行步骤 2,直到所有节点电压均在合理范围内或 N 次循环后仍然无法满足,则结束。

(3)全局反馈校正优化模型。

全局反馈校正根据更新的更精细预测信息,调整无功设备日前运行方案,且尽可能保持离散设备原有动作状态。因此,在日前优化模型运行经济性和负荷均衡目标基础之上,增加调整量最小优化目标,即

$$\min \Delta X^{\mathrm{adj}} = \sum_{t=t'}^{T} \sum_{x \in X} \left| (\boldsymbol{x}_t^{\mathrm{adj}} - \boldsymbol{x}_t^{\mathrm{da}}) \boldsymbol{x}_t^{\mathrm{da}} \right| \tag{4-68}$$

式中:$\boldsymbol{x}$ 为配网调控资源控制变量,$\boldsymbol{x} = \left[x^{\mathrm{NR}};\ x^{\mathrm{RDG}};\ x^{\mathrm{TC}};\ x^{\mathrm{SC}} \right]$;$t'$ 为启动反馈校正时点;$\boldsymbol{x}_t^{\mathrm{da}}$ 为日前运行方案各调控资源状态向量;$\boldsymbol{x}_t^{\mathrm{adj}}$ 为反馈校正后各调控资源状态向量。

4.3.4.4 优化算法

考虑无功电压调控问题呈现强非线性、空间分布广域性以及设备运行特性繁杂性(离散/连续、快/慢)等特征,采用二进制编码的 NSGA-Ⅱ算法求解"全局协同优化"和"全局反馈校正"多目标优化问题。对 OLTC 挡位、SCB 投切等离散变量进行长编码连续化处理,保持渐进寻优;对可构成闭环的遥控开关对进行联合编码,缩短染色体长度,保持系统辐射状结构,简化环网判断环节。NSGA-Ⅱ算法流程如图 4-18 所示。"分区自律调控"和"全局协同调控"优化目标为关于 RDG 无功补偿量的线性绝对值函数,可转化为二次函数求解。

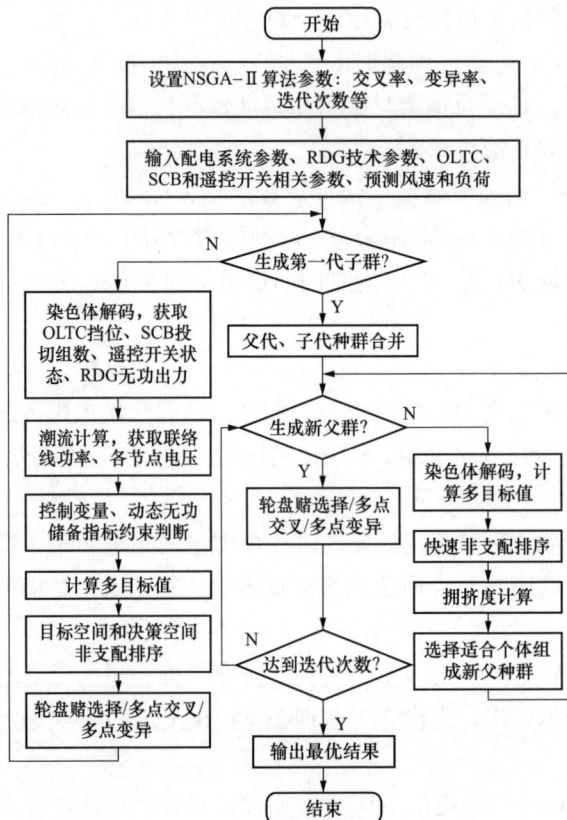

图 4-18　NSGA-Ⅱ算法求解流程图

5

分布式智能电网故障隔离与自愈

🎯 5.1 分布式电源对配电网运行和保护的影响

5.1.1 分布式电源对配电网运行的影响

DG 对配电系统的影响可能是双向的，主要取决于系统和 DG 的运行特性。总体而言，积极作用主要体现在改善系统运行方式，支持系统高效、可靠地运行上[176],[177]，具体包括：①分布式电源增加了电网的可用容量，具有削峰填谷、平衡负荷的功能；②分布式电源的大量出现减轻了不断新建大型发电厂的需要，节省了建设电厂和输变电设备的投资；③分布式发电使电能生产更靠近负荷，降低了电能传输中的网损；④分布式发电可以带负荷孤岛运行。

当系统故障时，分布式电源继续向部分负荷供电，可减小停电范围，提高供电可靠性。在实际中，发挥 DG 的积极作用要求其必须具有很高的运行可靠性，且具有合适的接入位置和容量；此外，还需满足一些其他运行限制。大多数 DG 不是电网公司所有，而且利用太阳能、风能等气候性能源发电本身具有随机性，使得大规模 DG 的接入会对配电系统造成诸多不利影响。

1. 分布式电源与电压偏差

分布式电源接入配电网会导致其电流、有功功率、无功功率的大小和方向改变，电压的分布情况也会不同。分布式电源接入前，配电网是一个单方向输送的系统；接入后，配电网变为一个多电源网络，对于每一个节点，电压和潮流大小和方向是多变的。分布式电源接入配电网前，沿线路的潮流方向，经过各个节点后电压逐级下降；接入后，有多个电源经过节点，节点受到叠加的潮流可能与原来方向相反。所以当线路节点上的潮流减少和分布式电源输出潮流叠加后，节点潮流比原来的大，此时负荷节点处的电压将会升高，分布式电源就会对各节点的电压造成偏差。

2. 分布式电源与电压波动和闪变

配电网中各节点的电压水平由潮流分布决定，电源和负荷功率变化会对潮流分布产生影响，从而导致各节点的电压波动。由于分布式电源一般为风电、光伏发电等自然能源，其输出功率波动和发电系统输入的能源波动较大，所以分布式电源接入配电网后将会引起电压波动与闪变。分布式电源一般接入电压等级较低的电网，因为分布式电源短路容量较小，所以在配电网功率波动后会产生较大影响。分布式电源并网运行时，可能导致系统电压波动更加剧烈；当分布式电源变成孤岛运行时，储能能量太小，容易导致电压波动等电能质量问题。大型风电机组的启动、退出和发电机组输出功率突然变化时，会在风电机组接入配电网的位置、风电场内部造成某种程度上的电压波动与闪变。

3. 分布式电源与电力谐波

分布式电源一般通过电力电子装置并网，分布式电源中如光伏发电、燃料电池和储能系统等输出的电能为直流，当它们要接入交流电网时，就需要经过逆变器装置后再与配电网连接，而分布式电源逆变器在直交流变换过程中，会引起电流、电压波形畸变，给电力系统带来大量谐波。

5.1.2 分布式电源对配电网保护的影响

5.1.2.1 分布式电源的类型及容量对配电网保护的影响

分布式电源对配电网主要影响的是故障时对故障点提供故障电流，不同类型的分布式电源提供的短路电流不同。从继电保护的角度而言，分布式电源模型可以用一个电源串联电抗的模型来表示，因此需要考虑在故障发生时分布式电源能够提供多大的故障电流。不同类型的分布式电源其电抗值是有差别的，电抗值是电源的故障电流注入能力的表征。文献［177］分析了几种类型分布式电源的故障电流注入能力，将表 5-1 中最大的故障电流注入数据用于短路计算就可以确定最严重的故障情况。

表 5-1   不同类型的 DG 故障电流注入能力

DG 类型	故障电流注入百分比
换流器	100%～400%，持续时间取决于控制装置，某些换流器可能小于 100%
同步电机	500%～1000%，逐渐衰减到 200%～400%
感应电机	500%～1000%，过 10 个周波衰减至可忽略

此外，在不改变分布式电源接入位置的情况下，随着分布式电源容量的改变，发生短路故障时，配电网中的短路电流有较大改变。与无分布式电源接入相比，在同一点发生故障，流过分布式电源下游保护的短路电流增大，在不改变保护定值的情况下，将使下游保护的保护范围增大；随着容量的增加，分布式电源的助增能力越大，延伸入下一段保护的范围越大，继电保护的选择性将得不到满足。

5.1.2.2 分布式电源在不同点接入对配电网保护的影响

分布式电源接入配电网中，会改变其附近节点的短路容量。分布式电源对配电网继电保护的影响可从多个方面来考虑。分布式电源相对于保护的位置不同，会有不同的影响效果。分别针对分布式电源位于保护的上游位置和下游位置，假设在不同点发生故障，如图 5-1 所示。当 DG 位于 B 点时，保护 1 位于其上游，保护 2 和 3 位于其下游，保护 4 在相邻馈线始端。

当无分布式电源接入时，如图 5-1 所示，故障发生在馈线 2 上时，存在以下关系

$$\dot{I}_S = \dot{I}_1 = \dot{I}_2 = \dot{I}_3 = \dot{I}_F \tag{5-1}$$

式中：$\dot{I}_S$ 为系统故障电流；$\dot{I}_1$ 为流过保护 1 的电流；$\dot{I}_2$ 为流过保护 2 的电流；$\dot{I}_3$ 为流过保护 3 的电流；$\dot{I}_F$ 为流过故障点的电流。

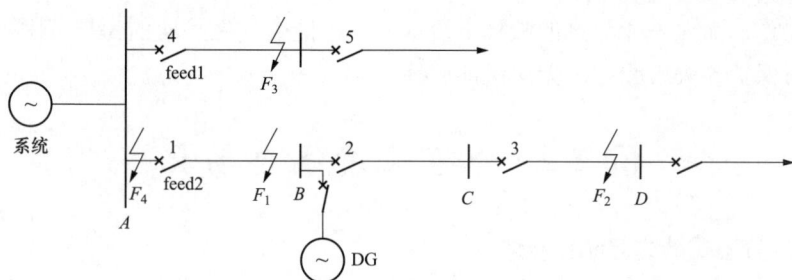

图 5-1 分布式电源相对于保护不同位置时对继电保护的影响分析图

1. 分布式电源对上游保护的影响

当故障发生在 DG 上游的 F_1 点时，因为 DG 也要给故障点提供故障电流，所以，不仅使得故障点的故障电流 I_F 增大，而且使得 AB 线路变成了双侧供电线路，但此时流过保护的短路电流 I_2 仍为零。在该情况下，虽然保护 1 的短路电流与无 DG 时相比变化不大，方向也未改变，对保护 1 影响不大。但上游 AB 线路只装设保护 1 无法切除故障，须在对侧装设断路器，将两侧断路器都跳开，才能切除故障。

当 F_4 点故障时，DG 的存在使故障点故障电流 I_F 增大，流经保护 1 的故障电流 I_1 为分布式电源向故障点提供的故障电流，且功率方向从负荷侧流向系统侧。在该情况下，分布式电源对保护 1 有影响，会造成反方向故障的误动作。所以不能单独采用电流保护，必须采用方向性的电流保护才能满足选择性要求。系统故障电流 I_S、流过保护的故障电流 I_1、故障点的故障电流 I_F 之间关系为

$$\dot{I}_F = \dot{I}_S + \dot{I}_{DG} \tag{5-2}$$

$$\dot{I}_{DG} = \dot{I}_1 \tag{5-3}$$

$$\dot{I}_F \neq \dot{I}_S \neq \dot{I}_1 \tag{5-4}$$

2. 分布式电源对下游保护的影响

当 DG 下游的 F_2 点发生故障时，由于 DG 的助增作用，故障点的短路电流增大，流经 DG 至短路点之间保护的电流 I_2、I_3 也随之增大，分布式电源对继电保护有影响，造成各个保护的保护范围延伸，失去选择性。系统故障电流 I_S、流过保护的故障电流 I_1、I_2、I_3，故障点的故障电流 I_F 之间关系为

$$\dot{I}_F = \dot{I}_S + \dot{I}_{DG} = \dot{I}_1 + \dot{I}_{DG} \tag{5-5}$$

$$\dot{I}_F = \dot{I}_2 = \dot{I}_3 \tag{5-6}$$

$$\dot{I}_S \neq \dot{I}_2 \tag{5-7}$$

$$\dot{I}_S \neq \dot{I}_3 \tag{5-8}$$

式中：$\dot{I}_{DG}$ 为 DG 提供的故障电流。

为了保证下游保护正确动作,须按照有助增电源的情况对下游各个保护重新进行整定。

3. 分布式电源对相邻馈线保护的影响

当相邻馈线上的 F_3 发生故障时，故障点的电流增大，因为 DG 会提供故障电流，通过保护 1 流向故障点。如果该电流足够大，而且保护 1 未加装方向元件，将可能造成保

护 1 的误动作。而保护 4 流过的故障电流增大，可能会使保护 4 的保护范围延伸到下一段线路，与保护 5 失去配合，无法保证选择性。

🎯 5.2 分布式馈线自动化

5.2.1 分布式馈线自动化概述

在配电网发生故障时，分布式馈线自动化（feeder automation，FA）系统的智能终端检测监控开关的故障信息，通过对等通信系统收集相邻开关的故障信息，独立进行逻辑判断，判断故障区域，就地发送控制命令，实现分布式故障定位、隔离与自恢复（fault location，isolation，and self restoration，FLISR）操作。分布式馈线自动化技术既拥有完善的控制功能，又具有很快的响应速度，是可靠、高效智能配电网的关键支撑技术。

5.2.1.1 系统构成

分布式 FA 系统的构成与集中式 FA 系统类似，由智能终端单元（smart terminal units，STU）、对等通信系统与配电自动化主站组成。

1. 智能终端单元

STU 是分布式馈线自动化系统的核心设备，由于分布式 FA 中的馈线监控终端能够对等交换信息，支持分布式控制应用，为与常规的馈线监控终端（FTU）相区别，将其称为智能终端单元，简称智能终端，其主要功能有：

（1）数据采集与监视控制功能（supervisory control and date acquisition，SCADA）。正常运行状态下具有常规的遥测、遥信、遥控功能，完成对配电线路开关的运行状态监控，并能接收遥控命令，控制监控开关的分合。

（2）短路故障检测功能。STU 能够采集流过监控开关的保护电流，具有冷启动检测功能，能够躲过线路上变压器、大型电动机投入引起的电流冲击，避免误报故障。

（3）分布式智能控制。STU 之间的数据能够对等通信，独立定位出故障区域，不依赖于主站就地实现故障隔离与非故障区域的供电恢复。

（4）通信功配。可配置多种工业标准的数据通信规约，实现 STU 与配电自动化主站、STU 与 STU 之间的数据通信。

2. 对等通信系统

对等通信系统连接着位于控制中心的配电主站和分散在配电线路上的 STU，是分布式 FA 系统的重要组成部分。国内早期应用于配电自动化中的通信技术-电力载波、光纤 Modem 环网等多采用串行通信方式，不支持终端之间数据的对等交换，而分布式 FA 要求配电网自动化的通信系统支持 STU 之间对等的、快速的交换数据。

对等通信系统主要功能是实现 STU 与配电自动化主站之间的双向通信，以及 STU 与 STU 之间的对等通信。配电网正常运行时，对等通信系统承载 STU 采集线路监测信息的上传与配电主站配置和控制命令的下达，以实现配电自动化遥测、遥信、遥控等"三遥"功能；而在馈线发生故障时保障 STU 与 STU 之间的对等通信，以实现 STU 的分布式 FLISR 操作，并将 STU 分布式故障处理过程及最终处理结果上传到配电自动化主站。

3. 配电自动化主站

配电自动化主站采集并处理来自 STU 的配电网实时运行数据，向 STU 下达各种故障发生的特征量的整定值，如电流整定值等，并为运行人员提供配电网运行监控界面，完成多种高级应用。对于分布式 FA 系统，配电自动化主站不直接参与分布式 FLISR 的操作过程，只负责接收 STU 最终的 FLISR 处理结果。其主要功能有：①配电网终端数据的汇集、处理。收集区域内配电网终端采集的电压、电流、功率、功率因数、状态量等数据，以及分布式 FA 的 FLISR 处理结果。②下发遥控命令。向配电网终端发遥控命令实现检修或负荷转移等功能。③对时功能。向区域内的 STU 发送对时命令，实现 STU 与通信主站时钟的一致。④远程维护。能够发送远程的维护指令，实现配置参数等的远程维护。⑤具备人机交互功能。显示通信报文、显示实时数据、模拟调试功能、下发控制命令、修改时间、显示和修改配置。

5.2.1.2 实现模式

分布式 FA 功能可分解为故障区段定位与故障隔离任务及供电恢复，将做出控制决策或发出控制命令的 STU 称为主控 STU；根据其控制方法的不同（参与决策的主控 STU 的个数），分布式 FA 分为协同型和代理型两种模式。

（1）协同型分布式 FA，简称协同型 FA，指多个 STU 决策，协同完成配电线路分布式 FLISR 操作。STU 自带分布式故障处理逻辑，与同一供电环路内相邻 STU 对等通信实现信息交互，由检测到故障开关的 STU 之间交换故障检测信息进行分布式故障区段定位与隔离决策及控制，电源开关与联络开关处的 STU 进行非故障线路的供电恢复决策及控制。协同型 FA 就地实现故障的快速处理，最后只需将故障处理过程及结果上报配电自动化主站。

（2）代理型分布式 FA，简称代理型 FA，指故障区段定位、隔离与恢复供电的决策全部由一个主控 STU 完成。该主控 STU 称为代理终端，其作用与集中控制型 FA 主站的作用类似，为便于管理与维护，一般选择变电站出口断路器（电源开关）处的 STU 作为代理终端，亦可使用配电子站或者某个专用 FA 控制器作为代理终端。

5.2.2 分布式馈线自动化工作原理

配电网馈线上的开关设备一般配有变电站出口断路器、柱上开关与环网柜等，其中环网柜含有两个（或一个）进线开关与若干个出线开关，组成如图 5-2 所示"手拉手"电缆环网线路。不同的开关有不同的故障处理方式，因此为设计分布式 FLISR 算法，需对馈线上的开关进行分类。

根据所处位置和功能的不同，馈线开关分为电源开关、干线分段开关和支线分段开关。

（1）电源开关。指与变电站母线相连的线路出口断路器。在某些情况下，变电站出线断路器不允许被纳入 FA 功能控制，而是将馈线上与变电站相邻的柱上开关或环网柜进线开关改装为断路器，作为 FA 功能的保护动作对象，以切除馈线故障时的短路电流。该类安装在馈线上的用以直接切除故障电流的断路器性质的柱上开关或环网柜进线开关也属于电源开关。

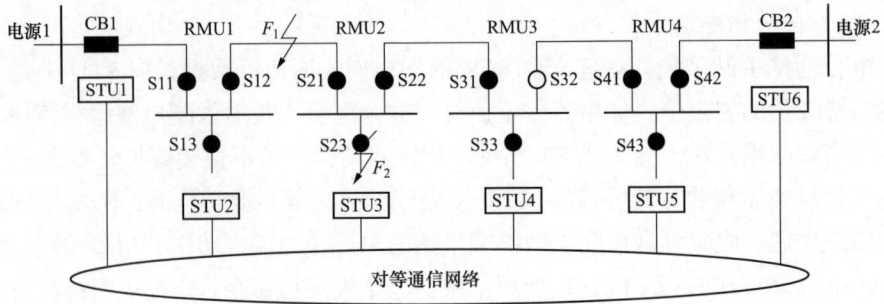

图 5-2 "手拉手"电缆环网分布式 FA 系统

（2）干线分段开关。简称干线开关，指主干线路上的柱上开关和环网柜中的进线开关，其两侧均可获得电源。其中正常运行情况下处于"分闸"状态的干线开关为联络开关，在故障隔离后，联络开关合闸以实现故障点下游非故障线路供电恢复。

（3）支线分段开关。简称支线开关，指分支线上的边界开关及环网柜的出线开关。

图 5-2 所示的"手拉手"接线形式的电缆线路中，CB1、CB2 为电源开关；S11、S12、S21、S22、S31、S32、S41、S42 为干线开关，其中 S32 处于"常开"状态，为联络开关；S13、S23、S33、S43 为支线开关。

5.2.2.1 故障区段定位及隔离原理

分布式 FA，面向开关设计分布式故障区段定位算法，完成分布式故障隔离操作。

（1）电源开关故障区段定位与隔离原理。

电源开关只有一侧有邻近开关，若电源开关有故障电流流过，而其相邻侧开关均无过电流信息，则表明故障发生在电源开关与其邻近开关之间的线路区段上，控制电源开关及其所有的相邻开关跳闸，并闭锁电源开关的重合功能；反之，若电源开关的某一邻近开关也检测到过电流信息，则退出逻辑判断。

（2）干线开关故障区段定位与隔离原理。

干线开关两个邻侧均邻接其他开关（可能为电源开关、干线开关或者支线开关），为便于描述，将干线开关的两侧记为 M 侧和 N 侧。如果某一干线开关有故障电流流过，而其 M（或 N）侧邻近的开关均无过电流信息，判断故障位于该干线开关与其 M（或 N）侧的邻近开关之间，控制该干线开关与其 M（或 N）侧邻近的所有开关跳闸，隔离线路故障；反之，如果干线开关的两侧均有开关检测到过电流信息，则表示故障并没有发生在该开关的邻近区段上，退出逻辑判断。

（3）支线开关故障区段定位与隔离原理。

一般支线开关的下游直接连接负荷或者与分支线相连，若其检测到过电流信息，其直接控制该开关跳闸以隔离线路故障。

以图 5-2 所示电缆线路分布式 FA 系统为例，在 F1 点发生故障时，电源开关 CB1 流过故障电流，而且其相邻开关 S11 也有故障电流流过，判断出故障不在电源开关的相邻区段上；干线开关 S11 和干线开关 S12 流过故障电流，由于干线开关 S12 左侧相邻开关只有干线开关 S21，而且开关 S21 无故障电流流过，判断出故障位于干线开关 S12 与干线开关 S21 之间的区段上，控制干线开关 S12 与开关 S21 跳闸隔离故障。

在 F2 点故障时，支线开关 S23 有故障电流流过，直接发送命令控制开关 S23 跳闸。

5.2.2.2 非故障线路供电恢复

在故障隔离完成以后，故障点上游的非故障线路由电源开关合闸恢复供电，电源开关处的 STU 在检测到故障隔离成功后，如果故障不在电源开关的相邻区段上，则控制电源开关合闸，恢复故障点上游非故障区段供电。

在故障隔离完成以后，故障点下游的非故障线路则要通过调整分段开关、联络开关的状态，改变配电网的拓扑结构来恢复供电。如果故障区段位于馈线干线上，且不是联络开关相邻区段时，控制联络开关合闸，恢复故障点下游非故障线路供电。

以电缆线路分布式 FA 系统（见图 5-2）为例。在 F_1 点发生故障时，故障隔离后，故障区段不是电源开关 CB1 的相邻区段，所以控制 CBI 合闸恢复故障点上游非故障区段供电；因为故障区段位于干线上，且不是联络开关 S32 的相邻区段，联络开关 S32 合闸，恢复故障点下游非故障区段供电。在 F_2 点发生故障时，故障隔离后，故障区段不是电源开关 CB1 的相邻区段，所以 STUI 控制电源开关 CBI 合闸，恢复非故障区段供电；因为故障区段位于支线上，所以不进行联络开关 S32 的合闸操作。

5.2.3 协同型分布式馈线自动化控制方法

配电网馈线的分段开关一般有负荷开关和断路器两种类型。当分段开关为负荷开关时，需要由变电站出口断路器（电源开关）保护动作切断故障电流，然后再由故障点上游分段开关处 STU 实现分布式故障区段定位、隔离操作，由电源开关及联络开关处 STU 实现非故障线路供电恢复操作；而当分段开关为断路器时，故障点上游边界分段开关可以直接跳闸切除故障，实现分布式故障区段定位、隔离，而联络开关处 STU 实现非故障线路的供电恢复。因此，根据线路分段开关的类型，协同型 FA 又分为故障隔离式与故障跳闸式两种控制方式。

5.2.3.1 协同型故障隔离式 FA 控制方式

协同型故障隔离式 FA 控制方式应用于分段开关为负荷开关的配电线路。故障发生后，由变电站出口断路器保护切除故障，然后 STU 就地实现馈线的 FLISR 操作，并将处理过程及结果上报配电自动化主站。整个 FA 的处理过程包括 FA 启动、故障区段定位及隔离、非故障区段供电恢复等步骤。

（1）FA 启动。

故障发生后，STU 检测到当地监控开关有故障电流流过且持续一段时间后消失（对于采用重合闸的架空线路或架空线—电缆混联线路，则经历两次故障电流过程），启动分布式 FA 功能。

（2）故障区段定位及隔离。

启动分布式 FA 功能后，STU 检测相邻的开关是否也有故障电流流过，根据自身监控开关故障信息、相邻站点故障信息进行分布式故障区段定位。如果相邻的开关被同一 STU 所监控，如环网柜开关，STU 可直接检测相邻开关是否有故障电流流过，否则需要与相邻的 STU 通信，获取相邻开关故障电流的检测结果。故障区段上游边界开关处的

STU 在检测出故障区段后，向该开关和故障区段所有的边界开关发出跳闸命令隔离故障，在检测到故障区段所有的边界开关都跳开后，发出"故障隔离成功"的消息。其具体操作过程的流程图如图 5-3 所示。

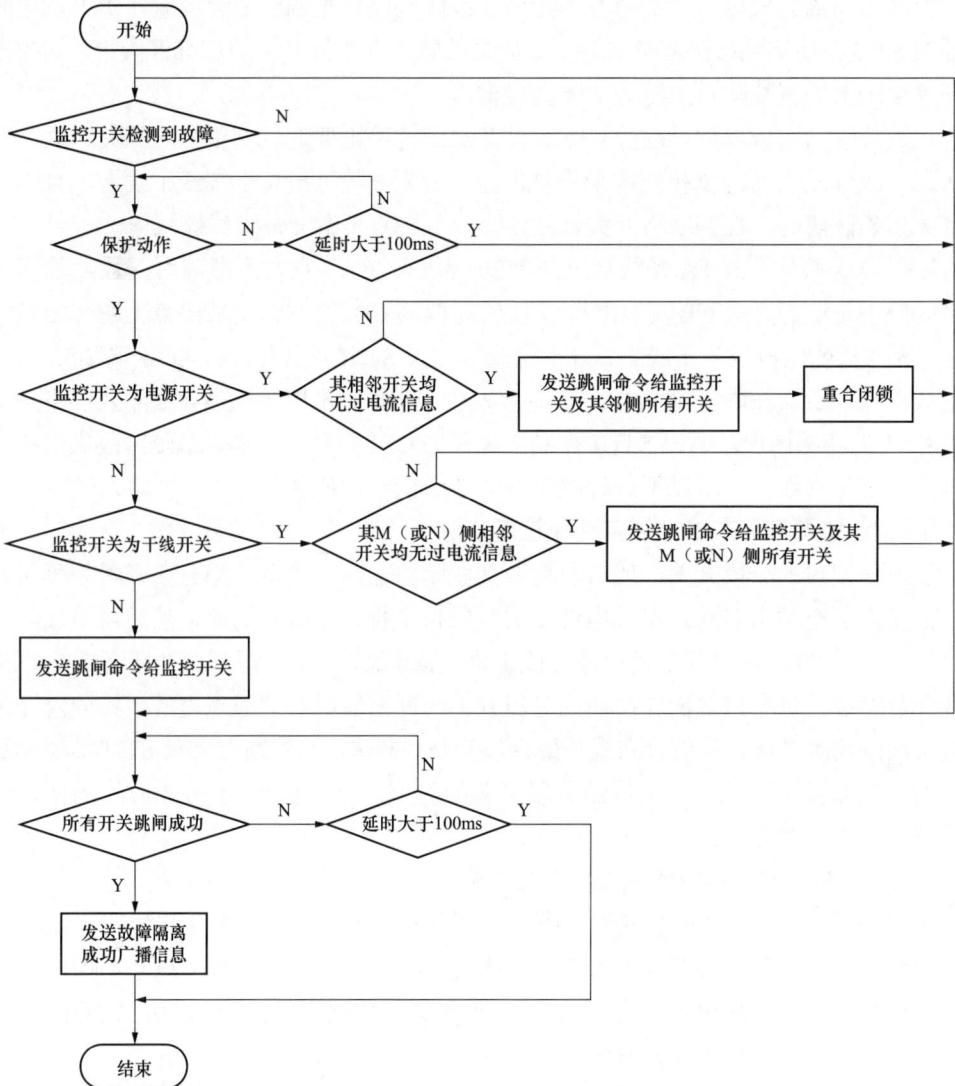

图 5-3　故障区段定位与隔离流程图

（3）非故障区段供电恢复。

1）电源开关处的 STU 接收到故障区段上游边界开关处 STU 发出的"故障隔离成功"消息后，如果故障点不在电源开关相邻的区段上（未接收到"重合闭锁"命令），重合电源开关，恢复故障点上游非故障区段的供电。

2）联络开关处的 STU 接收到故障区段上游边界开关处 STU 发出的"故障隔离成功"消息后，首先检查故障区段上游边界开关性质，如果该开关是支线开关，则说明故障在分支线路上，电源开关重合后即可恢复所有非故障区段的供电；如果故障点上游边界开关是干线开关，说明故障在主干线上，检查故障区段上游边界开关是否为与联络开关相邻，如果不相邻（未收到故障隔离时的"分闸"命令），控制联络开关合闸，恢复故障点下游非故障区段的供电，如图 5-4 所示。

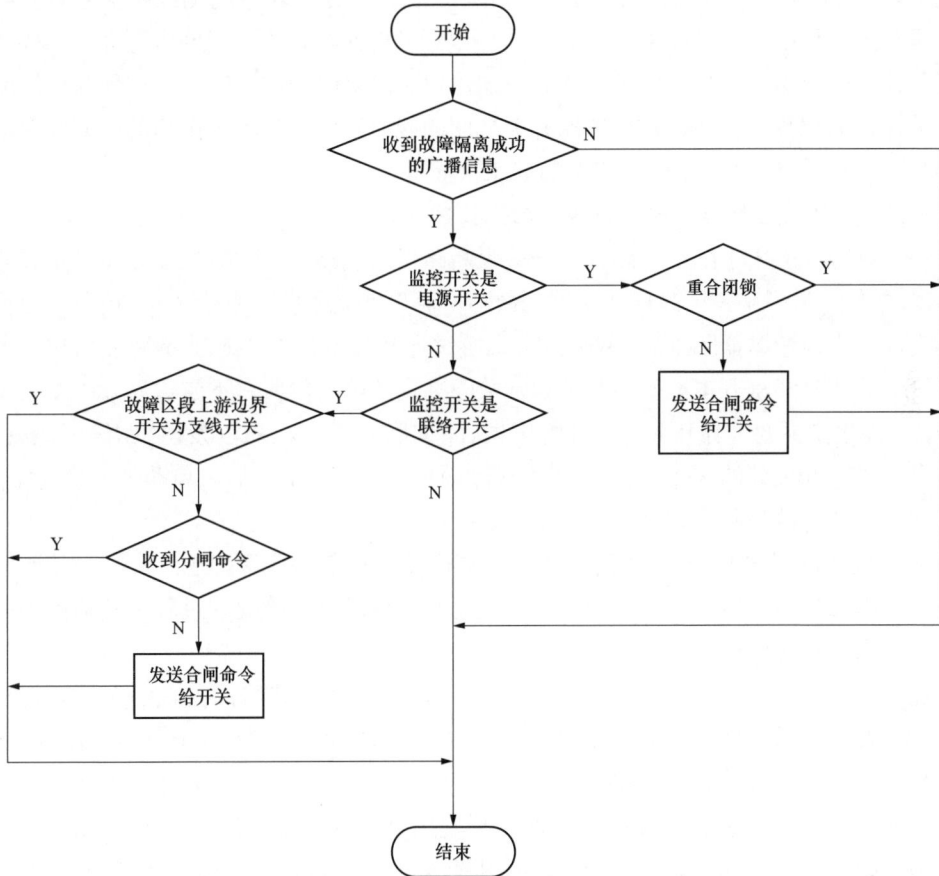

图 5-4　非故障区段供电恢复流程图

以图 5-2 所示电缆线路为例。①当 F_1 点发生故障时，出口断路器 CB1 跳闸，STU1 在检测到有故障电流流过后启动 FA，并与 STU2 通信，获知开关 CB1 相邻开关 S11 有故障电流流过，判断出故障不在与 CB1 相邻的区段上。环网柜 1 处 STU2 检测到开关 S11、S12 有故障电流流过，判断出故障不在环网柜母线上；STU2 与环网柜 2 处的 STU3 通信，获知 S12 的相邻开关 S21 没有故障电流流过，因此，判断出故障在开关 S12 相邻的下游区段上，STU2 跳开 S12，同时向 STU3 发出跳开相邻开关 S21 的遥控命令，STU3 接收到 STU2 的命令后，跳开 S21 隔离故障，并将 S21 已处于"分位"的信息发送给 STU2，STU2 在确认 S12 与 S21 都跳开后，发出"故障隔离成功"的信息。STU1 接收到"故障隔离成功"的消息后，合上 CB1 恢复故障点上游环网柜 1 的供电，STU4 接收到"故障隔离成功"的消息后，控制 S32 合闸，恢复故障点下游环网柜 2 的供电。②当在 F_2 点发生故障时，STU3 在 FA 启动后，检查出故障在环网柜 2 出线开关 S23 的出线上，跳开

S23 隔离故障，并在确认 S23 跳开后发出"故障隔离成功"的信息，STUI 接收到"故障隔离成功"的消息后合上 CB1，恢复供电。

实际工程中，由于管理与技术方面的原因，难以将变电站中出口断路器保护接入分布式 FA 系统，以上介绍的方案将不再适用。解决方案是将环网两侧线路上靠近变电站的分段开关（见图 5-2 中的 S11、S42）作为电源开关对待，称为辅助电源开关。辅助电源开关改造为断路器并配备保护，同时增加出口断路器保护的延时，以实现其与辅助电源开关保护的配合，在两个辅助电源开关之间的线路发生故障时，由辅助电源开关动作切除故障，然后进行基于分布式 FA 的 FLISR 操作。

5.2.3.2 协同型故障跳闸式馈线自动化控制方式

该控制方式应用于配电线路分段开关为断路器的线路，其故障处理方法、步骤与故障隔离式类似，区别在于 STU 在检测到故障电流后就立即启动分布式 FA 控制，而不是等到变电站出口断路器跳闸后。故障区段上游边界开关的 STU 判断出故障在监控开关相邻区段上后，立即跳开本地监控开关切除故障并向故障区段所有下游边界开关发出跳闸命令，在接收到下游边界开关已跳开的信息后，向联络开关处 STU 发出"故障隔离成功"的消息。联络开关处的 STU 在接收到"故障隔离成功"的消息后，启动供电恢复操作，其步骤和方法与故障隔离式相同。

应用故障跳闸式 FA 时，为防止故障时变电站出口断路器保护越级跳闸，需要把变电站出口断路器的电流速断保护的动作时限延时，以避免故障处理过程中故障点上游非故障线路出现短时停电的情形。

如图 5-2 所示，假设环网柜进线与出线开关也是采用断路器，在 F_1 点发生故障时，STU1 与 STU2 检测到故障电流后启动，STU2 检测到故障在环网柜 1 相邻的下游区段上，跳开环网柜 1 进线开关 S12 直接切除故障，然后向 STU3 发命令跳开环网柜 2 进线开关 S21 隔离故障区段，在确认 S12、S21 跳开后发出"故障隔离成功"的消息。STU4 接收到"故障隔离成功"的消息后，合上联络开关 S32，恢复故障点下游环网柜的供电。由于 STU2 能够在出口断路器 CB1 保护的延时时限内隔离故障，所以断路器 CB1 保护不会动作，避免了环网柜 1 出现短时停电。

协同型 FA 一般应用于联络电源备用容量充足的情况，联络开关在进行恢复供电控制时，不需要校验联络线路电流是否会超过额定电流，控制算法的设计比较简单，可以在故障切除后很短的时间（一般不超过 1s）内恢复供电。如果存在备用容量不足的情况，宜采用下面介绍的代理型分布式 FA 模式。

5.2.4 代理型分布式馈线自动化控制方法

在故障发生时，代理终端收集馈线上所有开关的故障信息，根据馈线的拓扑信息进行故障处理逻辑，实现故障的快速处理，并将故障处理过程及结果上报配电自动化主站。根据线路分段开关的类型，代理型 FA 同样也分为故障隔离式与故障跳闸式两种实现模式。

（1）代理型故障隔离式 FA，应用于配电线路分段开关为负荷开关的线路。配电线路发生故障后，由变电站出口断路器保护切除故障，然后由代理终端收集馈线上所有开关的故障信息,进行故障区段定位、隔离和非故障区段供电恢复操作,并将处理过程及结果上报配电自动化主站。

(2)代理型故障跳闸式 FA,应用于配电线路分段开关为断路器的线路,为防止变电站出口断路器保护越级跳闸造成故障点上游非故障区段短时停电,同样要把变电站出口断路器的电流速断保护的动作时限延时。配电线路发生故障后,在变电站出口断路器保护切除故障前,由代理终端收集馈线上所有开关的故障信息,进行故障区段定位、隔离和非故障区段自动恢复供电操作,并将故障处理过程及结果上报配电自动化主站。

实质上,代理型 FA 采用的是集中控制算法,只是其操作的对象仅仅面向一条关联馈线,而不是面向变电站的所有馈线。与协同型 FA 相比,代理型 FA 对代理终端的要求比较高,控制速度也略慢。但是代理终端可以收集馈线拓扑信息、被控线路上开关,以及联络线路在故障前的负荷电流信息,可以在进行供电恢复决策时计算联络电源的电流裕度和非故障区段的负荷电流,备供电源容量不足时,能够实现最大范围供电恢复操作。

5.2.5 联络开关自动识别方法

在分布式 FA 系统中,正常运行状态下联络开关处于"分闸"状态,并且开关两侧均带电,若联络开关的一侧发生故障,在故障隔离后,由联络开关来恢复故障点下游非故障线路的供电。但是,在实际运行过程中,如果馈线运行方式改变,联络开关的位置可能会发生变动,因此需要识别联络开关的位置。

如果采用人工配置联络开关位置的方式来识别,工作量大,且在重新配置前一般要 FA 系统退出运行;通过检测开关的两侧电压信息虽然可以自动识别联络开关,即正常运行状态下开关处于"分闸"状态,并且开关两侧均检测到电压,则表明该开关为联络开关。但是该方法需要在每一个分段开关的两侧安装电压互感器,投资大,经济性差。

利用分布式 FA 系统中 STU 能够对等通信的特点,STU 能够获取相邻 STU 的测量信息、IP 地址信息,以及下一级相邻 STU 的 IP 地址信息,直至查询到连接负荷的开关、变电站出线断路器等处的 STU,将这种 STU 利用对等通信网络依次查询各个 STU 信息的方式定义为 STU 的"接力查询"。STU 通过"接力查询"方式可以自动识别馈线拓扑结构,实现联络开关的自动识别。如果干线开关处于"分"位,并且开关两侧与电源之间的干线开关和电源开关都处于"合"位,则开关为联络开关。

5.2.5.1 STU 开关配置信息

在分布式 FA 系统中,为了实现分布式 FLISR 操作,每个 STU 需要知道自己监控开关的类型与相邻监控设备的地址信息(IP),因此需要对 STU 进行开关信息配置,并在 STU 安装或 STU 相邻站点发生变化时对相关的 STU 配置信息修正,为 STU 配置的开关信息有以下两部分:

(1)配置 STU 的 IP 地址。

首先给馈线上所有的 STU 配置 IP 地址信息,为便于描述用 STUx 表示,按顺序依次为 STU1,STU2,…,STUn,n 为馈线上 STU 的个数,对应着 n 个 IP 地址。

(2)配置 STU 的监控开关信息。

STU 可能只监控一个开关(断路器或者柱上开关),也可能监控同一环网柜的多个开关。给每个 STU 建立当地监控开关配置信息表，并与 STU 的端口相对应。对 STU 监控的所有开关进行编号，然后标示被监控开关的类型及其相邻开关的地址信息。其中开关类型有电源开关、干线开关和支线开关三种，而相邻开关的地址信息以相邻开关对应STU 的 IP 地址标识。

以图 5-2 所示系统为例，所有 STU 的具体配置如表 5-2 所示。

表 5-2   **STU 监控开关信息设置**

STU 的 IP 地址	监控开关	开关类型	相邻开关地址
STU1	CB1	电源开关	STU2
STU2	S11	干线开关	STU1
	S12	干线开关	STU3
	S13	支线开关	—
STU3	S21	干线开关	STU2
	S22	干线开关	STU4
	S23	支线开关	—
STU4	S31	干线开关	STU3
	S32	干线开关	STU5
	S33	支线开关	—
STU5	S41	干线开关	STU4
	S42	干线开关	STU6
	S43	支线开关	—
STU6	CB2	电源开关	STU5

5.2.5.2 自动识别方法

当分段开关处的 STU 上电时检测到所监控的开关处于"分"位或者在正常运行过程中由"合"位变为"分"位时，STU 启动"接力查询"进行联络开关的自动识别。结合图 5-2 所示线路，具体介绍联络开关"接力查询"式自动识别的方法与步骤：

（1）STU4 检测到分段开关 S32 处于"分闸"状态，发起接力查询。

（2）首先查询 S32 左侧实时干线拓扑结构。STU4 根据配置信息检测到 S32 的当地左侧相邻干线开关是 S31，且 S31 处于合位。再根据配置信息，向 S31 左侧的 STU3 查询相邻干线分段开关 S22 状态，STU3 将 S22、S21 处于合位的信息返回给 STU4，并同时将 STU4 的查询命令转发给 S21 左侧相邻开关 S12 所在的 STU2；STU2 将 S12、S11的状态返回给 STU4，并继续向左侧相邻的 STU1 转发查询命令；STU1 将 CB1 的状态及"CB1 是电源开关"的信息返回给 STU4，因为 CB1 是电源开关，STU1 不再进一步转发查询命令；STU4 接收到来自 STU3、STU2、STU1 的信息后，即可识别出自己与左侧电源开关 CB1 之间的干线分段开关名称及其动态拓扑关系。

（3）STU4 采用与步骤（2）相同的方法，识别出联络开关 S32 与右侧电源开关 CB2

之间的干线分段开关名称及其动态拓扑关系，其具体查询过程如图 5-5（a）所示。

（4）经过上述步骤，STU4 识别出馈线拓扑关系如图 5-5（b）所示。检测到 S32 两侧的干线分段开关与电源开关均处于合位，因此 STU4 判断出 S32 是联络开关。

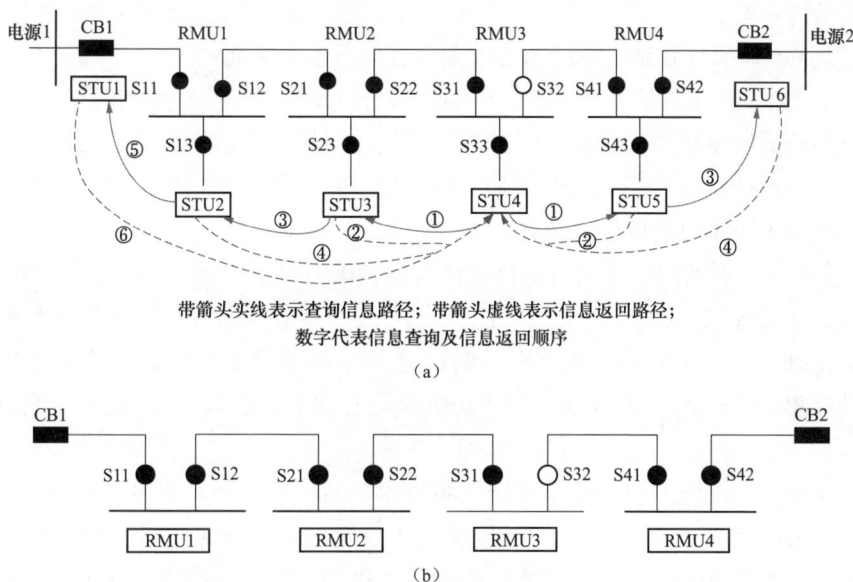

带箭头实线表示查询信息路径；带箭头虚线表示信息返回路径；
数字代表信息查询及信息返回顺序

（a）

（b）

图 5-5 联络开关自动识别过程与识别结果

假设分段开关 S32 与右侧电源开关 CB2 同时处于分位，STU4 通过接力查询，将获得如图 5-6 所示的拓扑结构。因为检测到右侧电源开关处于分位，所以判断出 S32 不能作为联络开关使用，无法进行供电恢复操作。

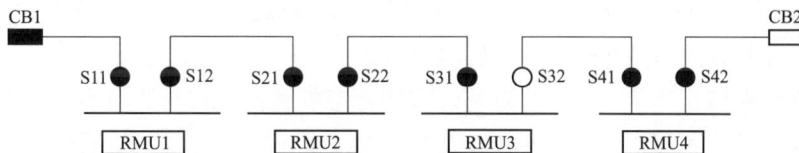

图 5-6 实时馈线拓扑图

（5）网络拓扑的维护。

如果网络静态拓扑发生变化，首先需要更新 STU 的配置信息，在相关 STU 的配置信息更新完毕后，发出"配置信息已更新"的消息。联络开关处的 STU 收到此信息后，重新进行实时馈线拓扑查询。

5.2.6 分布式馈线自动化对等通信

在配电自动化系统中，为提高通信系统的利用率，减少投资，分布式 FA 控制数据是和 SCADA 的运行监控与管理数据（如"三遥"数据）混合传输的。通信系统连接着位于控制中心的主站和分散在配电线路上的配电网自动化远方终端，是配电网自动化系统的重要组成部分。

通信系统的性能对分布式 FA 系统功能的实现及运行可靠性有着决定性的影响。随着通信技术的发展和通信设备成本的降低，实现了基于 IP 网络的通信，终端与配电自动化主站之间透明传输数据，而且终端设备之间也可以对等通信，为分布式 FA 的实现提供了技术支持。

分布式 FA 系统对等通信网络的要求主要有以下 6 个方面：

（1）可靠性。由于通信系统多在户外运行，通信设备要求能经受起恶劣气候的考验。此外，还要能够经受噪声、电磁、雷电等的干扰，保持稳定运行。在电力设备发生故障时，需要能够抵抗事故所产生的瞬间强电磁干扰，完成故障检测与定位，以及自动隔离和恢复非故障区段供电的通信任务。

（2）实时性。不同的配电网自动化功能对通信实时性有不同的要求[178]，分布式 FA 一般要求 STU 能够在 100ms 内对故障做出响应[179]，定位出故障区段并发出故障隔离命令。为了保证分布式 FA 的性能需求，STU 之间故障信息及控制命令等实时数据的传输延时最好小于 10ms，因此需要采取措施确保分布式 FA 实时测控数据的传输速度满足要求。

（3）安全性。配电网自动化系统通信系统覆盖面广，有众多的通信节点，易受到外力破坏，系统要有可靠的安全防范与故障自愈措施，防止局部故障引起大面积通信中断。通信系统的设计应严格执行国家、电力监管机构制定的网络安全规定，采取横向隔离、纵向认证的安全技术措施，防止通信系统受到外部攻击时出现瘫痪甚至使开关自动跳闸的事故。

（4）经济性。配电网的网络复杂，使用的智能设备众多，通信网络规模巨大，网络的建设投资、运行、维护和使用成本都十分可观。在选择通信方式时，需要充分考虑投资的大小。

（5）通信系统的工作模式。通信系统必须具有双向通信的能力，分布式 FA 要求通信系统能够支持 STU 对等交换实时测控数据。

（6）通信接口与通信协议的标准化。采用标准的通信接口与通信协议，提高系统的兼容性和灵活性，积极采用 IEC 61850 标准，实现配电网终端与主站系统的互通互联与即插即用。

5.2.6.1 组网方式

在现有配电自动化系统中，配电自动化主站与配电网终端之间的通信网可采用多种通信方式互补，主要包括光纤通信、无线通信和配电线载波等。考虑分布式 FA 的对等通信需求及其对通信可靠性及实时性的要求，分布式 FA 系统一般采用光纤通信方式。

光纤通信具有传输容量大、速率快、抗干扰性强、传输距离远、绝缘性能好和可靠性高的优点。目前常用的光纤组网方式有光纤工业以太网和 EPON（ethemet passive optical network）。

（1）光纤工业以太网。光纤工业以太网技术与以太网（IEEE 802.3 标准）兼容，加强了冗余功能保证网络的可靠性[180]~[182]，并充分考虑了抗干扰能力、实时性和互操作性等工程应用需要[183]。充分利用光纤带宽，提高数据传输速率与容量，能够主动上报数据，更重要的是能够支持对等通信，接到以太网上的配电网 STU 之间能够相互交换数据。

在配电自动化主站中，通过工业以太网交换机级联的方式依次串接配电线路开关处的 STU 组成环网结构。光纤工业以太网的组网方式较简单、实时性能好、性价比高，在我国南方电网公司的配电网自动化的建设中得到较多应用。但是，光纤工业以太网对一次网架结构变化的适应能力较差，因网架结构变化要求改变配电网终端布局时，需要对多个节点进行统一调整，配置维护工作量比较大，而且当某个站点失电或出现故障导致该站点的交换机无法正常工作时，可能导致整个光纤网络的通信中断。

（2）EPON。EPON（以太无源光网络）将以太网和无源光网络技术相结合，实现点到多点的高速通信[184]~[186]。EPON 一般由线路终端（optical line terminal，OLT）、光分配网络（optical distribution network，ODN）和用户侧的光网络单元（optical network unit，ONU）组成，如图 5-7 所示。

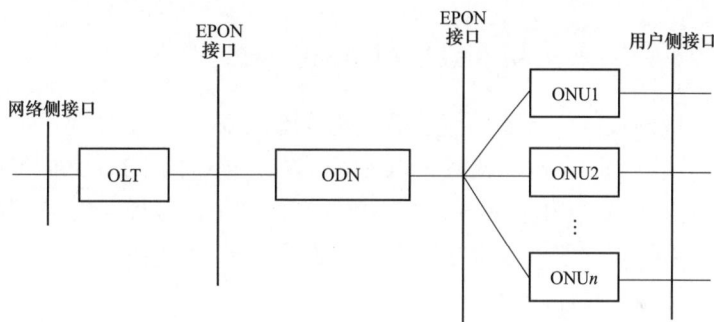

图 5-7　EPON 组网架构示意图

OLT 是 EPON 网络的头端设备，实现 ONU 的接入汇聚功能，一般安置在变电站内；ODN 主要功能是打通 OLT 同 ONU 的通信光路，通过无源光纤分路器（passive optical splitter，POS）实现分、合光操作，一般安置在变电站、开关站、配电室等节点；ONU 是 EPON 网络的终端设备，采集监控数据，一般靠近终端装置安装。

对 EPON，当某个站点失电或出现故障导致该站点的 ONU 无法正常工作时，仅是故障站点无法正常通信，并不影响整个光纤环路的正常工作。EPON 的这一优点，对于提高配电网自动化系统的可用性十分重要。因此，国家电网有限公司在配电网自动化的建设中大量采用了 EPON 组网方式。

5.2.6.2　虚拟局域网技术

在配电网中，一个变电站一般会有多条馈线。配电自动化通信系统在组网时，一般会将变电站所有馈线的 STU 设置在同一局域网内。如图 5-8 所示，变电站 A 有三条馈线，而馈线上的所有 STU 均设置在同一个局域网内，任意 STU 发送的广播报文能传送到整个局域网，占用了过多带宽。而分布式 FA 在故障处理过程中面向的对象仅仅是一条关联馈线，为了提升通信网络管理效率，提高分布式 FA 运行速度并确保通信网络安全性能，可以对通信网络进行一个有效的划分，仅将一条关联馈线上的监控终端 STU 限制在同一局域网内，而虚拟局域网（virtual local area network，VLAN）技术可以实现该功能。

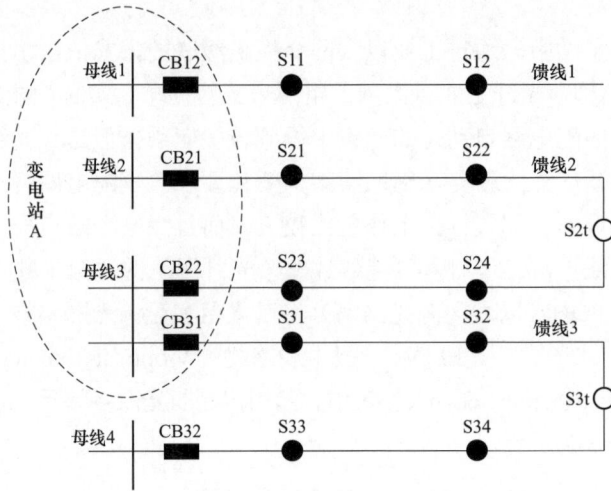

图 5-8　配电网接线示意图

通过虚拟局域网技术将关联馈线上的 STU 限制在某个 VLAN 内，形成以馈线为单位的相互独立局域网，即虚拟局域网（VLAN）。VLAN 中的 STU 之间能够相互通信，而不同 VLAN 之间的 STU 相互隔离，缩小广播域的大小，减少 STU 广播报文能够到达的范围，简化网络结构，便于逻辑分组，避免数据碰撞及广播风暴，增强网络对等通信数据传输的实时性和可靠性。

根据 VLAN 逻辑划分方式的不同大致可分为基于端口、基于 MAC 地址及基于协议方式三类[187]，[188]。

（1）基于端口的 VLAN。也称为静态 VLAN，是最早、最简单的一种 VLAN 应用，其将一个或多个交换机的多个端口配置成一个 VLAN，如图 5-9 所示。交换机 1 端口 1～5 上的终端配置为 VLAN1，交换 1 端口 6～7 与交换机 2 端口 1～3 上的终端配置为 VLAN2，而交换机 2 端口 4～8 上的终端配置为 VLAN3，如表 5-3 所示。

图 5-9　基于端口的 VLAN 示意图

表 5-3　　　　　　　　　　　　　　基于端口的 VLAN 表

交换机	端口	所属 VLAN
交换机 1	Port 1	VLAN 1
	Port 2	VLAN 1
	……	……
	Port 8	VLAN 2

交换机	端口	所属 VLAN
	Port 1	VLAN 2
交换机 2	……	……
	Port 8	VLAN 3

在配电自动化中，一般是一个交换机只连接一台 STU 设备，基于端口 VLAN 配置方式原则上可以只配置到交换机。该方式易于维护，但是不够灵活，某一端口上的终端只能限制在一个 VLAN 内，而不能配置到多个 VLAN 中，而且当某一终端的交换机端口损坏或者发生更改时，则需要对 VLAN 进行重新配置。

（2）基于 MAC 地址的 VLAN。根据终端的 MAC 地址配置 VLAN，这些终端可能在不同的网段或交换机上，VLAN 内所有终端的 MAC 地址均被填写到一张 MAC 表中。以图 5-9 所示通信网络为例，交换机 1 所接终端的 MAC 地址为 MAC11～MAC18，交换机 2 所接终端的 MAC 地址为 MAC21～MAC28，则基于 MAC 地址的 VLAN 表如表 5-4 所示。

基于 MAC 的 VLAN 配置方式最大优点是一个 STU 可以被配置到多个 VLAN 中，而且当终端的交换机或交换机端口发生变化时不会影响其 VLAN 配置。但是，该方式必须登记所有终端的 MAC 地址，当某一终端更换时，则需要更新 MAC 表的信息以重新配置该 VLAN。

表 5-4　　　　　　　　　　　　　　**基于 MAC 地址的 VIAN 表**

端口	所属 VLAN
MAC 11	VLAN 1
MAC 12	VLAN 1
……	……
MAC 18	VLAN 2
MAC 21	VLAN 2
……	……
MAC 28	VLAN 3

（3）基于第三层协议的 VLAN。通过协议类型（如果支持多协议）或网络层地址（IP 地址）来配置 VLAN 成员。基于协议类型 VLAN 是把具有相同网络层协议（即第三层协议）的终端配置为一个 VLAN，如所有采用 NetBIOS 协议的终端组成一个 VLAN，而所有采用 IP 协议的终端组成另一个 VLAN，其 VLAN 配置表如表 5-5 所示，该方式适用于需要同时运行多协议的网络。

基于网络层 IP 地址的 VLAN 则是根据终端的 IP 地址配 VLAN，只要 IP 地址不变，即使由于终端更换等原因导致 MAC 地址改变，也不影响 VLAN 的配置，其 VLAN 配置表如表 5-6 所示。

表 5-5   **基于第三层协议的 VLAN 表**

端口	所属 VLAN
NetBIOS 协议	VLAN 1
IP 协议	VLAN 2
……	……

表 5-6   **基于 IP 地址的 VLAN 表**

端口	所属 VLAN
IP1.1.1.0/24	VLAN 1
IP1.1.2.0/24	VLAN 2
……	……

一种基于 IP 组播方式而配置的 VLAN，该方式主要用于广域网，不适合应用于局域网中。

5.2.6.3 实时数据的快速传输方式

根据分布式 FA 的性能需要，STU 要在 100ms 内完成故障信息处理，实现故障区段定位并发出跳闸命令隔离故障，为此分布式 FA 通信系统要保证 STU 之间实时数据（故障信息、控制命令等）的传输延迟小于 10ms。因此需要采取措施确保分布式 FA 实时测控数据的传输速度满足要求。

（1）采用数字化变电站 GOOSE 传输机制。

随着数字化变电站技术的发展，基于通用面向对象变电站事件（GOOSE）的高速通信方式逐渐成熟，为实现分布式 FA 的实时数据快速通信提供了必要的技术手段[189],[190]。

通用面向对象变电站事件（generic object oriented substation event，GOOSE）是 IEC 61850 定义的一种通信机制，用于快速传输变电站事件，其是 IEC 61850 借鉴公共设施通信体系（UCA）的通用变电站状态事件（GSSE）引入的，借助高速对等通信网络实现监控终端之间数据的快速可靠交换。IEC 61850 中，GOOSE 报文不经过网络层与传输层，而是直接映射到数据链路层，保证数据传输的可靠性与实时性，其最小延时在 4ms 以内。

借鉴数字化变电站中 GOOSE 传输机制，通过单独组网方式（VLAN）传输分布式 FA 实时数据报文信息（故障信息数据及故障跳闸命令），保证数据传输的可靠性与实时性。为了保证分布式 FA 数据传输的可靠性与实时性，GOOSE 传输机制采用的改进技术手段主要有：

1）通过重发机制保证数据传输的可靠性。当通信网络上负载流量过重时可能会造成数据丢失，通过多次重发以保证数据传输的可靠性，为了避免重发报文次数过多导致网络通信负荷过重，重发时间间隔逐渐增大，既保证了数据传输的可靠性又不增加网络数据流量。

2）只有 4 层 OSI 协议。将实时数据报文编码不经过网络层与传输层，而是直接映射到数据链路层。其通信协议栈如图 5-10 所示，提高数据传输可靠性并降低传输延时。

	实时数据报文	
应用层	IEC 61850-8-1	
表示层	ASN.1/BER	
会话层		
传输层		
网络层		
数据链路层	以太网/IEC 802.1Q	
物理层	光纤/双绞线	

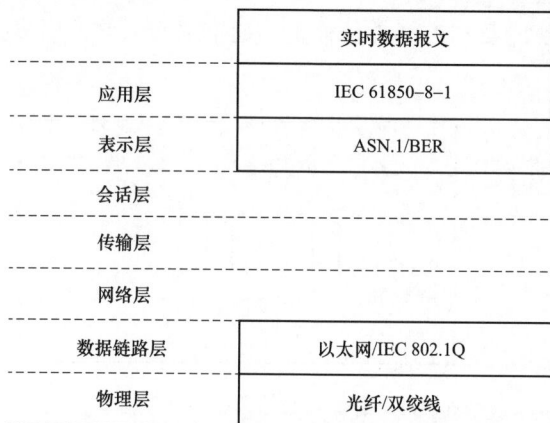

图 5-10 GOOSE 传输机制的通信协议栈

3）支持优先级。现代工业以太网交换机大多采用存储转发、排队输出的调度策略来减少数据帧在交换机内的冲突，将分布式 FA 实时数据报文定义较高的优先级，减少报文在交换机内部缓冲排队的延时。

4）采用无连接方式，即通过将分布式 FA 同一馈线上的相关 STU 设置在同一 VLAN 内以"组播"的方式进行数据传输。

这种传输方式的优点是速度快，最快可保证实时数据传输延时小于 4ms，但是其配置基于媒体访问控制层（media access control，MAC）地址，需要对通信协议栈进行裁剪，工程实施配置要求高，实现过程较复杂。

（2）采用 TCP 协议传输实时数据。传统配电网自动化多采用 TCP 协议传输数据，通信时将数据分割成预设长度的数据包，在数据包传输之前，在发送端和接收端建立全双工通道连接，接收端每接收到一个数据包就向发送端发送一个确认信息，以确保数据传输的可靠性。当发送端在规定时间内没有检测到确认信息时，将认定网络层丢包，并立即重传丢失数据包，在通信完成后再拆除发送端与接收端之间的连接[191]。

常规 TCP 协议具有面向连接、可靠性高等特征，它虽然能够达到分布式 FA 对实时数据传输可靠性的要求，但是却无法保证数据传输的实时性，需要采用优先级管理机制来提高常规 TCP 协议数据传输实时性[192],[193]。

STU 将分布式 FA 实时数据的发送、接收，以及打包、解包处理报文设置为高优先级任务，优先处理这些任务，减少实时数据报文在 STU 内部等待处理的时间，加快实时数据报文处理速度。选择支持报文优先级管理机制的交换机，将传输分布式 FA 实时数据报文的 TCP 协议数据包设置为高优先级，使其在交换机繁忙时优先得到转发处理，减少报文在交换机内部缓冲排队的延时。要求交换机支持 IEEE 802.1P，支持分布式 FA 实时数据报文的优先级需求，将分布式 FA 实时数据报文优先传送，支持优先级报文传输的交换机数据帧处理示意图如图 5-11 所示。

TCP 协议采用优先级管理机制传输分布式 FA 实时数据既能保证关键报文的传输实时性，又能够满足其传输过程中的高可靠性要求。但是由于 TCP 协议是基于连接的传输协议，因此无法实现实时数据的多播传输，当通信报文需要使用多播功能时则一般采用 UDP 协议。

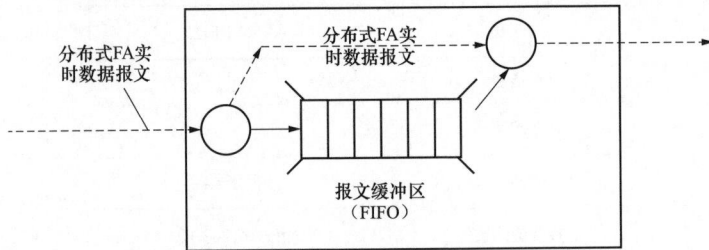

图 5-11 有优先级的数据帧处理格式

（3）采用 UDP 协议传输实时数据。

UDP 协议是一种无连接的传输层协议，通信双方无需事先建立连接，具有占有资源小、处理速度快、数据传输的实时性比较高的优点。

由于 UDP 传输数据不建立连接，一台 STU 可同时向多个 STU 传输多播信息。但是 UDP 协议不提供数据包分组与组装，没有信息确认机制，当数据报文发送之后，无法得知其是否安全完整到达，可靠性较差，从而无法达到分布式 FA 对数据传输可靠性的要求。

为了提高 UDP 协议数据传输的可靠性，可以借鉴数字化变电站的 GOOSE 传输机制，通过增加分布式 FA 实时数据报文重发机制以提高 UDP 传输的可靠性。为了避免重发报文次数过多导致网络通信负荷过重，重发时间间隔逐渐增大，既保证数据传输的可靠性又尽量不增加网络数据流量[194],[195]。

5.3 分布式智能电网故障区段定位方法

5.3.1 现有故障区段定位方法

近年来，分布式电源在世界范围内迅速发展，给电力技术带来一场深刻的变革。智能配电网中 DER 的大量接入、高度渗透，使传统辐射状供电的配电网发展成为潮流双向流动的有源配电网。DER 对智能配电网的潮流、短路电流产生了实质性的影响，并且某些 DER 的故障电流特性比较复杂，容易受到自然条件的影响。

文献［196］、［197］分析了 DER 接入配电网以后，配电网中短路电流的变化及其对配电网保护装置的影响；文献［198］、［199］分析了以逆变型接口接入配电网的 DER 的故障电流情况；文献［200］分析了含双馈感应电机型 DER 的配电网的短路电流特性；文献［201］基于电机型和逆变器型 DER 的短路电流特性，得到 DER 在配电网发生短路时的等效模型，以进行短路电流计算。文献［202］、［203］提出了含 DER 配电网的短路计算方法，DER 采用正常运行时的稳态模型来等效；文献［204］在短路计算时将 DER 用一个理想电压源和阻抗的连接来模拟；文献［205］提出一种含 DER 的配电网短路电流计算的改进方法，利用潮流计算得到正常运行时 DER 状态量，再根据 DER 的接口类型求得短路时各种 DER 提供的短路电流值。

传统馈线自动化（FA）的故障区段定位算法是基于配电网单电源辐射状结构进行设计的，定位依据是故障点上游线路流过故障电流，而故障点下游线路没有流过故障电流。但是 DER 大量接入智能配电网后，改变了配电网原有的网络结构和电气量分布，给传统FA 的故障区段定位带来了严重的不利影响，为了解决含 DER 配电网的故障区段定位问题，世界各国学者对该问题进行了全面深入的研究[206]～[212]。

为了避免改变传统的故障区段定位系统，提高原有故障区段定位方法的适应性，很多学者基于传统故障区段定位环境，通过添加少许电气装置，提出了含 DER 配电网故障区段定位的改进方法。

（1）增加故障电流整定阈值。文献［213］通过调整开关过电流整定值以可靠地区分系统提供的短路电流与 DER 提供的短路电流，保证配电终端只有流过来自系统提供的短路电流时才会上报故障信息，根据传统的故障区段定位方法进行故障区段定位，文献［215］为保证传统故障区段定位方法的适用性，则基于短路电流计算对 DER 的最大接入容量做出限制。

此类方法需要增加故障电流的整定值，对传统故障区段定位方法的继承性较好，原理简单，容易实现；缺点是降低了故障检测的可靠性与灵敏性，而且对 DER 的并网容量需要进行严格控制。

（2）利用重合闸时 DER 已脱网的特点进行故障区段定位。架空配电网需要根据重合闸来判断永久性故障和瞬时性故障，而根据国家电网有限公司企业标准 Q/GDW 1480—2015《分布式电源接入电网技术规定》，非有意识孤岛的 DER 必须在馈线故障后 2s 内从电网脱离。利用上述特点，将变电站出口断路器的重合闸时间延时 2.5～3.5s，此时配电终端再次检测到的故障信息就排除了 DER 的影响，然后依靠传统故障区段定位规则进行故障区段定位[213]～[216]。

此类方法只针对配备重合闸的架空线路，为了保证在重合闸期间 DER 能够可靠脱网，要将重合闸时间延长到 2s 以上；而且该算法不能对瞬时性故障进行定位，无法实现配电线路的状态估计，以便运行人员及时检修发现故障隐患，降低瞬时性故障发展到永久性故障的概率。

（3）利用故障电流方向进行故障区段定位。此类方法通过判断故障电流方向的方式来定位含 DER 智能配电网的故障区段，文献［217］根据配电网监控终端测量各分段开关处的电流和电压信息，利用遗传操作求解，实现故障区段定位操作。文献［218］提出通过将不同区域的电流方向作为输入，利用 Petri 网络进行故障区段定位。文献［219］提出一种利用故障后的电流方向信息来检测故障位置、隔离故障的矩阵方法。

因为馈线上一般不安装电压互感器，不能获取开关的电压信息，所以无法得到故障电流的方向。如果在馈线上每个开关处安装电压互感器，则投资较大，所以该方法在工程实际应用中受到极大的限制。

5.3.2 DER 短路电流特征

DER 的发电机主要有同步发电机、异步发电机、双馈发电机与逆变器 4 种。不同类型 DER 的故障电流输出特性不同，在进行计算时需要为其选用合适的电路模型。下面简单介绍不同类型 DER 短路电流的特点。

5.3.2.1　同步发电机短路电流

当配电网发生故障时，同步发电机提供短路电流的起始短路电流可达额定电流的数倍，该电流称为次暂态（又称超瞬态）短路电流。经过 2～3 个周期后，短路电流逐步衰减到暂态电流阶段，在经过 1s 左右的时间，同步发电机的短路电流达到稳态短路电流阶段。空载情况下发电机端口发生短路时，短路的全电流公式[220]可表示为

$$i(t) = \sqrt{2}U_N \left[\left(\frac{1}{x_d''} - \frac{1}{x_d'} \right) e^{\frac{1}{T_d''}} + \left(\frac{1}{x_d'} - \frac{1}{x_d} \right) e^{\frac{1}{T_d'}} + \frac{1}{x_d} \right] \cos(\omega t + \alpha) - \sqrt{2}\frac{U_N}{x_d''} \cos\alpha e^{\frac{1}{T_d}} \quad (5\text{-}9)$$

式中：U_N 为同步发电机的额定电压；x_d''、x_d'、x_d 为同步发电机的次暂态电抗、暂态电抗和稳态电抗；T_d''、T_d'、T_d 为同步发电机的次暂态分量、暂态分量和非周期分量的时间常数；α 为短路时同步发电机端电压的相角。

根据荷兰 KEMA 公司于 2005 年发布的《分布式电源对配电网短路电流计算影响》研究报告，并网点短路时，直接并网的同步发电机三相短路电流初始（次暂态）值一般为额定电流的 5～8 倍；如果经过隔离变压器并网，同步发电机三相短路电流初始值一般为额定电流的 3～7 倍。

5.3.2.2　异步发电机短路电流

异步发电机建立旋转磁场所需的无功功率来自电网，即电网给异步发电机提供励磁电流。在配电网发生故障时，异步发电机因失去励磁电流而不会向电网提供稳态短路电流。在剩磁的作用下，异步发电机只向电网提供短暂的暂态冲击电流，持续时间为 100～300ms。其短路电流的全电流表达式为[201]

$$i(t) = \sqrt{2}\frac{U_N}{x_s''} \left[\cos\alpha e^{\frac{1}{T_s''}} - (1-\sigma)\cos(\omega t + \alpha) e^{\frac{1}{T_r''}} \right] \quad (5\text{-}10)$$

式中：U_N 为异步发电机的额定电压；x_s'' 为异步发电机的次暂态电抗；T_s''、T_r'' 为异步发电机定子、转子次暂态分量的时间常数；σ 为异步发电机总漏磁系数；α 为短路时异步发电机端电压的相角。

实际上，正常运行时异步发电机转差较小（−5%～−2%），可以近似看作与电网同步。在短路初始阶段，考虑机械惯性的影响，异步发电机的转速变化很小，可以近似将异步发电机看作欠激的同步发电机。根据荷兰 KEMA 公司于 2005 年发布的《分布式电源对配电网短路电流计算影响》研究报告，并网点短路时，异步发电机三相短路电流初始（次暂态）值一般为额定电流的 5～7 倍。

5.3.2.3　双馈发电机短路电流

双馈发电机的定子绕组直接接入电网，转子绕组则通过双 PWM（交直交变频器）接入电网。当发电机并网点电压突然跌落时，定子绕组中会产生很大的冲击电流，而定子与转子之间存在电磁耦合会导致转子侧也产生过电流。为防止转子侧过电流毁坏变频器，在双馈发电机转子侧一般会安装 Crowbar（撬棒）电路，如图 5-12 所示。电压跌落造成转子绕组出现过电流时，Crowbar 电路在数个毫秒内启动，将转子绕组旁路，保护

变频器。

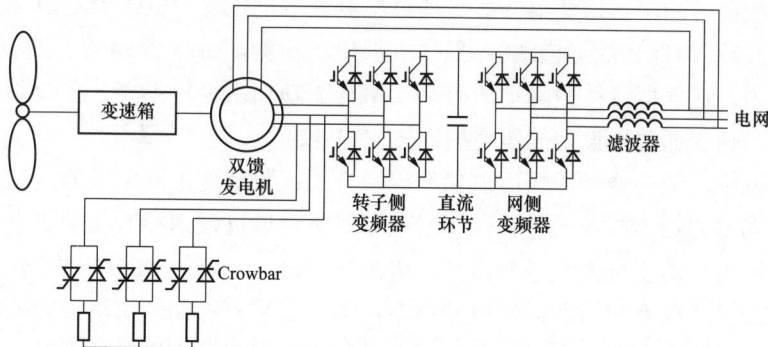

图 5-12 带有 Crowbar 电路的双馈电机

双馈发电机的短路电流特性与 Crowbar 电路工作方式有关。如果 Crowbar 电路在转子绕组出现过电流后，长期短路直至系统恢复正常运行，此时双馈发电机的短路电流输出特性与异步发电机类似。有的双馈发电机采用主动式 Crowbar 电路，以实现低电压穿越控制。此时，当电网故障造成双馈发电机转子过电流时，启动 Crowbar 电路来旁路转子侧变频器。当转子电流下降到一定程度时断开 Crowbar，转子侧变频器恢复工作，此时双馈发电机可以向电网注入电流，提供有功和无功支持。这种情况下，双馈发电机短路电流的初始值仍然比较大，可能达到额定电流的 5～7 倍，而 2～3 周期后，短路电流降至 1～1.5 倍的额定电流值。

5.3.2.4 逆变器短路电流

通常光伏发电系统、燃料电池与储能装置等都是通过逆变器接入配电网。现在生产的逆变器一般采用脉宽调制（PWM）方式，将发电或储能装置的直流电转换为工频交流电。三相 PWM 逆变器电路如图 5-13 所示，直流侧输入端并有一个用于缓冲输入电流、平滑直流输入电压的电容，在输出端与并网点之间串有一滤波电感。配电网故障时，在DER 因短路保护或反孤岛保护动作脱网之前，逆变器维持对配电网的供电，输出的短路

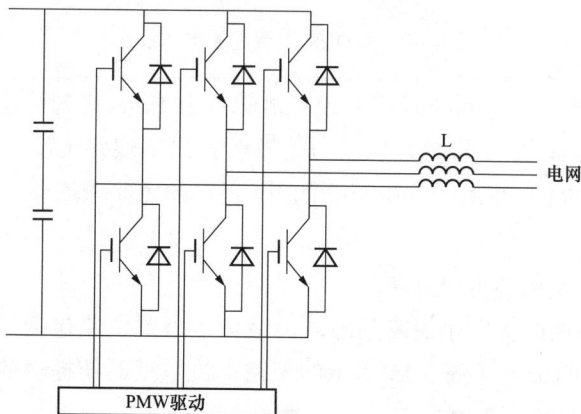

图 5-13 三相 PWM 逆变器电路示意图

电流与其在故障阶段具体采用的控制策略有关。故障初始阶段,指故障发生至逆变器检测到配电网故障时间段。逆变器一般是通过检测其端电压是否低于整定值,判断配电网是否发生了故障。为保证故障检测的可靠性,低电压检测都带有 2～4 个周期的动作时限。在这段时间内,逆变器维持故障前的有功功率与无功功率输出不变。在检测到故障引起的低电压后,逆变器根据设定的策略控制输出电流。

实际工程中,逆变器一般采用恒功率控制方式:跟踪配电网电压的变化,根据有功功率与无功功率的输出要求设定目标输出电流,然后通过反馈控制使输出电流的幅值与相位达到目标值,即实时控制逆变器并网电流的瞬时值。可见,逆变器的输出特性具有电流源的性质。逆变器的脉宽调制信号频率在数千赫兹,控制输出电流的响应速度只有数毫秒,因此,可以忽略逆变器自身的暂态过程,在电网发生短路故障时,认为逆变器向电网提供最大输出电流。为减少造价,逆变器使用的功率器件(绝缘栅双极型晶体管,IGBT)的过电流能力有限,最大输出电流是额定电流的 1.2～1.5 倍。

5.3.3 含 DER 智能配电网的短路电流特征

在智能配电网中,DER 的并网点可能位于线路母线上、线路中间或者线路末端,不同位置的 DER 对配电网短路电流造成的影响也不同。以如图 5-14 所示智能配电网线路为例,DER1、DER2、DER3、DER4 分别从母线、线路中间的 P 点和 R 点及线路末端的 T 点接入,在 F 点故障时,分析各并网点处的 DER 对短路电流的影响。由于在线路故障时,负荷电流很小,为简单起见,在分析含 DER 配电网的短路电流特征时可忽略负荷电流的影响。其等效电路如图 5-15 图所示。

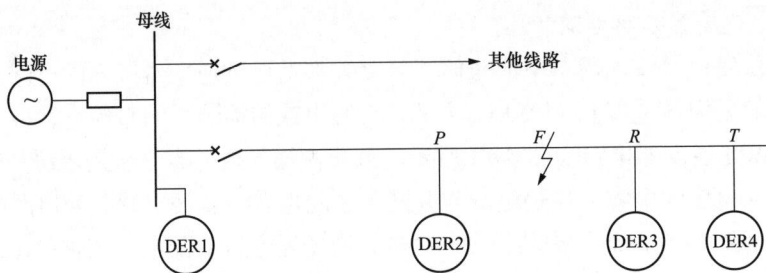

图 5-14 含 DER 的智能配电网线路

其中,系统电压为 $\dot{E}_\mathrm{S}$,系统阻抗为 Z_s,故障点为 F,P 点到母线与故障点 F 的线路阻抗分别为 Z_L1 和 Z_L2,R 点与 T 点以及与故障点 F 之间线路阻抗分别为 Z_L3 和 Z_L4,故障时分布式电源 DER1、DER2、DER3 和 DER4 提供的短路电流分别用 $\dot{I}_\mathrm{G1}$、$\dot{I}_\mathrm{G2}$、$\dot{I}_\mathrm{G3}$ 和 $\dot{I}_\mathrm{G4}$ 表示。

5.3.3.1 故障点的短路电流分析

含 DER 配电网馈线上发生短路故障时,故障点短路电流包括系统提供短路电流与 DER 提供短路电流两部分。图 5-15 所示的短路电流包括系统提供的短路电流,以及分布式电源 DER1、DER2、DER3、DER4 提供的短路电流。

虽然故障点上游 DER 提供的短路电流抬高了母线电压,导致系统提供的短路电流减少，但是故障点短路电流总体是增加的，增加的数值与 DER 的类型及其接入位置等因素有关。其中，同步发电机与异步发电机提供的短路电流大小与发电机到故障点的距离有关，而逆变器具有恒流源性质，提供的短路电流基本上不受故障点位置的影响。

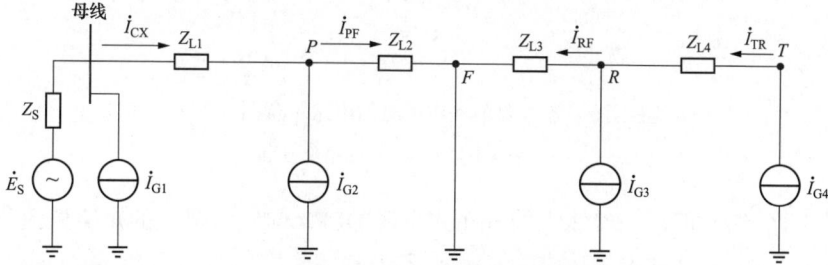

图 5-15　含 DER 智能配电网线路故障时的等效电路

考虑极端情况，假设智能配电网线路短路时故障点由系统提供的短路电流与无 DER 接入时相等，所有 DER 提供的短路电流都达到最大值，且与系统提供的短路电流同相位，这时故障点短路电流的增加值达到最大值。也就是说，智能配电网中 DER 接入后，故障点短路电流增加值的最大值是所有 DER 最大短路电流的代数和。

根据 5.3.1 介绍的 DER 短路电流输出能力，同步发电机输出的最大短路电流是其额定电流的 8 倍，逆变器输出的最大短路电流是其额定电流的 1.5 倍。实际配电网中，一条 10kV 中压母线及其出线上接入的 DER 容量累计可能有数十兆伏安，额定电流之和上千安培。在配电线路上故障时，DER 提供的短路电流可能达数千安培，而系统提供的最大短路电流为 7~30kA。可见，相对于系统提供的短路电流，DER 提供的短路电流较大，必须考虑其影响。

5.3.3.2　故障点上游线路的短路电流分析

故障点上游线路的短路电流一般包括系统提供的短路电流和故障点上游 DER 提供的短路电流两部分。如图 5-15 所示，故障点 F 上游线路的短路电流包括系统提供的短路电流和分布式电源 DER1、DER2 提供的短路电流，各电源单独作用时的电路示意图如图 5-16 所示。

由图 5-16（a）可得，系统电源向线路提供的短路电流为

$$\dot{I}_1 = \frac{\dot{E}_\text{S}}{Z_\text{S} + Z_\text{L1} + Z_\text{L2}} \tag{5-11}$$

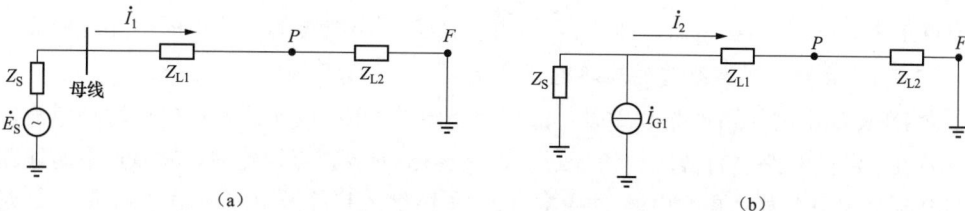

（a）　　　　　　　　　　　　　　　　　　　　（b）

图 5-16　各电源单独作用时的电路示意图（一）

（a）系统电源单独使用；（b）母线上接入的 DER1 单独使用

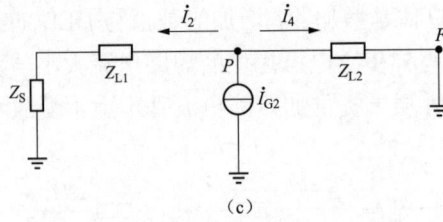

图 5-16　各电源单独作用时的电路示意图（二）

(c) 线路上接入的 DER2 单独使用

由图 5-16（b）可得，母线上的分布式电源 DER1 向线路提供的短路电流为

$$\dot{I}_2 = \frac{Z_S}{Z_S + Z_{L1} + Z_{L2}} \dot{I}_{G1} \tag{5-12}$$

由图 5-16（c）可得，线路上的分布式电源 DER2 向该分布式电源并网点 P 上、下游线路提供的短路电流分别为

$$\dot{I}_3 = \frac{Z_{L2}}{Z_S + Z_{L1} + Z_{L2}} \dot{I}_{G2} \tag{5-13}$$

$$\dot{I}_4 = \frac{Z_S + Z_{L1}}{Z_S + Z_{L1} + Z_{L2}} \dot{I}_{G2} \tag{5-14}$$

根据叠加原理可得，F 点故障时，流过 DER2 并网点（P 点）上、下游线路的短路电流 $\dot{I}_{CX}$ 和 $\dot{I}_{PF}$ 分别为

$$\dot{I}_{CX} = \dot{I}_1 + \dot{I}_2 - \dot{I}_3 = \frac{\dot{E}_S + Z_S \dot{I}_{G1} - Z_{L2} \dot{I}_{G2}}{Z_S + Z_{L1} + Z_{L2}} \tag{5-15}$$

$$\dot{I}_{PF} = \dot{I}_1 + \dot{I}_2 + \dot{I}_4 = \frac{\dot{E}_S + Z_S \dot{I}_{G1} + (Z_S + Z_{L1}) \dot{I}_{G2}}{Z_S + Z_{L1} + Z_{L2}} \tag{5-16}$$

根据式（5-15）～式（5-16）可得：含 DER 智能配电网发生故障时，故障线路外（在母线上或者是同母线的相邻馈线上）的分布式电源 DER1，使流过故障点上游线路的短路电流均增加，增加的大小与 DER1 提供的短路电流 $\dot{I}_{G1}$ 成正比；此外，还与系统阻抗以及故障点到母线之间的线路阻抗有关。

故障点上游线路的分布式电源 DER2，使流过 DER2 并网点 P 上游线路的短路电流 I_{CX} 减少，使流过 DER2 并网点 P 下游线路的短路电流 I_{PF} 增加，并网点 P 越靠近母线（$|Z_{L1} + Z_{L2}|$ 越小），故障点距离并网点越远（$|Z_{L2}|$ 越大），出口短路电流的减小越明显。故障点距离并网点越近（$|Z_{L2}|$ 越小），则并网点 P 下游线路的短路电流增加越明显。

5.3.3.3　故障点下游线路的短路电流分析

含 DER 配电网线路短路故障时，故障点下游的 DER 也向故障点提供短路电流，使得故障点下游的线路也有故障电流流过。如图 5-15 所示 F 点短路时，故障点下游线路的短路电流全部由下游分布式电源 DER3、DER4 提供，其等效电路如图 5-17 所示。对于靠近故障点 F 的线路，其流过的短路电流 $\dot{I}_{RF}$ 是故障点下游所有分布式电源 DER3 和 DER4 提供短路电流 $\dot{I}_{G3}$ 与 $\dot{I}_{G4}$ 之和；而对于两个分布式电源之间线路，其流过的短路电

流 $\dot{I}_{TR}$ 就是分布式电源 DER4 提供的短路电流 $\dot{I}_{G4}$，即

$$\dot{I}_{RF} = \dot{I}_{G3} + \dot{I}_{G4} \tag{5-17}$$

$$\dot{I}_{TR} = \dot{I}_{G4} \tag{5-18}$$

理论上，含 DER 配电网馈线上接入 DER
的额定容量最大可能达到线路额定容量。
如果接入的 DER 是旋转发电机，在线路
故障时 DER 提供的短路电流最大可能达
到线路额定电流的 8 倍。假如 DER 全部
接在故障点下游，则故障点下游短路电流
最大可能达到线路额定电流的 8 倍，达数
千安培。

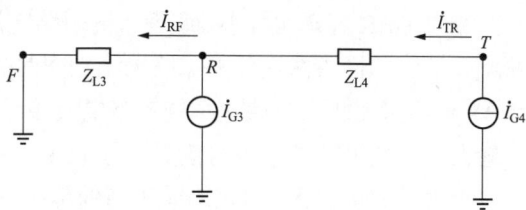

图 5-17　故障点下游线路等效电路

5.3.4　含 DER 配电网线路区段两端短路电流分析

对于辐射状供电的含 DER 智能配电网，其故障点上游的线路有系统提供的短路电流
及 DER 提供的短路电流流过；而故障点下游的线路仅有 DER 提供的短路电流流过。

以图 5-18 所示的含 DER 智能配电网馈线为例，线路由出口断路器 CB 与分段开关
S1～S4 分为 5 个区段，流过各个开关的短路电流分别记为 $\dot{I}_{CB}$、$\dot{I}_{S1}$、$\dot{I}_{S2}$、$\dot{I}_{S3}$、$\dot{I}_{S4}$；线
路中含有 3 个分布式电源 DER1、DER2、DER3，其接入位置如图 5-16 所示，DER 提供
短路电流分别记为 $\dot{I}_{G1}$、$\dot{I}_{G2}$、$\dot{I}_{G3}$。当线路 F 点发生故障时，分析流过各线路区段两
端开关的短路电流之间的关系。

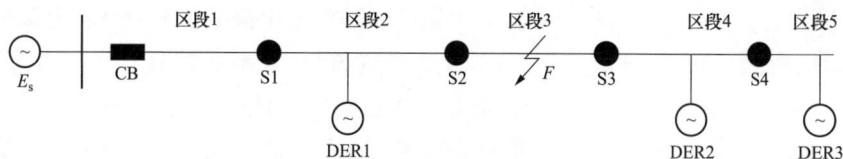

图 5-18　含 DER 智能配电网线路

对于各线路区段，记流过区段上游开关的电流为 $\dot{I}_{up}$，流过区段下游开关的电流为
$\dot{I}_{down}$，定义 ρ 为 $\dot{I}_{up}$ 与 $\dot{I}_{down}$ 幅值之比，定义 ϕ 为 $\dot{I}_{up}$ 与 $\dot{I}_{down}$ 相位之差绝对值，即

$$\rho = \left| \dot{I}_{up} \right| / \left| \dot{I}_{down} \right| = I_{up} / I_{down} \tag{5-19}$$

$$\phi = \left| \angle \dot{I}_{up} - \angle \dot{I}_{down} \right| \tag{5-20}$$

5.3.4.1　故障点上游非故障区段两端短路电流之间的关系

对于故障点上游的非故障区段，如果区段内无 DER，如图 5-18 所示线路区段 1，则
流过该区段两端开关的短路电流近似相同，即电流幅值近似相等，相位近似相同，该线
路区段两端开关电流之间的关系满足

$$\rho = I_{CB} / I_{S1} \approx 1 \tag{5-21}$$

$$\phi = \left| \angle \dot{I}_{CB} - \angle \dot{I}_{S1} \right| \approx 0° \tag{5-22}$$

如果故障点上游的非故障区段内含有 DER，由于 DER 提供的短路电流的影响，使得流过该区段两端开关的短路电流不再相等。如图 5-18 所示线路区段 2，流过区段下游开关的短路电流 $\dot{I}_{S2}$ 等于流过该区段上游开关的短路电流 $\dot{I}_{S1}$，与区段内分布式电源 DER1 短路电流 $\dot{I}_{G1}$ 之和。

如果 DER 容量比较小，或者系统短路电流远大于 DER 短路电流，可以忽略 DER 的影响，该线路区段两端开关短路电流之间的关系满足式（5-21）和式（5-22）。反之，如果 DER 容量比较大，或者系统短路电流接近或小于 DER 短路电流，该线路区段两端开关短路电流之间的关系不再满足式（5-21）和式（5-22）。

针对线路区段内的 DER 是单纯的电机型 DER（同步机、异步机或双馈电机）与逆变器两种情况，分析区段两端电流 $\dot{I}_{S1}$ 与 $\dot{I}_{S2}$ 之间的关系。

1. 线路区段内含电机型 DER

如果线路区段内 DER 为电机型 DER，由于线路故障时，发电机次暂态电动势与系统电源电压相差不会太大，而向故障点注入的短路电流 $\dot{I}_{G1}$ 的相位取决于线路阻抗与发电机容量，与系统短路电流 $\dot{I}_{S1}$ 接近，因此，可近似认为 $\dot{I}_{S2}$ 等于 $\dot{I}_{S1}$ 与 $\dot{I}_{G1}$ 之和，$\dot{I}_{S1}$ 与 $\dot{I}_{S2}$ 相位相同。该线路区段两端开关电流之间的关系满足

$$\rho = I_{S1}/I_{S2} = I_{S1}/(I_{S1}+I_{G1}) < 1 \qquad (5-23)$$

$$\phi = \left| \angle\dot{I}_{S1} - \angle\dot{I}_{S2} \right| \approx 0° \qquad (5-24)$$

2. 线路区段内含逆变器型 DER

如果线路区段内 DER 为逆变器型，在线路故障时 DER 短路电流 $\dot{I}_{G1}$ 较小，极端情况也不会超过线路额定电流的 1.5 倍。假定该区段上游开关的短路电流 $\dot{I}_{S1}$ 等于线路保护的过电流启动值（2 倍线路额定电流），此时 DER 短路电流对该区段下游开关短路电流的影响最大。如果逆变器只输出有功功率，$\dot{I}_{G1}$ 与线路电压 $\dot{U}$ 相位接近；如果逆变器只输出无功电流，$\dot{I}_{G1}$ 滞后线路电压 $\dot{U}$ 接近 90°。

以线路电压 $\dot{U}$ 作为参考方向，假定 $\dot{I}_{S1}$ 滞后电压 $\dot{U}$ 的角度为 θ，则区段 2 两端开关电流 $\dot{I}_{S1}$ 与 $\dot{I}_{S2}$ 之间的相量关系如图 5-19 所示。该线路区段两端开关的电流满足

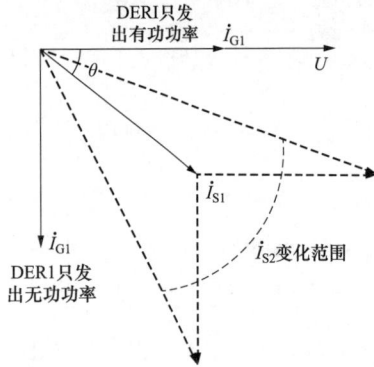

图 5-19　DER1 为逆变器时 $\dot{I}_{S1}$ 与 $\dot{I}_{S2}$ 之间的相量关系

$$\rho = I_{S1}/I_{S2} < 1 \qquad (5-25)$$

$$-\theta/2 < \angle\dot{I}_{S1} - \angle\dot{I}_{S2} < (90°-\theta)/2 \qquad (5-26)$$

考虑 $\dot{I}_{S1}$ 的相角 θ 主要与线路阻抗角有关，10kV 线路阻抗角一般在 30°～70° 之间，所以式（5-26）可简化为

$$-35° < \angle\dot{I}_{S1} - \angle\dot{I}_{S2} < 30° \qquad (5-27)$$

即

$$\phi = \left| \angle\dot{I}_{S1} - \angle\dot{I}_{S2} \right| < 35° \qquad (5-28)$$

综上，当含 DER 智能配电网馈线发生故障时，对于故障点上游非故障线路区段，其两端开关电流之间的关系满足

$$\rho = I_{\text{up}} / I_{\text{down}} \leqslant 1 \tag{5-29}$$

$$\phi = \left| \angle \dot{I}_{\text{up}} - \angle \dot{I}_{\text{down}} \right| < 35° \tag{5-30}$$

5.3.4.2　故障点下游非故障区段两端短路电流之间的关系

如果故障点下游无 DER 或者 DER 容量较小，此时故障点下游非故障区段两端开关均检测不到故障电流。如果故障点下游非故障区段内含有大容量 DER，而该区段下游无 DER 或者 DER 容量较小，此时该区段只有上游开关检测到故障电流。如果故障点下游非故障区段下游含有大容量 DER，则该区段两端开关均流过 DER 短路电流。以图 5-18 所示区段 4 为例，流过开关 S3 的短路电流由 DER2 和 DER3 提供，流过开关 S4 的短路电流只由 DER3 提供，即

$$\begin{cases} \dot{I}_{\text{S3}} = -(\dot{I}_{\text{G2}} + \dot{I}_{\text{G3}}) \\ \dot{I}_{\text{S4}} = -\dot{I}_{\text{G3}} \end{cases} \tag{5-31}$$

此时，如果区段 4 内的分布式电源 DER3 容量较小，则该区段的两端开关流过电流近似相同。此时流过该区段两端开关的短路电流的幅值和相位满足式（5-21）和式（5-22）。如果区段 4 内的分布式电源 DER3 容量较大，则 DER3 影响流过该区段两端开关的短路电流之间的关系。

5.3.4.3　故障区段两端短路电流之间的关系

对于故障区段，故障点上游开关流过系统与开关上游 DER 共同提供的短路电流，而下游开关流过的是开关下游 DER 提供的短路电流，如图 5-18 所示线路区段 3，该区段上游开关 S2 的短路电流 $\dot{I}_{\text{S2}}$ 由系统与分布式电源 DER1 共同提供，下游开关 S3 的短路电流 $\dot{I}_{\text{S3}}$ 由区段下游分布式电源 DER2 和 DER3 共同提供。如果区段下游 DER 容量较小时导致 $\dot{I}_{\text{S3}}$ 小于门槛值，此时该区段只有上游开关 S2 处检测到故障信号；反之，如果区段下游 DER 容量较大，导致 $\dot{I}_{\text{S2}}$ 与 $\dot{I}_{\text{S3}}$ 均超过门槛值，即区段两端开关均检测到故障电流。

如果区段 3 下游 DER 提供短路电流为 $\dot{I}_{\text{G}}$，则开关 S3 流过短路电流为 $\dot{I}_{\text{S3}} = \dot{I}_{\text{G}}$，所以对于该区段两端短路电流幅值之比 ρ 满足

$$\rho = I_{\text{S2}} / I_{\text{S3}} = I_{\text{S2}} / I_{\text{G}} \tag{5-32}$$

5.3.5　基于故障电流相位比较的故障区段定位方法

随着智能配电网 DER 电压控制技术的发展，以及对 DER 引起 PCC 处电压变化率的进一步放宽，DER 准入容量会进一步提高，故障点下游 DER 提供的短路电流可能会接近甚至超过系统短路电流，基于故障电流幅值比较的故障区段定位法不再适用。

此时，可以通过检测故障电流方向进行故障区段定位，但是检测故障电流方向需要测量电压。考虑实际现场中，为减少投资并节省空间，环网柜（或架空线分段开关处）往往只安装一个取电的互感器，无法满足检测所有相别故障方向的要求。为简化分布式故障区段定位方案，可通过比较流过线路区段两端开关电流的相位确定故障区段。其工

作原理是：线路区段内部发生故障时，流过该区段两端开关的电流相位相反；线路区段外部发生故障时，流过该区段两端开关的电流相位相同。

对于两端线路区段，如果在线路故障时两端保护都起动，则在区内故障时，两端电流之间的绝对相位差大于 $135°$；在区外故障时，两端电流之间的绝对相位差小于 $56.8°$。通过上述分析可得，在含 DER 智能配电网馈线发生短路故障时，可以通过比较线路区段两端短路电流相位差 ϕ 中是否大于 $135°$ 确定出故障区段。考虑负荷电流及电流互感器测量误差等因素的影响，判据通常留有一定的裕度 ϕ_0（$\phi_0 \leqslant 30°$），所以设置实际的故障区段定位判据为

$$\phi = \left| \angle \dot{I}_{\text{up}} - \angle \dot{I}_{\text{down}} \right| > 135° - \phi_0 \tag{5-33}$$

在协同型分布式 FA 中，故障区段与故障下游非故障区段都有可能只有一端开关检测到故障电流。因为只有当地的故障电流测量结果，无法将其与另外的端部电流进行比较以判断故障是否在区内，产生了所谓的弱馈问题。

弱馈问题的解决方案是增加校验判据以进一步对故障区段进行识别。检测到故障电流的 STU，获取线路出口断路器（电源开关）处故障电流 $\dot{I}_{\text{src}}$ 的相位测量结果，并与 $\dot{I}_{\text{src}}$ 的相位进行比较。

🎯 5.4　分布式智能电网自愈控制

5.4.1　智能配电网与自愈技术

1. 智能配电网与自愈技术的基本理论

智能配电网是指电力和通信基础设施与现有电网中的先进的过程自动化和信息技术之间的整合，其以现有配电自动化为基础，应用现代电力电子、测量传感、计算机网络、自动控制和信息通信等先进技术，鼓励用户积极参与电网互动并支持用户侧响应，允许分布式电源大规模接入和微网运行。由于大部分馈线是辐射型的，若没有备用电源，就算故障发生在几千米外，用户仍会停电。解决方法是将负荷转移到邻近线路，以保证用户的供电。若馈线上存在多个开关，并具有自动重构配电网的智能功能室，则通过开关自身或控制中心在出现停电时进行控制，可称为智能配电网。

"自愈"的提出来源于生物学，指生物体出现不正常状态或疾病征兆时，通过激活自身的修复机制（包括免疫防御、组织再生、代谢调节等），逐步清除损伤因素、修复受损结构，最终恢复生理稳态和功能的过程[221],[222]。为了满足电网安全稳定运行和持续供电的需求，学者将"自愈"的思想引入了电力系统中。电网自愈的概念最初于 1999 年由美国国防部、电科院提出，我国科研工作者随后对其进行相关研究[223],[224]。电网自愈主要通过在配电网不同区域内实施充分协调并且技术经济优化的控制策略，使配电网具有自我感知、自治诊断、自治决策、自治修复的能力，实现配电网的安全、可靠与经济运行。与传统自愈技术相比，智能配电网快速自愈技术可以在一个周波内实现自愈，把故障恢复时间从分钟级缩短至秒级甚至毫秒级。智能配电网自愈技术构成如

表 5-7 所示。

表 5-7		智能配电网自愈技术构成	
	包含内容	关键技术	基本条件
自愈系统	继电保护 自动化设备 通信系统 数据采集与监测 状态估计 故障定位 供电恢复 ……	（1）高级配电自动化技术（ADA）； （2）智能微网技术（SMT）； （3）配电网快速仿真与模拟技术（DFSM）； （4）配电网广域测控技术（DWAMCI）； （5）高级量测技术（AMI）； （6）需求侧管理技术（DSM）	（1）配备各种智能化的开关设备和配电终端设备； （2）系统中拥有双电源或多电源以及 DG和储能设备，具有灵活、可靠的网络拓扑结构； （3）可靠的通信网络及强大的信息处理能力； （4）拥有具有分析、计算、评估与预警等功能的智能化的主站系统

智能配网自愈技术主要包含了继电保护、自动化设备、通信系统、数据采集与监测、状态估计、故障定位、供电恢复等多个内容，涉及计算机、通信技术、电力系统继电保护等多个学科领域。下面主要介绍电网的智能监测、运行状态评估，以及电网故障诊断等智能配电网自愈的关键技术。

2. 智能配电网自愈技术的发展现状

目前，自愈控制技术的实现方式主要有运行监视、时序配合就地控制、主站集中控制、分布式智能终端就地控制等[225]。其中，运行监视是通过故障指示器终端通过通信手段将故障信息上传至主站，从而实现自愈。它无需重建一次设备，工程造价低，对通信的依赖性也低。但需要人工进行故障恢复，耗时长、自动化水平低；时序配合就地控制模式可以通过就地重合器或电流差动保护实现，经济性高，且不依赖通信通道，但自动化程度较低，停电影响范围较大，适合对供电可靠性要求不高的场合；主站集中控制模式通过配电终端远程实时监控配电网运行，供电可靠性较高，而且已全面铺设光纤通信网，配电终端具备三遥功能，缺点是对通信的依赖性较高，且投资较大；分布式智能终端就地控制模式通过分布式智能终端的相互配合实现自愈，其不依赖于主站自主判断、自主决策，缺点是无法适应复杂的配电网络，适合用于光纤铺设复杂的区域[226]。

同时，学术界对于智能配电网的自愈功能进行了大量研究，文献［227］经过研究，形成开关实操次数少、线路能耗量低、浪费电负荷小的即时故障自愈模型，综合探究自愈方法，对比实际状态量，分析智能算法、混合算法等方式。文献［228］根据图论知识，探讨了设备运作、功能冗余，形成以冗余资源网络为主的整体结构模型，加强智能配电网容错能力及自愈水平。文献［229］分析认为提高智能配电网自愈能力，可以扩大智能化开关使用范围，提高配电终端设备应用覆盖面，使得网络拓扑结构在信息流通与处理层面发挥更多作用，并认为大型分布式电源并入和网络重构问题上存有较大困难。文献［230］认为完成系统自愈可结合 IEC 61850 应用，这对各智能终端之间形成通信交互要求较多。文献［231］提出以自愈恢复率、操控复杂度、持续稳定时间等指标作为智能配电网是否具有较高故障自愈能力进行分析，并根据实践需要，构建与系统自愈能力相关的评价体系，进而有效分析各自愈方案优缺点。文献［232］运用多种研究方案，梳理归纳电网自愈的名词概念和内涵特征，总结大型电网自愈技术，根据电网自愈运行特征，可将电网实际运行情况分成优化状态、正常状态、脆弱状态、故障状态和恢复状态，为理论体系完善带来积极影响。

将来，坚强智能电网的前进方向，关键是建设坚强网架电网网架要具备较强的抗干扰和自愈能力。配电网作为智能电网建设的关键领域，其继电保护、控制和自动化能力将深度融合[233]，5G 等通信新技术将进一步使用于智能配电网继电保护控制环节中，分布式发电和储能技术的应用可以使得自愈控制手段更为丰富，利用大数据、云计算、物联网、移动互联，以及人工智能等先进技术，智能配电网自愈控制功能工程实现的瓶颈问题将迎刃而解，应用前景广阔[234]。

3. 智能配电网自愈重构研究

配电网重构是通过改变开关状态来改变系统拓扑结构的过程，目的在于获得最大的经济性。在配电网中，网络重构是降低系统损耗、满足运行约束件、均衡负载、提高电能质量的常用方法。配电网的重构分为两种类型，一种是优化重构，另一种是故障恢复重构。这两种重构方式的相同点是配电网中存在着大量分段开关和联络开关，配电网重构问题的实质也就是对这些开关状态进行组合，使布局最为优化，因此两种配电网重构问题都属于多目标非线性混合优化问题。这两种重构方式的不同点是优化重构旨在降低网损、改善电压分布、均衡线路负载等，而故障恢复重构旨在合理恢复因故障而失电的负荷区域。近年来，由于人工智能算法的兴起，遗传算法、蚁群算法、模拟退火算法等智能优化算法被应用于解决配电网重构问题的实例中，并在求取全局最优解方面取得了良好的效果。

随着分布式能源（distributed generation，DG）大规模的加入配电网络，其位置和运行点都将影响配电网的网损，传统的配电网重构策略已经不能完全满足含 DG 的配电网重构需求。DG 出力及负荷的变化影响着配电网的潮流分布，在一种状态下求得的最优网络结构在另一种状态下不一定最优，导致所面临的问题复杂庞大，因此理论上配电网优化重构是复杂的大规模混合整数非线化规划问题。针对不同规模的配电网，研究采用合适的重构算法具有重要意义，因此有必要考虑含分布式电源的智能配电网自愈重构技术的实现方案。

国内外学者已对配电网重构和故障恢复提出了多种解决方案，但是单一的算法通常不能克服自身的缺点。文献［235］将蚁群算法与粒子群算法结合，提出了混合型粒子群算法解决含有 DG 的配电网重构问题，避免了蚁群算法收敛速度慢，粒子群算法容易陷入局部最优解的缺点问题。文献［236］提出了基于功率矩和邻域搜索的配电网重构算法，其优点是提高了重构过程的效率。文献［237］和［238］分别改进了蚁群算法和遗传算法，求解了配电网重构模型。文献［239］将混沌优化算法与免疫算法相结合，求解了配电网重构模型。文献［240］提出功率圆和等值有效负荷的概念，将孤岛范围之内的等值有效负荷最大为目标函数，建立了孤岛划分模型，并采用广度优先搜索和深度优先搜索方法求解。

5.4.2 含 DG 的配电网自愈重构

在上述研究工作的基础上，介绍智能配电网自愈重构。自愈重构是在故障诊断和隔离后，对非故障区域进行供电的过程。智能配电网自愈重构由网络重构、拓扑识别、孤岛划分和潮流计算等部分构成。DG 接入的配电网，其决策变量增加，也加剧了重构问题的复杂性。

5.4.2.1 基于改进群搜索算法的网络重构

基于传统群搜索优化算法的基础上，运用模糊理论对其进行了改进，使之扩大到二维搜索空间，即同时考虑 DG 出力的连续搜索空间和开关状态的二进制搜索空间，提出了多维群搜索优化算法的自愈重构策略。目标函数是使配电系统有功功率损耗最小，达到最高经济性。

群搜索优化算法（group search optimization approach，GSO）由 S. He、Q. H. Wu 和 J. R. Saunder 提出，其源于群居动物如鸟、鱼、狮子的觅食行为[241]。群居是动物行为环境普遍存在的现象，可以使得群居成员之间产生信息共享和分工协作，这也就大大增加群搜索资源的成功率[242]。作为一种新兴的人工智能优化算法，GSO 是基于生物学家 R. M. Sibliy 和 C. J. Bamard 的 Prouucer - Scrounger 模型，并在此基础上引入发现策略和搜索策略，同时引入游荡者策略来避免算法陷入局部极小。在每次迭代中，选择适应度值最高的个体作为发现者，然后在剩余个体中选取 80% 作为加入者，向发现者的方向做随机步长的移动，最后 20% 的游荡者进行随机游荡。在每次迭代中，三个个体便根据他们的适应度值进行角色互换。

根据搜索空间的不同特性来规定这三种角色的行为，即在连续和二进制搜索空间中，三种角色的形式和建模是不同的。下面分别对每个搜索空间中的 GSO 群成员进行数学建模。

1. 连续搜索空间

GSO 作为连续搜索工具，在连续搜索空间中，个体是决策变量的向量。利用角度和位置对 GSO 组的每个个体进行区分，$x_i^k \in \mathbf{R}^n$ 是第 i 个个体在第 k 次迭代时的位置，它的搜索角度为 $\varphi_i^k = (\varphi_{i1}^k, \cdots, \varphi_{i(n-1)}^k) \in \mathbf{R}^{n-1}$。其中，$\varphi_{in}^k$ 是第 i 个元素在第 n 维的角度。n 是搜索空间的位数，$\mathbf{R}$ 是实数集。利用搜索能力，发现者在其扫描范围内的三个方向随机选择点可以计算为

$$x_z = x_p^k + r_1 l_{max} D_p^k(\varphi^k) \tag{5-34}$$

$$x_r = x_p^k + r_1 l_{max} D_p^k(\varphi^k + r_2 \theta_{max} / 2) \tag{5-35}$$

$$x_l = x_p^k + r_1 l_{max} D_p^k(\varphi^k - r_2 \theta_{max} / 2) \tag{5-36}$$

式中：k 为迭代次数；点 r_1 和 r_2 分别为均值为 0、标准差为 1 的正态分布随机数和均匀分布随机数；$D_p^k(\varphi^k)$ 为第 k 次迭代时发现者成员的搜索方向向量。

实际上，搜索空间中的三个随机点在发现者成员附近由式（5-34）～式（5-36）生成，搜索方向向量 d 的每个元素为

$$d_{ij}^k = \begin{cases} \prod_{q=1}^{n=1} \cos(\varphi_{iq}^k), & j = 1 \\ \sin(\varphi_{i(j-1)}^k) \prod_{q=1}^{n=1} \cos(\varphi_{iq}^k), & j = 2, \cdots, n-1 \\ \sin(\varphi_{i(j-1)}^k), & j = n \end{cases} \tag{5-37}$$

在式（5-34）～式（5-36）中，$\theta_{\max}$ 是最大追逐角，$l_{\max}$ 是最大追逐距离，其表达式为

$$l_{\max} = \| U - L \| = \sqrt{\sum_{i=1}^{n}(U_i - L_i)^2} \tag{5-38}$$

$$\theta_{\max} = \frac{\pi}{\lambda^2} \tag{5-39}$$

式中：U_i 和 L_i 为第 i 个变量的上、下限。

另外，n 是搜索空间的维数，式（5-39）中的 λ 参数计算为

$$\lambda = \text{round}(\sqrt{n+1}) \tag{5-40}$$

式中：round 为舍入运算符。

如果三个随机点有位置优于发现者的点，则取代它成为新的发现者，否则进行角度转换重新扫描，其转换式为

$$\varphi^{k+1} = \varphi^k + r_2\lambda_{\max} \tag{5-41}$$

式中：$\lambda_{\max} \in \mathbf{R}^1$ 为最大转角。

设 $\lambda_{\max} = \theta_{\max}/2$。最后，如果经过 λ 次迭代后，发现者找不到合适的结果，则将其角度重置为最初角度，即

$$\varphi^{k+1} = \varphi^k \tag{5-42}$$

加入者将通过跟踪发现者个体的路径，在第 k 次迭代时，将第 i 个加入者的位置与发现者的位置进行比较，并利用一个随机路径到达发现者，得到

$$x_i^{k+1} = x_i^k + r_3 \circ (x_p^k - x_i^k) \tag{5-43}$$

式中：x_i^k 为第 i 个游荡者在第 k 次迭代中的位置；$r_3 \in \mathbf{R}^n$ 为一个在（0，1）区间均匀分布的随机数；符号"。"为两个向量的 Hadamard 积。

游荡者搜索过程中发挥作用随机，可建模等效为一个随机位置和角度向量。在第 k 次迭代中定义随机长度为

$$l_i^k = \lambda r_1 l_{\max} \tag{5-44}$$

式（5-44）中，随机长度是将式（5-38）中计算出的最大追踪距离乘以均值为 0，标准差为 1 的均匀分布随机数得到的。其中，λ 是式（5-40）中计算得到的常数，为了计算随机位置向量，需要插入随机长度为

$$x_i^{k+1} = x_i^k + l_i D_i^k(\varphi^{k+1}) \tag{5-45}$$

将发现者附近的点赋予搜索能力，搜索过程将会大大改善，把这些点称之为候选点。候选点仅在连续迭代的适应度值没有提高时才创建。提出多发现者搜索方法是为了支持主发现者保留局部的最小值，并在特殊迭代过程中加快搜索速度。生成候选点的准则由式（5-46）所示，计算候选点的位置由式（5-47）和式（5-48）表示。

$$\left| x_p^{\text{iter}} - x_p^{\text{iter}-10} \right| \leqslant \varepsilon \tag{5-46}$$

$$x_{\text{ptest}}^r = x_p^{\text{iter}} + r_4 \left(\frac{x_{\max} - x_p}{x_{\max}} \right) \left(\frac{\text{itermax} - \text{iter}}{\text{iter}} \right) \tag{5-47}$$

$$x_{\text{ptest}}^l = x_p^{\text{iter}} + r_5 \left(\frac{x_{\max} - x_p}{x_{\max}} \right) \left(\frac{\text{itermax} - \text{iter}}{\text{iter}} \right) \tag{5-48}$$

式中：$(r_4, r_5) \in R^1$ 为在（0，1）范围内均匀分布的随机数；$x_{\max}$ 和 irermax 分别为该变量的最大值和最大迭代次数；ε 为一个阈值。

在生成候选点之后，由主发现者进行评估，排序模型为

$$x_{p1} = x_z \tag{5-49}$$

$$x_{p2} = x_r \tag{5-50}$$

$$x_{p3} = x_l \tag{5-51}$$

式中：x_{p1}、x_{p2}、x_{p3} 分别为 1～3 级发现者。

将加入者分为四组，每组加入者都跟随相应的发现者，其模型为

$$x_i^{k+1} = x_i^k + r_1 \circ (x_p^k - x_i^k) \tag{5-52}$$

$$x_{i'}^{k+1} = x_{i'}^k + r_2 \circ (x_{p1}^k - \dot{x}_{i'}^k) \tag{5-53}$$

$$x_{i''}^{k+1} = x_{i''}^k + r_3 \circ (x_{p2}^k - x_{i''}^k) \tag{5-54}$$

$$x_{i'''}^{k+1} = x_{i'''}^k + r_4 \circ (x_{p3}^k - x_{i'''}^k) \tag{5-55}$$

式中：x_i^{k+1}、$x_{i'}^{k+1}$、$x_{i''}^{k+1}$、$x_{i'''}^{k+1}$ 分别为 4 组加入者；$r_1 \sim r_4$ 为（0，1）范围内的随机数。

2. 二进制搜索空间

发现者：为了模拟发现者的搜索能力，产生随机序列。在二进制搜索空间中，使用 2 个随机指针执行随机长度选择。两个指针之间的子数组是可以在选定的子数组上执行发现过程的搜索空间。在图 5-20 中，给出了发现者个体的随机长度选择，对于（1×n）数组，r_3 是（1，n）范围内的随机指针，r_4 是（r_3，n）范围内的随机针。

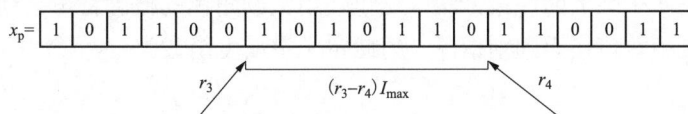

图 5-20 发现者的随机长度选择

在模拟随机长度后，三个随机点的识别类似于式（5-34）～式（5-36）。对于所选的子阵列，角度修正过程可以采用 2 个连续的列来进行。由于每个步骤中有两个二进制变量，所以可能有 4 种状态。其中一个是初始条件，其他三个状态由发现者个体确定为三个随机点。每个随机点形成一个新的子数组。新的子数组应该插入到原来的发现者数组中，然后通过三个新数组来模拟式（5-34）～式（5-36）。如果生成新的子数组的适应度值优于旧的发现者，则选择新的数组作为发现者个体。相反，如果没有更好的解决方案，发现者则改变角度，执行搜索过程。

加入者：参考连续空间中的情况加入者试图加入发现者个体。在二进制空间中，使

用两个随机指针执行随机长度选择。两个指针之间的子数组被认为是搜索空间，$x_p^k - x_i^k$ 可表示为

$$x_p^k - x_i^k = \mathrm{XOR}(x_p^k - x_i^k) \tag{5-56}$$

$$\mathrm{XOR}(a,b) = \begin{cases} 1, & a \neq b \\ 0, & a = b \end{cases} \tag{5-57}$$

实际上，式（5-56）中的 XOR 函数模拟了式（5-45）在连续空间中提供的函数，计算 $(x_p^k - x_i^k)$ 之后，选择一个随机长度的指针 r_5、r_6。如图 5-21 所示，r_5 是（$1 \times n$）的随机数，r_6 是（r_5, n）范围内的随机数。子阵列的数值等于 1，然后，改变 x 中对应元素的状态。这样，将生成一个新的加入者个体，并实现加入过程。具体为，加入者成员的位置首先从发现者成员的位置减去，然后结果值乘以一个随机数（选择加入者和发现者之间距离的随机部分）。最后将获取的值添加到加入者的当前位置，这将产生一个新的加入者个体位置。

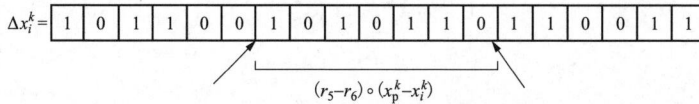

$$\Delta x_i^k = \boxed{1\,0\,1\,1\,0\,0\,1\,0\,1\,0\,1\,1\,0\,1\,1\,0\,0\,1\,1}$$

$$(r_5 - r_6) \circ (x_p^k - x_i^k)$$

图 5-21　二进制空间的加入过程

游荡者：在式（5-45）中，游荡过程使用随机长度和角度来执行，类似于发现者和加入者，随机长度是通过使用两个随机指针来实现的。首先，测量 $r_7 \sim r_8$ 之间的随机长度，其中 r_7 是（1，n）范围内的随机数，r_8 是（r_7, n）范围内的随机数，形成随机角度，即

$$\Delta x_i = \mathrm{randint}(1,l) \tag{5-58}$$

式中：Δx_i 为使用（r_7, r_8）选择的子数组；$\mathrm{randint}(1,l)$ 为一个提供长度为 x 的随机二进制数组的运算符；l 为生成的随机长度。

模糊理论是一个强大的决策方法，这里使用关联角色的概念将角色划分给个体。每个个体的适应度函数值作为判别指标。为此定义隶属度函数为

$$\mu_i^k(x) = \begin{cases} 1, & F_i^k(x) \geqslant F_{max}^k \\ \dfrac{F_{max}^k - F_l^k(x)}{F_{max}^k - F_{min}^k}, & F_{min}^k \leqslant F_i^k(x) \leqslant F_{max}^k \\ 0, & F_i^k(x) \leqslant F_{min}^k \end{cases} \tag{5-59}$$

式中：$\mu_i^k(x)$ 为隶属度函数；$F_i^k(x)$ 为第 k 次迭代时第 i 个个体的适应度值；F_{min}^k 和 F_{max}^k 分别为第 k 次迭代时最有适应度函数。

第 i 个个体在第 k 次迭代时的隶属度函数如图 5-22（a）所示。所提出的分类过程如图 5-22（b）所示，这样分类可以清楚地表示每个个体相对于其他个体的地位。将隶属度值 1 赋给适应度最大的个体，即发现者。将隶属度值 0 赋给适应度最差的个体。隶属度值等于 0.5 表示具有平均适应度的个体。小于 0.5 的成员函数值表示关联个体的位置不合适。因此，为了找到更好的位置，算法需要改变它们的位置。也就是说，在新的优化

迭代中，将隶属度函数值小于 0.5 的个体分配为游荡者，因为游荡者可以随机搜索空间。另外，将个体函数值大于 0.5 的个体分配为加入者，原因是相关联的位置可以进行加入。一旦完成任务，每个个体被分成两个子向量，即二进制和连续向量，然后执行上文中所述搜索过程，如图 5-22 所示。

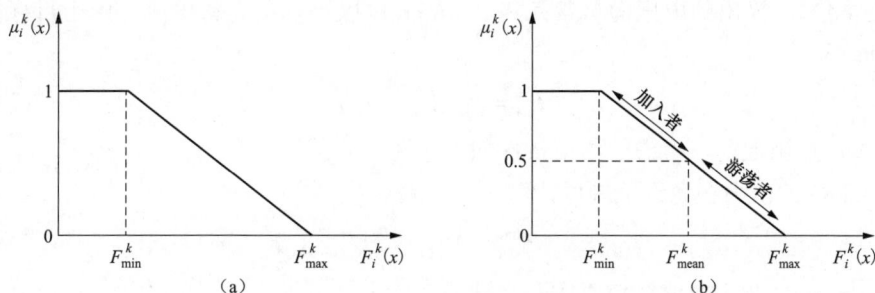

图 5-22　成员分类过程

（a）第 k 次迭代中第 i 个个体的隶属度函数；（b）分类过程

至此完成了对传统 GSO 算法改进的过程，其与传统 GSO 算法的区别在于，提供了连续空间和二进制搜索空间，而传统 GSO 算法只能处理单一类型的变量。

智能配电网自愈重构的目的在于找到在分布式发电系统最优的分布式电源出力和分段开关状态问题。将有功功率损耗最小化被视为目标函数，将 DG 的位置、有功功率和开关的状态作为输入参数，可得

$$P_n^{\text{inj}} = P_n^{\text{Gen}} - P_n^{\text{Load}} \tag{5-60}$$

式中：n 为节点编号，$n=1, 2, \cdots, N$；P_n^{inj} 为节点 n 的注入有功功率；P_n^{Gen} 为分布式电源出力；P_n^{Load} 为负荷的有功功率。

根据开关状态形成导纳矩阵，即

$$Y_{nm} = \begin{cases} y_{nm} + \sum_{i=1}^{N} y_{ni} \times SW_{ni}, n=m, i \neq n \\ -y_{nm} \times SW_{nm}, n \neq m \end{cases} \tag{5-61}$$

式中：Y_{nm} 为导纳矩阵的元素；y_{nm} 为节点 nm 之间的导纳；SW_{nm} 为节点 nm 之间二进制的开关状态。

SW_{nm} 值为

$$SW_{nm} = \begin{cases} 1, \text{节点} n、m \text{之间开关打开} \\ 0, \text{其他} \end{cases} \tag{5-62}$$

根据式（5-60）和式（5-61）计算出的注入功率和导纳矩阵，进行潮流计算，得到

$$P_n = \sum_{m=1}^{N} |U_n||U_m||U_{nm}|\cos(\theta_{nm} + \delta_m - \delta_n) \tag{5-63}$$

$$Q_n = \sum_{m=1}^{N} |U_n||U_m||U_{nm}|\sin(\theta_{nm} + \delta_m - \delta_n) \tag{5-64}$$

$$Y_{nm} = |Y_{nm}| \angle \theta_{nm} \tag{5-65}$$

$$U_n = |U_n| \angle \theta_{nm} \tag{5-66}$$

式中：Q_n 为节点 n 处得电压向量和注入得无功功率。

式（5-63）和式（5-64）中，节点电压向量 U_n 未知，其余参数已知。由式（5-63）和式（5-64）计算出的电压向量带入式（5-67）可以计算出支路电流，用于目标函数的计算，即

$$I_{nm} = y_{nm}(U_n - U_m) \tag{5-67}$$

计算目标函数前，考虑的约束条件如下所述。

（1）DG 的出力在允许范围内，即

$$P_{DG,i}^{\min} < P_{DG,i} < P_{DG,i}^{\max} \tag{5-68}$$

式中：$P_{DG,i}$ 为 DG 所在位置的有功功率。

从系统允许运行范围考虑，检查节点电压 U_n 和支路电流 I_{nm} 的可行性。

（2）系统约束，即

$$U_n^{\min} < |U_n| < U_n^{\max} \tag{5-69}$$

$$|I_{nm}| < I_{nm}^{\max} \tag{5-70}$$

式中：I_{nm} 由式（5-71）计算，y_{nm} 为 nm 节点之间的导纳。

$$I_{nm} = y_{nm}|U_n - U_m| \tag{5-71}$$

（3）网络传输约束，即

$$S_i \leq S_{i\max} \tag{5-72}$$

式中：S_i 和 $S_{i\max}$ 分别为支路 i 的实际功率和最大允许传输功率。

（4）网络拓扑约束。配电网是辐射状网络并且所有节点都被供电，该约束由母线关联矩阵[243]通过基尔霍夫定律表示。假设母线关联矩阵为 $\widetilde{A}$，a_{jn} 为其中元素，则

$$\begin{cases} a_{jn} = 0, jn \text{ 无连接} \\ a_{jn} = -1, j\text{指向}n \\ a_{jn} = 1, n\text{指向}j \end{cases} \tag{5-73}$$

在构成 $\widetilde{A}$ 之后，去掉参考节点得到子矩阵 $\mathbf{A}$，如果 $|\det(A)| = 1$ 则系统为辐射状并且母线上承载了所有负荷，满足网络拓扑约束。最后计算目标函数，在满足 DG 和配电网的约束条件下，有功功率损耗最小的目标函数可表示为

$$\min f = \sum_{nm \in \Omega_{nm}} r_{nm}|I_{nm}|^2 + \psi \Delta C \tag{5-74}$$

式中：r_{nm} 为节点 nm 之间的支路阻抗；Ω_{nm} 为节点集合；ψ 为影响因子，设为 1×10^9。

ΔC 在违反约束条件时为 1，否则为 0。基于改进 GSO 算法解决自愈重构问题的流程总结如图 5-23 所示。第一步是获取必要数据，包括最大迭代次数，种群大小，游荡者，加入者数据。第二步是生成初始个体，在重构问题中，个体被表示为一个向量，DG 的运行点为连续变量，开关状态为二进制变量。初始成员应位于相关约束内。对于 DG 运

行点，初始可行随机成员为

$$P_{\text{DG},i} = P_{\text{DG},i}^{\min} + r_1(P_{\text{DG},i}^{\max} - P_{\text{DG},i}^{\min}) \tag{5-75}$$

式中：r_1 为范围内均匀分布的随机数，$r_1 \in \mathbf{R}(0,1)$。

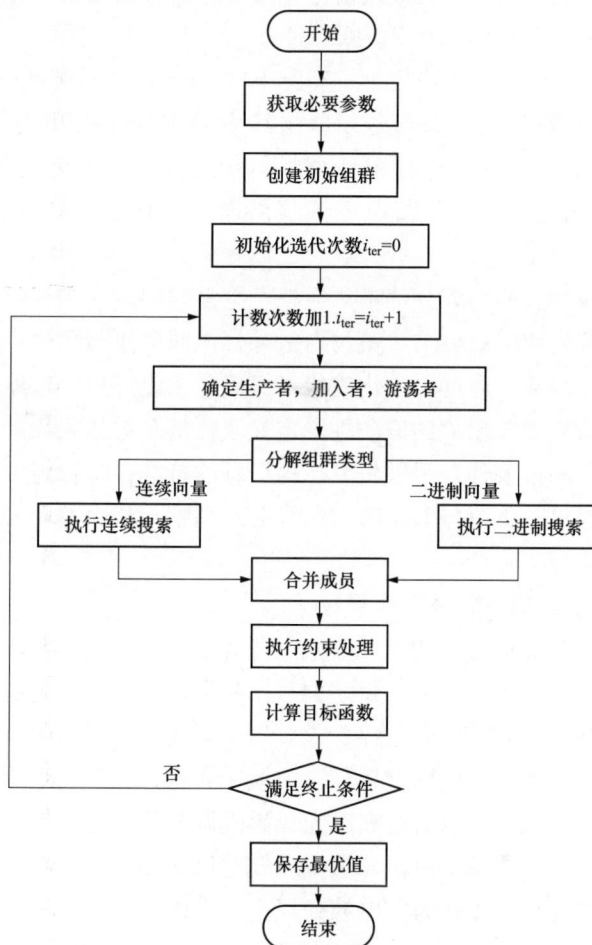

图 5-23　改进 GSO 算法流程图

利用目标函数可以对初始个体进行评价。第三步是根据相关的适应度对个体进行评价。然后将适应度值最大的成员标记为发现者个体，进行分类处理。第四步将每个组个体分解成两个子个体。分解后第五步对每种子个体进行相应的搜索过程。第六步由目标函数对各成员进行评估。这里的约束处理也分为两个阶段执行，在计算个体之前，首先考虑连续型变量的约束，原因是在搜索过程中，对连续变量的值进行修改。决策变量的定义为

$$P_{\text{DG},i} = \begin{cases} P_{\text{DG},i}^{\min}, & P_{\text{DG},i} \leqslant P_{\text{DG},i}^{\min} \\ P_{\text{DG},i}^{\max}, & P_{\text{DG},i} \geqslant P_{\text{DG},i}^{\min} \end{cases} \tag{5-76}$$

一旦获得可行的连续变量，则对网络方程进行评估，即在第二步检查约束条件。对

于二进制决策变量，二进制个体的适应度值改变，其相关值保持不变，直到优化过程结束。因此不需要添加与二进制决策变量对应的约束来增加优化的复杂性。对于不满足约束条件的解决方案，则对其添加足够大的影响因子。这样解决方案可以在最小化的过程中被忽略。最后直到迭代次数达到最大值，算法终止，否则重新跳转到第三步。

5.4.2.2 计及孤岛运行风险的动态孤岛划分

配电网重构与孤岛运行技术应用于主动配电网（active distribution network，ADN），通过操作位于馈线上的分段开关与备用联络线上的常开联络开关，即通过调整开关的通断状态，对网络拓扑结构进行重新调整，使之处于一个更有利的运行状态。通过配电网的拓扑优化可以在故障情况下恢复供电，提高供电的可靠性，从而实现系统的自愈。

所提出的自适应动态孤岛划分策略，从整个恢复时间段内深入研究孤岛最佳划分与调整方案。该方法首先利用 CART 决策树对故障停电时间进行预估；然后以该时段内恢复负荷总电量为目标函数，通过 DG 优先级指标确定主电源后，在停电时段内进行动态孤岛划分。针对负荷与 DG 出力的波动性，定义了孤岛功率越限风险指标，并在数学模型中对其建立了机会约束条件，用以保障孤岛运行的持续性与稳定性。在整个故障恢复时间段内，孤岛范围可随负荷与 DG 出力曲线动态调整，从而实现 DG 的充分利用和负荷的最大化恢复。

1. 主从电源与负荷需求概率分布模型

目前，基于 DG 孤岛运行时的控制模式主要为主从控制模式和对等控制模式。采用主从控制模式可以实现电压与频率的无差调节，从而保证孤岛稳定运行；对等控制策略采用 Droop 控制，属于有差控制且鲁棒性差。这里采用较为成熟的主从控制模式来协调同一孤岛区域内不同类型 DG 的联合运行；为便于分析，将配网中的 DG 分为主电源和从电源两类，并假设从电源可以通过弃风光等手段调节其出力。

对于输出功率可控的柴油发电机、微型燃气轮机（micro-turbine generator，MTG）、燃料电池在孤岛运行时可优先作为主电源处理，当上述 DG 作为主电源时出力模型为

$$P_{host,t} = \begin{cases} 0, & \Sigma P_{load,s} - \Sigma P_{client,s} < 0 \\ \Sigma P_{load,s} - \Sigma P_{client,t}, & 0 \leqslant \Sigma P_{load,s} - \Sigma P_{client,s} \Sigma P_{host,max} \\ P_{host,max}, & P_{host,max} < \Sigma P_{load,s} - \Sigma P_{client,t} \end{cases} \tag{5-77}$$

式中：$P_{host,t}$ 为主电源在 t 时刻输出的有功功率；$P_{host,max}$ 为主电源最大输出功率；$\Sigma P_{load,s}$ 为 t 时刻孤岛内总负荷需求功率；$\Sigma P_{client,t}$ 为 t 时刻孤岛内其他从电源的总输出功率。

储能系统（energy storage system，ESS）与备用联络线作为主电源时可实现功率的双向流动，相比于柴油机为代表的只能放电不能充电的电源来说运行将更加灵活。储能系统作为主电源时，其时序特性由负荷曲线与从电源出力共同决定，即

$$P_{ess,t} = P_{host,t} = \Sigma P_{load,t} - \Sigma P_{client,t} \tag{5-78}$$

$$-P_{max}^{in} \leqslant P_{ess,t} \leqslant P_{max}^{out} \tag{5-79}$$

式中：$P_{ess,t}$ 为储能 t 时刻的输出功率；P_{max}^{in}、P_{max}^{out} 分别为储能允许的最大充、放电功率。

储能运行过程中存在容量约束，即

$$S_{\text{soc,min}} \leqslant S_{\text{soc},t} \leqslant S_{\text{soc,max}} \tag{5-80}$$

式中：$S_{\text{soc},t}$ 为储能在 t 时刻的荷电状态；$S_{\text{soc,max}}$、$S_{\text{soc,min}}$ 分别为储能荷电状态上、下限。

有源配电网故障时，需要基于联络线路和 DG 进行综合优化恢复供电，为了简化问题，将联络线路进行了 DG 等值。联络线能够提供与外网相同的频率与电压，并可实现双向电能传输，假设联络线容量为 S，可将其等效为 U/f 控制下容量在 $[-S, S]$ 内可调的虚拟储能，联络线相较于 ESS 不存在荷电状态（state of charge，SOC）限制，但应考虑备用线路的时序出力特性。在孤岛划分过程中，ESS 和备用联络线同时作为既可充电又可放电的可控电源使得孤岛运行更加安全、可靠。由于孤岛内仅能保留一个主电源作为平衡节点协调孤岛内功率平衡，其他具有主电源运行能力的 DG 在没有选为主电源的情况下将其作为从电源处理。

配电网中，随机性从电源一般包含风机（wind turbine generator，WTG）和光伏（photovoltaic generator，PVG）两种 DG；风机出力模型中有功功率 P_{WT}^t 与风速 v_t 的关系可用分段函数表示，时序模型为

$$P_{\text{WT}}^t = \begin{cases} 0, & v_t \leqslant v_{\text{ci}} \text{或} v_{\text{co}} \leqslant v_t \\ \dfrac{P_{\text{r}}^t}{v_{\text{r}}^3 - v_{\text{ci}}^3} v^3 - \dfrac{v_{\text{ci}}^3}{v_{\text{r}}^3 - v_{\text{ci}}^3} P_{\text{r}}^t, & v_{\text{ci}} < v_t < v_{\text{r}} \\ P_{\text{r}}^t, & v_{\text{r}} < v_t < v_{\text{co}} \end{cases} \tag{5-81}$$

式中：v_{ci} 为切入风速；v_{r} 为额定风速；v_{co} 为切出风速；P_{r}^t 为当风速达到额定风速而小于风机切出风速时的风机额定有功功率。

光伏功率受太阳光照强度影响，输出有功计算式为

$$P_{\text{PV}}^t = \begin{cases} AP_{\text{std}}(C_t^2 / (C_{\text{sul}} k_{\text{c}})), & 0 \leqslant C_t < k_{\text{c}} \\ AP_{\text{std}}(C_t / C_{\text{sul}}), & k_{\text{c}} \leqslant C_t < C_{\text{std}} \\ AP_{\text{std}}, & C_t \geqslant C_{\text{std}} \end{cases} \tag{5-82}$$

式中：P_{std} 为单位面积额定输出功率；C_t、C_{std} 分别为实时光强与额定光强；k_{c} 为某一特定光强，当 C_t 超过 k_{c} 后，P_{std} 与 k_{c} 开始由非线性关系变为线性；A 为 PVG 安装面积。

风速与光强曲线可由该地区气象部门提供的预测数据得到。研究表明，风速与光强数据预测误差服从正态分布，概率密度函数为

$$f(\varepsilon_t; \mu_t, \sigma_t^2) = \frac{1}{\sqrt{2\pi\sigma_t^2}} e^{\left[-\frac{(\varepsilon_t - \mu_t)^2}{2\sigma_t^2}\right]} \tag{5-83}$$

式中：ε_t 为风速或光强随机变量；μ_t 为气象部门提供的风光预测时序期望值数据；σ_t^2 为方差，表示预测数据的偏离程度。

与从电源出力特性类似，负荷需求具有随机性与波动性，但其功率分布较风机光伏预测出力一般具有更小的方差。负荷时序特性可由预测的日需求曲线得到，假设某孤岛

负荷预测功率为 P_l'，由于预测误差的存在，可将 P_l' 视为服从正态分布 $P_l' \sim N(\mu_l', \delta_l'^2)$ 的随机变量，当具有不同形状系数 μ、σ 的负荷互联运行时，孤岛内负荷需求预测误差仍然可认为服从正态分布的随机变量。

2. 基于分类回归树的故障停电时间预估

配电网故障（如配电变压器故障、线路短路、断线故障等）是造成停电的主要原因。统计表明，停电时间很大程度上取决于故障类型与修复条件。对于动态孤岛划分而言，需要在整个时段内进行优化，只有准确预估故障停电时间，才能通过后续优化方案得到该时段动态最优孤岛方案。

（1）决策树 CART 算法基本介绍及应用场景。分类与回归树（classification and regression trees，CART）是用于分类与预测中的一种决策树。经过学习历史数据，可以从一组无序的、无规则的给定特征中推理出该事件的发展态势。决策树 CART 采用从上至下的回归方式，在决策树的分支节点进行判定值的比较，并通过阈值判定从该节点向下的某一分支，最终在决策树的叶节点得到预测结果。

CART 算法利用已知的多变量数据构建预测准则，进而根据其他变量值对某个变量进行预测。CART 算法包含分类与回归两个部分，前者可以通过对某一客体进行测量，利用一定的分类准则确定该客体的归属类别，例如，根据当前与历史 SCADA 或 PMU 数据，预测系统的运行状态；后者则被用来预测客体的某一数值，例如，根据故障后系统的故障特征，预测停电时长。首次将 CART 算法应用于配电网故障后的停电时长的预测。

（2）决策树 CART 算法预测流程。CART 预测准则是在对已知数据集进行系统分析的基础上构建的，在故障停电时间预估中，数据集由故障事件中诸多故障特征与其对应的停电时长组成。在构建训练样本集的过程中，故障特征的选择将影响 CART 的预测精度。按照客观真实、全面系统的原则，并经过多方面考量，将配电自动化系统的覆盖情况、故障类型、检修距离远近、气候条件、检修人员操作熟练程度与故障元件损坏程度（见表 5-8）作为决定停电时长主要因素，组成故障特征向量进行综合分析研究。

表 5-8 故障总停时间预测属性表

影响因素	特征描述		
配电自动化系统的情况覆盖	是	—	否
故障类型	纵向故障	—	横向故障
检修距离远近	近	中	远
气候条件	良好	一般	恶劣
检修人员操作熟练程度	熟练	良好	一般
故障元件损坏程度	轻微	一般	严重

建立基于 CART 回归决策树流程：

（1）构建训练样本数据集，该数据集包含故障特征向量 X 与该特征向量对应的停电时间 y，计算数据集中 y 的均值与方差。

（2）将数据集分化成两个子节点，子节点的建立遵循分化后的两子节点各自停电时间 y 的方差尽可能减小的原则，CART 遍历所有可能的分化，从而找到子节点中 y 离散程度最小的二分方式，分割数据集。

（3）判断子节点分化是否足够精细，即判断各叶子节点中 y 的方差是否足够小；若是，则停止生长；若否，则转向 b。

（4）得到 CART 回归树，该回归树叶子节点输出值即为落到该叶子节点数据集中 y 的平均值，该值即为通过训练得到的回归树的预测值。

利用训练样本和 CART 生成规则，生成 CART 回归树，然后将故障特征向量 X 已知但停电时间 y 未知的待预测事件按照决策规则进行故障停电时间的预测。

综上，故障停电时间预测必须考虑包含配电自动化系统的覆盖情况、故障类型、检修距离远近、气候条件、检修人员操作熟练程度与故障元件损坏程度等。

3．考虑运行风险的孤岛划分数学模型

（1）机会约束规划。孤岛运行时的功率崩溃一般是由于负荷需求与随机性 DG 出力超出主电源调节范围所引起。机会约束规划方法基于预测值的不确定性定量分析功率越限风险，不需要为极端情况预留额外备用容量，使得优化方案兼顾安全性与经济性。机会约束规划一般形式为

$$\text{Max} f \tag{5-84}$$

$$\text{s.t.} \begin{cases} H_i(x) = 0, & i = 1, 2, \cdots, l \\ G_j(x) \leqslant 0, & j = 1, 2, \cdots, n \\ Pr\{g_k(x) \leqslant 0\} \geqslant \beta, & k = 1, 2, \cdots, m \end{cases} \tag{5-85}$$

式中：f 为目标函数；$H_i(x)$ 为第 i 个确定性等式约束；$G_j(x)$ 为第 j 个确定性不等式约束；$g_k(x)$ 为第 k 个机会约束条件；x 为决策变量；$Pr\{\bullet\}$ 为事件 $\{\bullet\}$ 成立的概率；β 为机会约束所需满足的置信水平。

（2）功率越限概率风险评估指标。孤岛内功率平衡是保证孤岛可持续运行的关键，有功功率越限概率风险指标以负荷需求大于 DG 出力的概率来表征。该指标考虑了故障发生时段内功率越限风险的变化，具有时序特性，t 时刻孤岛功率越限概率风险指标 R_t 定义为

$$R_t = Pr\{P_l^t(x) > P_{\text{client}}^t(x) + P_{\text{host,max}}^t(x)\} \tag{5-86}$$

式中：$Pr(\bullet)$ 为孤岛内负荷 t 时刻有功需求；$P_{\text{client}}^t(x)$ 为从电源 t 时刻有功出力；$P_{\text{host,max}}^t(x)$ 为主电源最大有功出力；x 的状态取决于与主电源是否联通；$Pr\{\bullet\}$ 为事件 $\{\bullet\}$ 成立的概率。

功率越限概率风险指标能够定量评估出不同时刻孤岛的运行风险水平，指标越小安全性越好。

在故障停电时间内采用了计及负荷等级的动态孤岛划分方案，划分过程中以随机性 DG 和负荷曲线作为孤岛调整的依据，将孤岛运行风险作为机会约束，保障孤岛恢复供电的可行性。孤岛划分的优化目标函数为

$$F_{\text{E}} = \max \sum_{t=1}^{T_{\text{e}}} \sum_{n=1}^{N} (\omega_n \cdot P_{\text{load},n}^t \cdot C_{\text{load},n}^t) \qquad (5\text{-}87)$$

式中：N 为停电区域负荷节点数；ω_n 为第 n 个负荷的权重系数；$P_{\text{load},n}^t$ 为第 n 个负荷在时刻的有功需求；$C_{\text{load},n}^t$ 为 0–1 变量，表征第 n 个负荷在 t 时刻是否恢复，当对第 n 个负荷供电时置 1，否则置 0。

目标函数中加入了对负荷重要程度与电量需求的考量，使得孤岛调整时在尽可能保证重要负荷供电的同时最大化负荷恢复量。

1）孤岛功率越限概率实时风险约束为

$$R_t \leqslant \beta \qquad (5\text{-}88)$$

式中：β 为给定约束条件的置信水平。

2）电源出力约束：满足电源出力与容量约束，即

3）开关操作次数约束：为了限制恢复时间段内开关的过多操作，对单个开关操作次数进行了约束，即

$$\max \sum_{s=1}^{s} \sum_{t=2}^{T_{\text{e}}} |O_s^t - O_s^{t-1}| \leqslant S_{\max} \qquad (5\text{-}89)$$

式中：s 为配电网开关集合；$S_{\max}$ 为开关的最大操作次数；O_s^t 为开关 s 在 t 时刻的状态，开关闭合时置 1，断开时置 0；该确定性约束保证了故障停电时间内开关操作总次数不超过最大允许值。

4）负荷最短供电持续时间约束：为减少对同一负荷节点的频繁切除与恢复操作，故对负荷供电持续时间，就是对开关操作时间间隔进行了约束，即

$$\min_{n \in N} T_n \geqslant T_{\min} \qquad (5\text{-}90)$$

式中：N 为配电网负荷集合；$T_{\min}$ 为负荷最短供电持续时间；T_n 为负荷 n 续供电时长。

该确定性约束保证了负荷供电的持续性，提高了用户满意度。配电网中 DG 与负荷类型复杂多样并具有不同的时序特性，动态调整过程中开关状态与网络结构灵活多变，模型求解涉及多变量、多约束、非线性的混合整数组合优化问题。

4. 动态孤岛划分模型求解方法

动态孤岛划分模型中变量维数较高，传统求解方法易出现维数灾的问题；而遗传算法、粒子群算法、模拟退火算法等智能算法很难在短时间内收敛，无法保证突发事故状况下恢复决策的时效性，延长了供电恢复时间。从数学优化方法着手，结合启发式方法提出了动态孤岛划分方法，该方法有效降低了模型的求解难度，提高了求解效率。针对所建立的机会约束规划模型，采用随机模拟的方式进行处理。

（1）孤岛功率越限概率风险约束条件的处理。一般情况下，机会约束问题有解析法和随机模拟法两种求解方式，解析法求解时根据给定的置信水平 β 将机会约束直接转化为等价确定形式，相关指标通过数学方法直接评估。由于所建机会约束模型中含有较多的随机变量，很难得到确定等价形式，故采用随机模拟技术对该问题进行近似求解。对给定孤岛在 t 时刻是否满足机会约束的校验步骤如下：

1）对孤岛内负荷和随机性 DG 依据其分布曲线进行随机抽样 N 次。

2）计算 N 次内在主电源的调节下满足有功平衡的次数 N'。

3）如果 $N'/N \geq \beta$ 成立，则满足机会约束条件；否则，为不满足给定置信水平的不可行解。

当整个恢复时间段 T_c 内所有时刻均满足上述机会约束校验时，则该恢复方案满足安全、稳定运行要求。

（2）树背包问题的求解。存在多种类型 DG 的配电网最优孤岛划分问题实质为求解树背包问题，当存在多个主电源时比含有单个电源时的 NP-C 问题更加复杂，不存在多项式时间算法。Nahman 等人应用确定性数学寻优的分支定界法在可接受的时间内求解供电恢复问题。

孤岛划分中求解树背包问题实质为在满足拓扑约束的前提下最大化背包价值；分支定界法在求解树背包过程中几乎遍历了所有可能的方案，分支后计算松弛的线性规划最优解过程中，只保留唯一整数解，当仅考虑最大化背包价值时根据该解制定的孤岛方案往往不满足机会约束。为克服这个问题，在文献［244］的基础上，通过虚拟控制背包容量对该算法进行了改进：首先，以主电源的最大出力作为当前时刻的背包容量，利用分支定界算法确定可供恢复的负荷；之后，进行机会约束条件的校验，当满足机会约束时即确定当前孤岛范围，反之，若当前时刻不满足约束，则通过减小虚拟背包容量继续求解，并重新进行校验，直至消除所有越限情况。

利用分支定界法求解时，首先从根节点开始进行编码，该编码方式首先从一个主电源开始对停电区域进行搜索，主电源选取不当则将影响孤岛内的功率调节范围，从而减小孤岛的功率裕度。针对这一问题，对电源进行优先级排序，定义第台 DG 的优先级指标，即

$$K_i = P_{con,i}^{max}(P_{con,i}^{max} - P_{con,i}^{min}) \tag{5-91}$$

式中：$P_{con,i}^{max}$、$P_{con,i}^{min}$ 分别为第台 DG 的最大与最小可调输出功率，功率输出时为正，反之为负。

从 DG 的最大出力与功率可调范围两个角度对 DG 的主电源运行能力进行评价，DG 功率极限越大时孤岛将有较大的恢复范围，DG 可调节范围越大时孤岛运行的鲁棒性越好。

根据优先级指标对搜索顺序进行优化排序，以值大的 DG 节点优先作为根节点。需要指出的是，由于风机光伏出力受风光影响，不可作为主电源单独运行；搜索完成后生成的孤岛在停电区域拓扑结构中进行标记，其他具有调频调压能力 DG 按上述优先顺序在未标记区域中依次形成不同的孤岛。

（3）计及开关操作约束的启发式方法。对于电力用户而言，孤岛范围的频繁调整将严重影响用户供电的连续性；对于电力公司而言，开关频繁动作将显著缩短开关寿命，继而影响系统安全性与可靠性。因此，优化方案需要限制孤岛的频繁调整。

针对开关时序状态存在不满足式（5-89）与式（5-90）的情况，采用迭代修正的方式来调整越限开关时序状态，并在满足开关操作约束的基础上尽可能减少失负荷量。该

启发式算法流程如下：

1）由忽略开关操作次数的动态优化过程得到初始开关操作时序状态 o_s。

2）T_a^i 与 T_b^i 分别为在故障停电时段内开关闭合与下一次断开的时刻，且时段 $[T_a^i,$ $T_b^i]$ 保持开关闭合。若 $[T_a^i,$ $T_b^i] < T_{\min}$，即不满足负荷恢复的最短供电持续时间约束，则该时段开关调整为断开状态。

3）计算出每个开关所对应的支路对下游负荷的支撑情况，并将该值作为该开关的权重系数。其计算式为

$$w_{ab}^j = \sum_{t=T_a^i}^{T_b^i} \sum_{n=1}^{N} w_n \cdot P_{i,n}^t \tag{5-92}$$

式中：w_n 为负荷的权重系数；N 为开关 i 下游与开关连通的负荷节点数；$P_{i,n}^t$ 为开关 i 对下游节点 n 的有功支撑能力。

4）若不满足开关操作次数约束，则对所有开关求取式（5-92）中 w_{ab}^j 取最小值时对应的时段 $[T_a^i,$ $T_b^i]_{\min}$，继而找到系统中 $[T_a^i,$ $T_b^i]_{\min}$ 最小的开关。由于该开关在时段 $[T_a^i,$ $T_b^i]_{\min}$ 始终处于闭合状态，调整此时段内开关为断开状态。

5）更新该开关及下游开关 o_s 序列，并循环执行步骤 3），直至所有开关满足开关操作约束。输出所有开关的开关操作时序状态 o_s，算法执行结束。

该启发式方法对开关时序状态进行修正，实质是通过减少负荷恢复量来防止孤岛频繁调整；加入对负荷权重与电量需求的考量使得调整时仅切除权值最小的支路以保证重要负荷的供电。

5. 算法求解流程

配电网发生故障后，首先利用主保护对故障区段进行隔离，之后通过合理划分孤岛来实现供电恢复。由于传统静态孤岛划分模型没有考虑较长时间的故障恢复过程，已有算法无法解决孤岛自适应动态调整的问题。针对所建模型，将数学优化与启发式方法相结合的方式予以拓展。

动态孤岛划分方法首先预测故障停电时间，再利用分支定界法搜索得到故障停电时间内忽略式（5-89）与式（5-90）的初始方案，即得到约束松弛后的解；最后通过计及开关操作约束的启发式方法对初始方案进行迭代修正，该阶段通过引入考虑网络拓扑与负荷权重的启发式方法来调整开关时序状态，使修正后的解在满足开关操作次数约束的同时尽可能保障关键负荷的供电，优化流程如图 5-24 所示。

步骤 1：根据基于决策树 CART 算法预测故障停电时间 T_c。

步骤 2：根据 DG 优先级指标 K_i 选择根节点，并利用 2（基于分类回归树的故障停电时间预估）经改进的分支定界法求解含有机会约束的树背包问题，确定初始的开关状态，得到 t 时刻初始孤岛范围，$t = t+1$。

步骤 3：跳转步骤 2，直至 T_c，输出此时全网开关时序状态变量 $O_s[O_s^1, O_s^2, \cdots, O_s^T]$，得到初始孤岛方案。

步骤 4：利用步骤 3 的启发式方法调整开关的操作时序状态，使孤岛在故障期间满

足全部约束，孤岛动态调整方案制定完成。

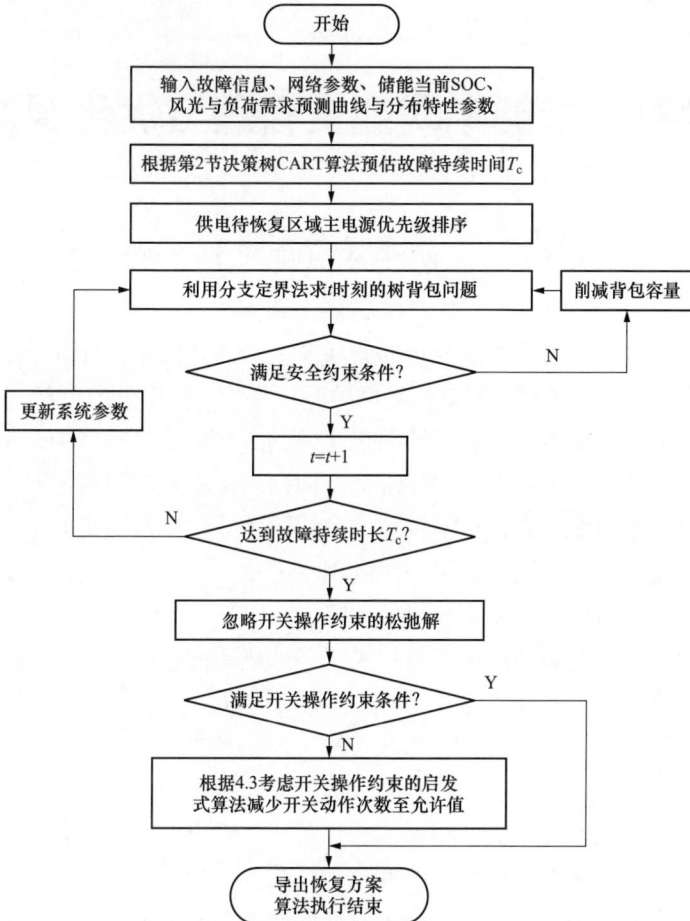

图 5-24 考虑时序特性的动态孤岛划分优化流程

上述基于机会约束的有源配电网孤岛划分是在 DG 出力波动性与负荷需求不确定性的基础上，在满足机会约束与确定性约束的前提下，以孤岛运行期间最大化保障关键负荷供电量为目标，通过对孤岛范围进行动态调整从而实现对负荷的最大有功支撑。将机会约束规划方法引入所构建的两阶段优化模型中可有效保证孤岛运行的可持续性，采用的机会约束数学模型在实际运行中有效降低了孤岛内功率越限风险，相较于传统静态分析方法在保证孤岛持续稳定运行的前提下可显著提高负荷恢复量。

6

分布式智能电网能量管理与优化调度

🎯 6.1 分布式智能电网调控

能量管理作为智能电网技术中最重要的环节之一，其优化目标是用最小的运行成本或者最大的用电效益于供电侧、用电侧之间传输可靠的、高质量的电能。在智能电网中，能量管理在本质上可以视为一个非线性的优化问题。在过去的研究中，学者们通常独立地研究能量管理中两个基本问题，即经济调度问题与需求响应问题[245],[266]。经济调度问题的目标是以最小的发电成本将不可控的负荷需求分配于发电机组中；需求响应问题的目标是根据市场电价灵活地调整用户侧的用电需求。然而，独立地研究其中任何一个问题最终都将导致电力系统中能源利用效率降低。

近年来，通常以社会福利最大化模型来统一地描述能量管理问题，相关研究大致可分为集中式能量管理和分布式能量管理。前者的研究方法中包括混合整数规划方法[247]、序列二次规划[248]、粒子群算法[249]和基于神经网络的方法[250]。然而，集中式控制、优化管理方法通常要求中央控制器具备强大的计算能力，会产生极大的计算负担，既低效也不具有可扩展性。而且中央控制器的运作需要收集所有发电设备与用户负荷的隐私信息，这对于智能电网这类大规模系统的隐私性与安全性也是非常不利的。为了克服这些缺点，许多学者专注于分布式能量管理策略的研究，研究方法可以归类于基于一致性的原始对偶算法[251],[257]。在文献 [251] 中提出一种基于增量福利的一致性算法，同时算法结合了对全局不平衡功率的分布式估计器，该方法要求系统从一个初始平衡状态出发。文献 [252] 研究了对时变的动态拓扑结构与通信失败具有鲁棒性的分布式算法。文献 [251] 与 [252] 都忽略了电能传输过程中的损耗。文献 [253] 中提出一种基于平均一致性的，由分布式电价更新机制与不平衡功率探索策略两部分构成的在线优化算法。文献 [254] 建立了更实际的能量管理场景，考虑了风电并网与预设时间段内用电需求耦合约束。在相似的场景下，文献 [255] 针对不确定负荷与功率潮流研究了分布式优化算法。从传输损耗的类型来看，文献 [253] 中考虑的传输损耗属于线性模型，而文献 [254]、[255] 中考虑的是二次型函数。在以上的研究中，为了进一步减少智能体之间的通信负担，文献 [256]、[257] 将事件触发机制引入分布式优化算法的设计中。

然而，以往关于能量管理的优化研究中仅仅证明所提算法的渐近收敛性，而没有进一步对收敛速度进行分析。随着智能电网规模的不断扩大，有必要在实际系统中测试以前对优化算法进行收敛性特别是收敛速度的理论分析。此外，在传统的能量管理问题研究中，通常以投影法或者以内点法、外点法来处理功率的上下限约束。然而，由于前者中的投影法是临近算子的特殊形式，以临近算子的角度来分析所提算法并将其拓展将具有更一般的意义。使用内点法或者外点法构造近似罚函数，会导致原问题与转化后的问题模型之间存在近似误差。

值得注意的是，当前在优化算法的研究方面已经有许多基于临近算子展开的工作[258],[259]。然而其中大部分成果并不能直接应用于智能电网的能量管理问题中。首先，这些工作考虑的是最优一致性问题，而能量管理问题需要先转化为一致性问题的对偶形式。其次，这些工作中所提算法往往忽视了实际应用中的计算性能与初始平衡状态。

不仅如此，在实际条件下的能量管理问题中，由于阀点效应的影响导致某些发电设备的成本函数含有由非光滑函数拟合的部分，此时的优化目标函数中非光滑函数部分将不具有可临近性。那么，一些假设目标函数中非光滑部分具有简单形式的临近算法面对这种考虑阀点效应的能量管理问题将不再适用[260],[261]。此外，在约束条件方面目前较少有研究考虑了能量管理问题中电能潮流的拥堵约束。文献[262]研究了孤岛微电网下考虑拥堵管理的频率控制与最优调度，文献[263]研究了考虑电压与电能拥堵约束的能源交易。然而，这些研究所考虑的优化目标函数都是理想化的二次型函数，而忽视了实际条件下会发生的阀点效应。因此，传统的能量管理优化模型并不完善。

此外，出于针对传统电网实现削峰填谷的优化需求，新能源逐渐开展大规模并网并与储能系统协调应用。在此情况下，由于新设备具有更多的动态特性，以往面向智能电网的静态经济调度算法不再适用，于是学者们纷纷开始研究动态经济调度优化问题。陈刚等人针对一般的凸优化问题将基于交替方向乘子法的集中式算法拓展为分布式框架，但其所研究的动态经济调度模型中仅考虑了传统发电机作为调度单元[264]。文献[265]从传统发电机、储能设备等供电单元与可控负荷单元两侧研究了该问题，并设计了基于一致性的分布式 ADMM 调度算法。文献[266]结合拉普拉斯梯度动态与平均一致性，针对考虑储能设备的动态经济调度问题设计了连续形式的优化算法，其优势在于算法的运行不需要满足初始可行条件。但以上研究成果在考虑风电并网的情况下将不再有效。由于风电成本函数特殊，一般无法直接根据一阶最优条件求得解析解，考虑具有代表性的风电并网与电池储能系统协同优化的动态经济调度研究亟须展开。

6.2 分布式智能电网能量管理策略

分布式智能电网的网络管理主要由能量管理模块（EMM）执行，同时得到保护协调控制器（PCM）和单个微源控制器（MCs）的支持。EMM 的任务包括执行微源发电控制、家庭过程控制［如热通风空调（HVAC）］、水加热和冷却优化、储能控制，以及提供当地的辅助服务。EMM 集成了多种控制功能来实现微电网的能量优化运行。然而，在初始阶段 EMM 只执行基本控制。通过智能电子设备（IED）和以太网通信协议，可以逐步选择更为精细和复杂的设备。一个简化的 EMM 包含了基本的优先控制功能，以满足微电网的需求，其控制功能的数量可以随时增加，以实现更为精细和复杂的控制。

6.2.1 微源的基本控制方法

简化的 EMM 仅为 MCs 提供有功功率和电压的设定值，基本的微源控制通过 MCs 执行。有功电力调度设定值基于对燃料成本、电力成本、天气参数和预期过程运行要求的财务估算确定。电压设定值保持在预先设定的范围内，以确保微电网电压得到适当调节。

1. 电压控制

微电网负荷及其功率因数通常是通过改变微电源的电压幅值和相位角来控制的。为了简化 EMM 的控制方案，使用 MCs 控制微源的局部电压和功率因数。EMM 仅为微电网中某些关键母线的 MCs 提供电压设定值。在微电网中，当配电馈线未满载时，其电压有升高的趋势。为了避免馈线电压上升，MCs 会持续监测本地电压，并将反馈信息传递给 EMM。随后，EMM 将必要的电压设置值发送给 MCs，以执行所需的电压调节。这种控制策略的目的是使微电网在主要公用电网中等效为一个由微源和负荷组成、在单位功率因数下运行的受控单元。

2. 功率因数控制

与传统的同步发电机不同，微源通常不具备内置的功率因数控制功能。因为功率因数与负荷相关，所以所有的 MCs 都具有功率因数控制特性，以实现负荷跟踪的功能。然而，一些微源的电力电子接口可能内置功率因数控制，用于控制供应电流的相位角并最小化谐波失真。功率因数控制功能完全包含在 MCs 中，因此除电压设置值以外，不需要 EMM 的其他命令。

3. 原动机速度控制

为了适应微电网容量范围内的负载变化，微源的原动机必须调整其转速以实现功率平衡。恒速原动机效率与燃料使用量和速度有关，恒速原动机需要调整其燃料输入，这会再次影响原动机的效率。因此，原动机转速控制必须确保微源的发电效率达到最佳水平。为了简化 EMM 的设计，控制也由 MCs 执行。

4. 频率调节控制

在传统电力系统中，电压的频率取决于同步发电机的转速。然而，微电网中的微源可以通过 MCs 的电力电子变换器系统以任意频率发电。在并网运行模式下，频率变化由主电网来控制，MCs 不需要通过其 P–f 下垂特性进行 P–f 控制。在孤岛运行模式下，MCs 需要执行 P–f 控制，以适应系统的负载变化。在两种工作模式下，EMM 不会干扰 MCs 的频率控制特性。EMM 会持续监测微电网的频率，如果 MCs 未能在规定时间内恢复电网频率，EMM 将迅速减少负载，以实现功率平衡，确保微电网的稳定。

6.2.2 能量管理模块运行模式

为了简化微电网的控制系统，EMM 限制了控制函数的数量，仅保留了最基本的功能，减少了 MCs 向微源发送必要命令所需的反馈信号数量。EMM 的控制策略将在以下两节中简要讨论。

1. 并网运行

在并网模式下，EMM 控制信号被限制为微源的有功功率和局部电压设定值。MCs

执行本地电压和功率因数控制，使微电网能够在主电网中以单位功率因数运行，扮演可控负荷的角色。EMM 不施加任何额外的电压控制，避免干扰电网中的电压调节器和并联电容器，或与微电网中的 MCs 发生冲突。在微电网中，当配电馈线负荷较轻且出现电压升高时，由电力控制器进行抑制。EMM 仅对某些关键的微电网母线规定微源的电压控制。

2. 孤岛运行

在孤岛模式下，EMM 的主要功能是为 MCs 提供有功功率和电压设定值。通过 $P–f$ 和 $Q–U$ 下垂特性，频率和无功功率由 MCs 自主控制。EMM 不向 MCs 传递任何控制相角和频率的指令信号，但其会持续监测微电网的频率，如果频率在设定的时间内未能恢复，EMM 会通过 MCs 使负荷减少，确保系统的稳定性。对于孤岛运行，控制功能可快速响应，以迅速实现负荷和发电之间的平衡。

3. 热负荷控制

在热电联产微源系统中，热负荷通常具有更高的优先级。热电联产电源的电力输出控制策略主要受客户热负荷需求的影响，为了有效管理这种优先级需求，EMM 引入了一个热负荷优先级设置参数，用于在向 MCs 发送信号时确定电力和热负荷之间的优先级。然而，对于某些工业热电联产系统，电力输出往往比热量更有价值。因此，在实际操作中，EMM 必须基于电负荷和热负荷的相对重要性来设定优先级系数。

4. 能源优化与最大效率

当微电网为大型电力负荷供电时，其必须相互连接，在这种情况下，相邻微电网的 EMMs 需要进行上层控制，以实现整个互连系统的基本能源优化。为了获得微源的最佳效率点，EMMs 应确保微源（特别是微涡轮机）在轻负荷条件下以接近额定容量运行的最佳数量，而不是以部分容量运行所有微源。鉴于 EMMs 拥有有关工艺条件、天气参数、微源发电计划，以及燃料信息（如成本、可用性和消耗模式）的先验知识，由 EMMs 执行此控制，可以确保微源以最佳方式运行。

5. 储能管理

对于互连的微电网，EMMs 通过在必要时切断非优先级负荷来管理优先级负荷，间接地将这些负荷作为微电网的长期电力储备来源。储能设备通常用于满足短期（通常不超过 1min）的电力需求，特别是在紧急情况下，维护优先级负载，而长期需求（约 10min）则通过减少非优先级负荷来获得，不会对微电网产生不利影响。

6. 智能 EMM 可选控制功能

未来可以通过结合大量的控制功能，如工业过程控制和智能电源类型的微源控制，设计更复杂、更智能的 EMMs。智能 EMMs 应具备广泛的信息处理能力、智能电力电子接口和足够的通信网络，以便与邻近设备进行通信。此外，其应该具有远程监测和控制设施。通过传感器，从多个控制/监测设备上收集现场数据，然后通过无线（RF）网络或以太网链路传输。EMMs 还可能包括互联网和 GIS 兼容性等功能。同时，必须能够记录数据和事件，以便授权的运营商可以获得必要的参数或操作条件信息。EMMs 还应提供人工干预功能，允许操作员通过重写自动控制功能，对各种工艺的基本操作和设定值进行编程，并根据客户需要输入自己的算法和模型。

先进的 EMMs 应该能够管理信息，为系统操作员提供操作指南和设置点，并自主决策，以提高系统性能。其运作应以最大化可用性、保持高质量服务和减少停机时间为目标，并监测设备的退化和诊断工艺问题。通过监控和数据采集（SCADA）系统，监视和控制工业过程以及微电网的发电。此外，还可以提前监测电力负荷的电力消耗，并使用这些数据来评估全负荷和部分负荷下的热工设备效率。从经济学的角度来看，EMMs 可以利用电力和燃料的实时市场价格信号，自动优化微源的使用和存储。

6.3 分布式智能电网动态经济调度

6.3.1 动态经济调度意义

电力系统经济调度可分为静态经济调度和动态经济调度。所谓的静态经济调度是对调度周期内的各个调度时段分别进行合理的负荷分配。所谓的动态经济调度研究，需要将前后连续多个时段中物理量的变化考虑进来，既要考虑系统负荷随时间连续的变化，又要考虑相应机组出力的变化率约束。动态经济调度的优点是考虑调度周期内各个调度时段之间的联系，更贴近于系统的实际运行情况，调度结果更准确，从而使系统在整个调度周期内达到经济性最优[30]。

动态经济调度要研究待优化变量在前后联系的不同时段内存在连续变化的问题，因此在调度模型中需要考虑其时间耦合关系，如在前后相连的两个调度时段内，常规火电机组由于其汽门开度不能突变而具有调节速率约束，因此动态经济调度更符合实际的生产过程[268]。

文献［269］、［270］研究了风电功率预测误差，计算出其概率分布，以预设的风电出力的置信水平为基础，计算系统所需要的风电备用容量，以解决系统中出现风电出力不足或风电出力过剩的情况时进行优化调度的问题。在可再生能源政策的背景下，风电发展迅速，其装机容量占系统总装机容量的比例逐步提高，当风电场输出功率出现较大波动时，即风电出力突然迅速增大或迅速降低时，会影响系统中其余的发电机组，使其输出功率在前、后两个调度时段内有较大幅度的变化。采用静态调度的方式时，由于调度中不考虑两个相邻时段内火电机组爬坡速率的问题，可能出现火电机组的实际出力无法满足调度计划需求的情况，从而会出现系统总输出功率不能满足负荷需求，产生甩负荷的情况。因此，在含有风电等出力变化具有随机性的可再生能源的电力系统中，需要采用动态调度的方式，更好地保证系统的稳定运行。

动态经济优化调度策略是为了实时跟踪电力负荷需求而提出的，但要达到完全的实时跟踪，目前所采用的动态优化算法由于其计算量大，较难达到在较小的调度时段内进行动态优化计算。因此对优化算法的研究亦需要更深入，以寻求计算量小且全局寻优性能好的动态优化调度算法[271]。

6.3.2 动态经济调度优化方法

在 20 世纪 20 年代甚至更早，根据火电机组性能分配客户的负载需求的问题就受到了相当大的关注[272],[273]。此类问题后来被归纳为在满足负荷供需平衡和其他特定约束的情况下燃料成本最小化的问题。这类问题被称为静态经济调度（static economic dispatch，SED）问题。静态经济调度只是处理某一特定时刻的机组分配出力问题，其没有预先性[274],[275]。但是用户端负荷往往是有巨大的复杂的变化，其具有动态性质。因此静态经济调度不能满足其需求，动态经济调度（dynamic economic dispatch，DED）就走进了人们的视野并长期保持着研究热度。动态经济调度是静态经济调度的一个扩展，是以提前预测出的负荷曲线为基础，指定各个机组的出力计划，在满足电力系统负荷供需平衡和其他特定约束条件的前提下，使燃料成本最低。动态经济调度具有前瞻功能，这是预先安排负载所必备的，以便系统可以预测未来突然的负载需求变化。特定的约束条件中包含爬坡约束，它是一种动态约束，其对于维持发电机的寿命很重要[276]。一些耦合约束，尤其是爬坡约束，使得动态经济调度问题比静态经济调度更难解决。

1972 年，Bechert 和 KWatny 发表了动态经济调度方面的第一篇论文[277]，随后又发表了一系列动态经济调度方面的论文[278]。在这些论文中，动态经济调度问题被公式化为最优控制问题。动态经济调度问题通常是通过将整个调度周期离散化为多个小的时间间隔来解决，在小的时间间隔上假设负载需求是恒定的并且系统被认为在该时间间隔处于稳定状态。在每个时间间隔内，在静态约束下解决静态经济调度问题，并且在连续时间间隔之间强制执行爬坡约束[279]。

6.3.2.1　动态经济调度

动态经济调度问题已经被公式化，所以在研究动态经济调度之前先要把电力系统用数学公式来代表。

在电力系统动态经济调度中，首先要确定的就是目标函数，通过确定要研究的目的来确定目标函数。在过去学者们研究的动态经济调度中，目标函数可以归为最小化总成本（燃料成本等）[280],[281]、减少排放（火电厂燃烧煤炭产生的 SO_2、NO、CO 和 CO_2 等气体排放）[282],[283]、利润最大化[284]。

（1）最小化总成本是大多数动态经济调度的目标函数。在总成本中包含火电机组的发电燃料成本、机组的运营维修保养费用和日常的员工工资等。其中燃料成本是随着发电量的变化而变化的。维修保养费用和员工工资都是与发电量没有关系的，它们只与时间的长短有关系，所以在动态经济调度中可以看成是常数。因此目标函数中的最小化总成本可以转化为最小燃料成本。

（2）减少排放可以视为一个约束，此时动态经济调度被定义为排放约束动态经济调度[285]，或者可以视为另一个目标。其中排放和成本同时最小化，此时动态经济调度被定义为动态经济排放调度[282],[283]。

（3）利润最大化是在电力市场活跃多样化之后，电网公司与发电厂分离开来，发电厂通过向电网公司报价并和其他发电厂进行竞价，从而使发电厂利益最大化。

在确定了目标函数之后，要考虑电力系统的实际情况，根据实际情况中的限制条件确定动态经济调度中的约束条件。根据约束条件的情况把其分为等式约束、不等式约束和动态约束三类。

（1）等式约束。机组的电能产出要和系统负荷与网络损耗的和相等，也就是功率平衡约束，如水电中的水量平衡约束。

（2）不等式约束。机组的发电出力必须控制在一定的极限范围之内，也就是出力约束，如水库容量约束、水电厂发电用水量约束。

（3）动态约束。发电机组因为其自身设计限制，其在相邻时间间隔的出力变化不是可以无限变化的，是有一定限度的，也就是爬坡约束。例如，在梯级水电站中，各水电站之间水量的变换存在一个时间延迟，所以梯级水电站的水量平衡约束也是动态约束。

综上，在电力系统中会存在很多约束条件，若在建立模型时把所有的约束条件都进行考虑，那么这个电力系统将会非常复杂，不利于求解。因此为了研究方便往往会在使模型大致符合实际的前提下，忽略一些影响不大的约束条件。在这种简化模型下进行问题的求解，然后在系统中进行检验补充。

6.3.2.2 动态经济调度方法

1972 年，自从 Bechert 和 KWatny 提出动态经济调度并把动态经济调度问题公式化为最优控制问题开始，电力系统动态经济调度的研究已经过去了半个世纪[277]。众多学者专家在问题公式化之后，在求解最优解的研究上取得了十分丰硕的成果。大致寻优方法可以分为三类，即数学优化方法、智能算法和混合算法。此外，还有经典优化算法和智能优化算法两类。下面再分别对以上 3 种寻优方法进行分析阐述。

1. 数学优化方法

在数学优化方法中，通常会详细区分数学解析法和数学规划法。在这里，直接把两者合并为一个数学优化方法并对其进行介绍。在研究的历程当中脱颖而出的性能优越且有自身特点的方法有 Lambda 迭代法、梯度法、拉格朗日松弛法[287]、线性规划法[275]、内点法[276],[288],[289]、动态规划法[290]等。在处理最优潮流问题的众多算法中，梯度法是第一个用来处理大规模电力系统，并且取得良好效果的算法。梯度法在负梯度方向进行寻优，用惩罚函数来处理不等式约束条件，使其出现越界的难度大大增加。梯度法具有一阶收敛性，在最优点附近收敛速度会变得更慢[291]。拉格朗日松弛法的计算量受到问题规模的影响，计算量随着问题规模的增大而增大。其在解决复杂系统的寻优问题时，往往会把一个复杂的问题分解为几个简单的子问题，这样就大大降低了问题的求解难度。由此可见，其为分解寻优算法。因为拉格朗日算子在一定程度上体现出了经济的意义，所以拉格朗日松弛法对电力市场下的发电厂竞价十分重要。线性规划法就是把电力系统动态经济调度问题中的非线性的目标函数和非线性约束条件进行线性化处理，把它们用 Taylor 级数展开，只保留常数项和一次项。这样会产生不可避免的计算误差，但是线性化之后的优点也是非常明显的。其优点为：模型变得简单、利于计算、算法成熟。因此，在很多对时速性要求非常高、精确度要求不高的研究都是用线性规划来进行处理。内点法是由数学家 Karmarkar 提出，在 20 世纪 90 年代应用于电力系统最优潮流。内点法是在可行域中选取一个可行解作为初始点，沿着可行方向进行寻优迭代，然后进行循环往复的寻优迭代，直到满足最终的终止条件才停止寻优过程。该算法因为其良好的计算性能，使其在电力系统优化方面自出现开始就一直保持着足够的热度[292],[293]。动态规划法是一种用来解决多阶段决策的寻优算法。该算法需要把整个优化问题分解为几个阶段，且这些阶段之间不是相互独立的，它们之间是有着联系的。然后对这些阶段进行求解，这些解组成一个解集，这个解集就是我们需要的。动态规划法对目标函数的线性、凸性、连续性没有特殊的要求，但是其会出现"维数灾"问题。

2.　智能算法

因为数学优化方法大多数只能适应连续的凸函数，但是随着电力系统规模和复杂性日益增大，电力系统变得更复杂，约束条件更多，变成高维、非线性、非凸、非连续的模型，所以数学优化方法已经不能满足系统要求。为了更好地解决这类问题，智能算法问世并被广泛应用。智能算法是研究者受到大自然中的动植物的行为所启发而产生的。长期以来被人们应用于经济调度的智能算法有进化算法[294]、遗传算法[295]、蜂群算法[296]、进化规划（EP）[297]、粒子群优化（PSO）[298]、蚁群搜索算法（ACSA）和禁忌搜索算法（TSA）[299]等。其中，遗传算法是由自然界中的遗传和进化得出的寻优算法，其主要的操作为选择、交叉和突变[300]。

3.　混合算法

尽管智能算法在解决经济调度上很有效果，但是其寻得的最优解不是全局最优，只是接近全局最优，并且其寻优时间较长[281]，[301]。混合算法采用多种优化技术进行相互结合，取长补短。研究者还发现，这些混合算法的寻优不受线性、凸性、连续性的影响。在这些混合算法中影响比较大的有 GA-SA、EP-SQP[281]、PSO-SQP[302]、EP-PSO-SQP[303]、HNN-QP[304]等。在混合算法中，一般由一个或多个算法来进行初期寻优，来寻找最优解，然后用另一种算法来进行最优解附近的局部细致寻优，以寻得最终解。Abdelaziz 等人定义了 Hopfield 神经网络和二次规划的混合方法（HNN-QP），把其应用于有传输线损的动态经济调度，以神经网络来进行初期寻优，以二次规划来进行局部细致寻优，然后通过和一些算法进行比较证明了其优越性和有效性[304]。

4.　经典优化算法

（1）优先顺序法。优先顺序法是对系统中可调度的机组，按某种经济特性指标事先排出顺序，然后根据系统负荷的大小，按所排机组顺序依次切换机组。优先顺序法提出较早，它简单实用、计算量小，但其未计及启动耗量，不能保证获得最优解。文献 [305]、[306] 在传统方法的基础上，提出一种新的排序指标或改进策略，提高了该方法的寻优效率。文献 [307] 针对包含风电、梯级水电、火电多种电源的混合系统，在满足系统电力电量需求的前提下，按照节能、经济的原则确定优先顺序调度各类能源发电，使得系统煤耗最小。

（2）线性规划。线性规划是在一组线性约束条件下，寻找目标函数的最大值或最小值的问题。该方法的优点是收敛可靠、计算速度快，但缺点是优化结果精度较低。文献 [38] 以 0/1 整数变量描述机组的启停状态，采用分段线性逼近方法解决相关的非线性问题。文献 [309] 基于场景分析方法建立模型，通过求解混合整数线性规划模型得到综合考虑鲁棒性和经济性的评估结果，可为制订调度计划提供依据。

（3）非线性规划。非线性规划是指等式约束、不等式约束或目标函数中至少有一个为非线性函数。非线性规划方法的优点是计算精度较高，缺点是大规模问题计算时收敛特性不是很稳定。文献［310］采用内点法建立安全约束条件下的动态经济调度模型并求解。

（4）二次规划。二次规划模型多以二次实函数为目标函数，其约束条件一般为线性的等式和不等式，其求解相对简单。文献［311］最早提出用二次规划算法解决互联系统经济调度，大大减少了计算量，为后来学者研究电力系统经济调度提供了理论基础。文献［312］将进化算法和序列二次规划法相结合，求解能耗函数不光滑的动态经济调度模型。

（5）动态规划法。动态规划法是将待求解问题分解成若干个子问题，先求解子问题，然后从这些子问题的解得到原问题的解。文献［313］通过对多个目标进行无量纲化处理，采用自适应的合作协同进化算法求解，该模型通过 SO_2 和 CO_2 的能耗权重与排放权重之间动态调整，达到节能与减排之间的平衡。

（6）等微增率法。等微增率法是寻找各机组煤耗微增率相等的点，并将其确定为负荷分配的最优方案。文献［314］将该方法应用到微电网的电力系统调度问题，用来测量随时间变化时的最佳功率值，模型简单、计算速度快。文献［315］则指出等微增率的局限性，即实际拟合的机组煤耗特性曲线的二次项系数有正有负，为非平滑的二次曲线，无法满足计算精度要求。

5. 智能优化算法

（1）拉格朗日松弛法。拉格朗日松弛法是解决复杂整数问题和优化组合问题的一类优化算法。其优点是在应用于大规模机组组合问题求解时，可用对偶方法考虑不同的约束，并且克服了"维数灾"问题；缺点是存在对偶间隙，较难得到可行解。文献［316］采用拉格朗日松弛法解决带有安全约束和旋转备用约束的动态调度问题。文献［317］用拉格朗日松弛法解决经济调度问题，简化了含有绿色交易机制的电力系统经济调度计算量。

（2）遗传算法。遗传算法属于全局随机搜索方法，其优点是对目标函数形态没有特殊要求。用它解决电力系统经济调度问题时，不必将发电曲线近似化，从而避免产生较大误差。由于遗传算法是随机优化算法，不能保证得到全局最优解，容易陷入局部最优解。文献［318］利用遗传算法与数据包络分析法求解火电电力系统短期发电多目标经济调度模型，并通过惩罚因子法将各约束条件融合到目标函数中。文献［319］采用一种量子遗传算法，解决考虑阀点效应的含风电电力系统经济调度问题，将来源于遗传算法的交叉算子和来源于量子计算过程的更新策略有效地结合，改进了算法的全局搜索能力。

（3）模拟退火法。模拟退火法最早是为了解决大规模组合优化问题在 1983 年由 Skirkpariek 等人提出的，其缺点是收敛速度较慢、计算时间长。因此有学者采用一种快速模拟退火算法，计算时间小，能够在允许的时间范围内得到比常规算法更为精确的解，取得较为满意的结果。文献［320］中调度模型综合考虑了传输线损耗、阀点效应和旋转备用约束，采用模拟退火技术进行寻优计算。文献［321］对模拟退火法进行仿真实例，得出该方法能够在允许的时间范围内得到比常规算法更为精确的解，可以有效地缩减和控制调整费用，所设计的算法简单可行且安全、可靠。

（4）粒子群算法。粒子群算法是基于个体的协作与竞争来完成复杂搜索空间中最优解的搜索。粒子群算法具有简单易实现、收敛速度快等特点，计算速度快，易找到问题的全局最优解。文献［322］提出的改进粒子群算法充分利用了粒子群算法的全局搜索和爬山算法的局部搜索能力，能够有效地求解该文提出的动态经济调度模型。文献［323］提出一种改进的粒子群算法来求解转换后的确定性模型。这种模型能有效应对风电接入引起的备用需求变化，节省成本。

（5）细菌群体趋药性算法。细菌群体趋药性算法是一种新的从生物行为中取得灵感的函数优化方法。这种算法模拟细菌在化学引诱剂环境中的运动行为来进行函数优化，具有快速收敛、全局优化等特性，适合于解决复杂的多目标优化问题。文献［324］在动态调整细菌的移动速度和感知范围的基础上，通过与混沌算法相结合，引入了混沌映射，使得菌群可以更优质地遍历性分布，提高了全局搜索能力。文献［325］提出一种基于局部学习机和改进细菌群体趋势药性算法的暂态稳定评估方法，提高了评估的分类正确率。

（6）智能算法结合。多种智能优化算法相结合，其目的是使得算法之间优势互补，可以更好地解决调度中目标函数具有非光滑、非凸特性的问题。文献［326］、［327］提出基于多子群协同进化及优先排序的新型粒子群多目标优化调度，针对电网中含大规模风电的情况，进行了优化调度的研究，其计算结果证明所提模型正确性，得到一种解决风电并网运行的方案。文献［328］、［329］提出一种进化规划与粒子群混合的优化调度方法，能够实现快速的全局优化。

6.3.3　动态经济调度模型

电力系统动态经济调度数学模型包括目标函数及约束条件。目标函数是指通过优化方法使包含状态变量 x、控制变量 u 的函数 $f(x,u)$ 达到最优，即达到其最大或最小值

$$\min \text{ or } \max f(x,u) \tag{6-1}$$

其须满足的约束条件包括等式约束条件及不等式约束条件，即

$$h(x,u)=0 \tag{6-2}$$

$$g(x,u)\leqslant 0 \tag{6-3}$$

在经济调度问题中，等式约束条件一般是电力系统的功率平衡方程式。不等式约束条件包括发电机发出的功率不能超过规定上、下限等。

研究含风电的动态经济调度，目标是使系统的总成本最小化。由于风速具有随机性，风电的有功出力波动性较大。在实际调度中，需要用常规的火电机组为其做备用，以避免因风电出力突然降低而对系统稳定性造成的冲击，因而在动态经济调度模型中需要考虑风电出力预测误差给系统带来的风险产生的成本等。

6.3.3.1　目标函数

含风电的电力系统动态经济调度的目标函数为如何合理分配系统中各发电机组的出力，使调度周期内系统总成本最小。系统总成本 C 包括常规火电机组发电成本 C_g、风电场运行发电成本 C_w、风险成本 C_c 及风电场负效率运行成本 C_r，即

$$\min C = \min(C_g + C_w + C_c + C_r) \tag{6-4}$$

（1）常规火电机组发电成本。常规火电机组单位时段 t 内的发电成本包括火电机组运行时的燃料消耗成本和运行维护管理成本两部分。常规火电机组发电成本通常用二次多项式表示，即

$$C_g = \sum_{i=1}^{n} (a_i + b_i P_{it} + c_i P_{it}^2) \tag{6-5}$$

式中：i 为常规火电机组编号；n 为系统内常规火电机组的数量；a_i、b_i、c_i 为常规火电机组 i 对应的发电成本系数，元/h、元/MWh、元/MW^{2}h；P_{it} 为单位时段 t 内机组 i 输出的有功功率，MW。

（2）风电场运行发电成本。风能是清洁能源，风电不需要燃料消耗，因此风电场运行发电成本就是风电场的运行维护管理成本，即

$$C_w = K'_w \times \sum_{j=1}^{m} P_{jt} \tag{6-6}$$

式中：j 为常规火电机组编号；m 为系统内风电场的数量；K'_w 为风电场在某单位时段 t 内的发电成本，元/kWh；P_{jt} 为某单位时间段 t 内第 j 个风电场的调度计划输出功率，MW。

（3）风险成本。虽然风电场运行发电成本远低于常规火电机组发电成本，但风电具有出力随机性和出力大小的不确定性，即风电出力的预测存在偏差，给系统带来风险因素，风电出力越大、风险越大。为了保证系统的安全和稳定运行，当风电实际出力大于预测值时，系统内部需要使常规火电机组在风电出力预测值的备用容量基础上额外增加预测误差所带来的旋转备用容量，从而使旋转备用成本增加，定义这部分成本为风险成本，即

$$C_c = K'_c \times \sum_{j=1}^{n} (1 - \gamma_{jt}) P_{wfjt} \tag{6-7}$$

式中：γ_{jt} 为单位时段 t 内风电机组 j 预测出力的可信度；K'_c 为风险成本系数，元/MWh；P_{wfjt} 为单位时段 t 内第 j 台风电机组的预测出力，MW。

（4）风电场负效率运行成本。风电场负效率运行是指不满足电网安全运行标准时，调度中产生风电弃风行为导致风电资源的浪费和风电场的经济损失。为了鼓励风电的发展，政府部门对风电场的负效率运行做出一定经济补偿，则风电场的负效率运行成本为

$$C_r = (-K'_r) \times \sum_{j=1}^{n} (P_{wfjt} - P_{jt}) \tag{6-8}$$

式中：K'_r 为风电场负效率运行补偿价格，元/MWh。

系统总的目标函数包括常规火电机组发电成本及与风电场相关的成本。其中，后者由风电场运行发电成本、风险成本及风电场负效率运行成本三部分组成。因此系统总成本最小的目标函数为

$$\min C = \min \left[\sum_{i=1}^{n} (a_i + b_i P_{it} + c_i P_{it}^2) + K'_w \times \sum_{j=1}^{m} P_{ji} + K'_c \times \right.$$
$$\left. \sum_{j=1}^{m} (1 - \gamma_{jt}) P_{w_f jt} + (-K'_r) \sum_{j=1}^{m} (P_{w_f jt} - P_{jt}) \right] \tag{6-9}$$

6.3.3.2 约束条件

（1）功率平衡约束。为保证电力系统安全稳定运行，要求某调度时段内系统中所有发电机组的有功出力与系统总负荷需求相平衡，即

$$\sum_{i=1}^{n} P_{it} + \sum_{j=1}^{n} P_{jt} = P_{Dt} \tag{6-10}$$

式中：P_{Dt} 为某调度时段 t 内系统的负荷功率，MW。

（2）发电机组输出功率约束。对常规火电机组的有功功率需要加以限制，即常规火电机组的有功功率不能超出其最大发电功率值，且其调度功率不能小于其最小发电功率值，否则易造成火电机组的不稳定运行。另外，风电场的输出功率上限不能超过其额定值。发电机组功率上、下限约束为

$$P_{i\min} \leqslant P_i \leqslant P_{i\max} \tag{6-11}$$

$$P_j \leqslant P_{jN} \tag{6-12}$$

式中：$P_{i\max}$、$P_{i\min}$ 分别为第 i 台火电机组输出有功功率的上限和下限；P_{jN} 为第 j 个风电场额定输出功率。

（3）火电机组爬坡速率约束。由于火电机组的有功出力大小受到汽门开度的约束，而火电机组的汽门开度是一个连续变化的过程，因而火电机组的有功出力变化是连续的，不能是阶跃的过程。火电机组爬坡速率就是指火电机组单位时间内可以增加或减少的有功功率，即

$$-\xi_{i\text{down}} \leqslant P_{it} - P_{i(t-1)} \leqslant \xi_{i\text{up}} \tag{6-13}$$

式中：$-\xi_{i\text{down}}$、$\xi_{i\text{up}}$ 分别为第 i 台火电机组有功功率的下降速率和上升速率，MW/min。

（4）旋转备用容量约束。系统正常运行情况下，为了避免出现负荷突然增加或发电机停电检修，以及系统故障时发电机容量不足而出现甩负荷的情况，需留出一部分旋转备用容量以应对负荷的变化。由于风电出力不确定，风电场只提供电能，不能作为系统内的旋转备用容量，系统中的旋转备用容量是由常规火电机组来承担的。其上、下旋转备用约束为

$$\sum_{i=1}^{n} P_{it\max} - P_{Dt} \geqslant P_{\text{RU}t} \tag{6-14}$$

$$\sum_{i=1}^{n} P_{it\min} - P_{Dt} \geqslant P_{\text{RD}t} \tag{6-15}$$

式中：$P_{\text{RU}t}$ 为正旋转备用容量需求，MW；$P_{\text{RD}t}$ 为负旋转备用容量需求，MW。

（5）风电穿透功率极限约束。风电场穿透功率极限指系统能够接受的最大风电装机容量占系统最大负荷的百分比。

$$P_{jt} \leqslant \mu P_{Dt} \tag{6-16}$$

式中：μ 为风电穿透功率系数。

🎯 6.4　分布式智能电网多源协调优化调度

6.4.1　分布式电源优化调度方法

优化调度方法作为能量管理的重要内容得到许多学者的广泛关注。在传统电力系统中，早期的优化调度方法为集中式，如动态规划方法[330]~[332]、拉格朗日松弛法[333]~[335]等数学优化方法，以及粒子群算法[327]、遗传算法[328]、蝙蝠算法[336],[337]等启发式算法。随着分布式能源并入电网，分布式优化调度方法成为研究热点。这类方法通过局部发电机组节点与邻近发电机组节点间的信息交互，在满足约束条件下实现对全局成本函数的优化。当前分布式优化调度方法主要分为两类技术路线：①基于一致性理论的分布式算法，如增量一致性算法和分布式梯度算法；②基于凸优化的求解方法，包括拉格朗日函数法、对偶上升法、对偶分解法以及交替方向乘子法。这些方法在智能电网能量管理领域展现出显著的应用价值。值得注意的是，早期分布式优化调度的研究主要采用二次型成本函数，约束条件也相对简单，仅考虑功率平衡约束和发电机组容量约束。文献[249]提出利用领导者节点获取全局功率不匹配值，通过一致性算法更新各节点增量成本；文献[339]利用比率一致性算法解决了发电侧和需求侧能量管理问题。文献[340]中提出的一致性算法通过各发电机组节点局部估计的方式获得全局功率不匹配值。文献[341]考虑了线路损耗，通过两个一致性协议并行计算的方式得到最优拉格朗日乘子，使每个发电机组可以改变自身的增量成本以满足功率平衡约束。文献[342]提出的一致性算法采用类似文献[341]的双层结构，同样通过局部发电机节点估计的方式获得功率不匹配值，解决了能量管理中包含分布式能源、储能设备、负荷利益函数的社会效益最大化问题。文献[343]提出一种有限时间的一致性算法以解决分布式能源经济调度问题，该算法保证了对任意拓扑结构求解分布式能源经济调度问题的有限时间收敛性。

除了基于增量成本一致性的分布式优化调度算法外，许多学者设计了基于分布式梯度算法的优化调度方法用于解决能量管理问题。不同于增量成本一致性算法需要在迭代过程中估计全局功率不匹配，分布式梯度算法在假设初始功率分配满足功率平衡约束情形下，通过设置满足一定条件的权重矩阵和分布式梯度算法就可以使得被求解的优化调度问题满足 KKT 必要条件（Karush-Kuhn-Tucher conditions），从而使得到的解为最优解。文献[344]首次提出用分布式梯度算法解决目标函数为一般凸函数的经济调度资源分配问题，并给出了算法详细的收敛性证明以及选取权重矩阵的必要条件。文献[345]提出分布式投影次梯度算法用于解决具有非光滑凸成本函数的资源分配问题。然而，文献[344]、[345]均未考虑各发电机组容量约束。由于考虑该类约束与否，所研究问题的 KKT 条件有本质的不同，文献[346]首先通过对数障碍函数对各发电机组容量约束进行处理，再通过分布式梯度算法解决了包含发电机组容量约束的最优经济调度问题。文献[347]提出改进的分布式梯度算法并解决了在线经济调度问题，所改进的算法通过投影方法处理发电机组容量约束。文献[348]研究考虑和不考虑发电机组容量约束两种情况下的经济调度问题，通过用对数障碍函数处理发电机组容量约束将原问题化为带有等式约束的凸优化问题，并从理论上证明了采用分布式梯度算法求解该问题的收敛性。文献［346］～［348］通过分布式梯度算法与惩罚函数法结合的方式解决了一些含基本操作约束的能量管理调度问题。

由于爬坡约束是衡量火电机组在一定时间内增加或减少出力能力，以及机组正常运行的一个重要指标，在考虑发电机组爬坡约束的情形下原有能量管理中的经济调度问题称为动态经济调度问题（dynamic economic dispatch，DED）。针对动态经济调度问题，文献［349］采用对数障碍函数处理机组容量约束且通过拉格朗日松弛法处理爬坡约束及功率平衡约束，设计基于快速梯度更新规则的分布式原始对偶算法计算求解。文献［350］通过非光滑的惩罚函数处理机组容量约束，同样采用拉格朗日松弛法处理爬坡约束，提出分布式原对偶一致性算法来求解所提出的动态经济调度问题。文献［351］针对机组容量约束和爬坡约束处理，提出基于切换动态的分布式最优一致性算法来求解。文献［349］～［351］通过障碍函数或惩罚函数处理发电机组容量约束且通过拉格朗日松弛法处理功率平衡约束和爬坡约束，对原变量的迭代求解方法本质上是基于分布式梯度算法，因此与分布式梯度方法一样需要各发电机组初始功率分配满足功率平衡约束。

除了使用障碍函数法或惩罚函数法与基于一致性算法的结合来解决包含基本操作约束的能量管理问题，还有一种简单而有效的方法，即交替方向乘子法（alternating direction method of multipliers，ADMM）。特别是在智能电网分布式能量管理调度问题中，ADMM通过与一致性算法相结合的方式得到了广泛的应用。文献［352］将一致性算法和ADMM结合，解决了含发电机组、可再生能源、需求单元的实时电价最优需求响应问题。文献［353］将平均一致性算法和ADMM结合解决了含传统发电机组、可再生能源、储能设备、需求单元的经济调度和需求响应的问题。文献［352］、［353］利用ADMM的可分解性将问题分解成可求解的子问题，并通过基于一致性算法求解子问题的方式实现分布式能量管理调度，其所涉及的各发电设备及需求单元成本函数都是二次函数。文献［354］提出了一种基于一致性的并行ADMM，解决了实时电价需求响应需求管理问题，并且提出了参与响应的发电或需求单元节点之间通信失效情形下的分布式管理方法。文献［355］通过分布式对偶一致性ADMM解决了考虑碳排放交易的直流动态最优潮流问题。

部分学者通过结合一致性算法和ADMM解决了成本函数为一般凸函数的能量管理问题，如文献［356］提出并从理论上证明了分布式梯度算法和ADMM结合的方法可以解决具有凸成本函数的经济调度问题；文献［357］提出了基于一致性的ADMM算法求解考虑排放成本的动态经济调度问题，且在原有基于增量成本一致性算法中引入了Lambert W函数来处理ADMM分步骤求解过程中非二次排放成本函数无法根据KKT条件给出原变量最优显式解的问题。文献［356］、［357］虽然给出了求解具有凸成本函数调度问题的分布式求解方法，但是文献［356］仍然需要初始功率分配满足功率平衡约束，文献［357］需要对功率不匹配进行局部估计且需要通过平均一致性算法来获得全局发电机组成本信息及全局负荷需求。然而，对于负荷需求发生变化以及存在"即插即用"操作的动态调度问题，这些算法仍然需要进行耗时且耗费更多通信成本的重新初始化过程来重新分配各发电机组功率。因此，对于时变负荷需求或在分布式能源接入或退出电网情况下算法不具有鲁棒性，大大降低了这些算法的适用性。

为了使分布式调度方法适应时变负荷需求且可以处理发电机组"即插即用"操作，许多学者展开深入研究。文献［358］提出用拉普拉斯梯度动态或拉普拉斯非光滑梯度动态算法求解包含或不包含发电机组容量约束的经济调度问题，并设计一种确定可行的分配策略以实现发电机组接入或退出时可以在有限时间内找到一个可行的功率分配方案。文献［238］提出通过拓扑发现算法来发现发电机组接入或退出时的机组通信网络拓扑结构，并通过有限时间平均一致性算法估计全局发电机组的最优功率输出，然后通过分布式投影梯度算法（distributed projected gradient method，DPGM）对含风电的经济调度问题进行求解。虽然文献［358］提出的方法可以应对时变负荷需求和发电机组"即插即用"操作，但是在发电机组接入或退出网络时需要启动有限时间一致性方法后再通过所设计的分布式方法进行计算，因此更适用于解决发电机组网络拓扑不变情形下的调度问题，且在"即插即用"情形下算法实现过程复杂。此外，在文献［358］基础上，文献［360］将动态平均一致性算法引入到原有的拉普拉斯非光滑梯度算法中，提出了无初始化分布式算法求解经济调度问题，该算法在时变负荷需求和"即插即用"操作时可以实现对全网功率不匹配动态跟踪。基于文献［360］所提无初始化分布式算法，文献［361］解决了需求侧管理中插电式电动汽车最优充电问题，文献［362］、［363］解决了协调分布式能源与储能设备的动态经济调度问题。文献［358］、［360］～［363］都是通过非光滑惩罚函数来处理发电机组容量约束，其中由惩罚函数所引入的参数选取会直接影响变换后问题与原问题求解结果的等价性，因此需要慎重选择。文献［364］针对成本函数为一般凸函数的经济调度问题，提出一种基于对偶梯度的无初始化分布式算法。该算法实质基于增量成本一致性，虽然采用一阶动态且避免了非光滑惩罚函数参数选取问题，但假设成本函数逆梯度函数存在，限制了该算法应用于无法求得成本函数梯度逆函数封闭形式的情形。

综上所述，众多学者通过基于一致性的算法与凸优化方法结合，设计出很多实用的分布式优化调度方法。然而，现有的分布式优化调度方法所能解决的能量管理问题模型相对简单且抽象，对于更符合实际情况的分布式优化调度方法还需深入研究。例如，现有分布式优化调度方法可以处理的约束条件大多是简单的基本操作约束条件，而对于处理具有更多耦合约束的能量管理仍有局限性；现有分布式调度方法大多需要初始化过程来协调各发电机组满足功率平衡约束，对于实现算法无初始化方面的研究还较少。此外，针对含再生分布式能源的分布式优化调度方法的研究还相对较少，仍有必要进一步研究与探讨。

6.4.2 分布式智能电网调度策略

6.4.2.1 分布式能源经济调度管理策略

随着未来电网不断的发展和延伸，新能源发电和可再生能源发电在电力系统中的渗透率不断提高[365]。由于新能源和可再生能源发电（风力发电或光伏发电）本身存在一些固有的缺陷，如随机性、间歇性和波动性等，这些缺陷都可能冲击电网的稳定性。当冲击严重时，可能会引起大规模恶性事故。未来电力系统的安全稳定都面临着越来越多的挑战[366],[367]。随着通信与信息技术的不断发展，能源传输的质量、效率和安全性均得到有效提高。但是，传统的电网技术很难解决这些问题，并且可再生能源和分布式能源发电日益渗透使电力系统管理极为复杂[368]。

为应对智能电网运行挑战，基于多智能体系统的分布式调度策略已成为研究热点。其核心是将各电力元件建模为独立智能体，通过相邻节点间的局部信息交互与一致性算法，驱动个体行为自主调整，最终实现系统全局经济调度目标。在实际环境中，当多智能体系统运行时，每个智能体在接收其他智能体发送的信息时会因彼此间的距离产生时间延迟[369]。电力系统的安全、稳定运行需要考虑通信系统的影响，智能电网多智能体之间存在的时延往往会影响多智能体系统的动态性能，可能会降低系统的收敛速度，严重时可能会使系统变得不稳定[370]。

在未来电力系统中，研究人员已经讨论了即插即用作为电网连通资源的有效方法[365]。类似于计算机系统，电力系统中的即插即用表明不需要重置控制时，一个插件可以被放置在电气系统的任何位置[371]。即插即用接口包含通信接口，当一个新的设备被添加到变电站时，它自动报告数据给控制中心，如设备参数和设备互联信息。因此，控制中心要有高带宽的通信设施来收集系统中的所有信息并且要求系统通信拓扑具有较高的连通度，这增加了通信拓扑的投资，对控制中心的运算能力也提出了很高的要求。由于即插即用的特性，不同的设备频繁接入和退出，使得系统的拓扑结构变化无法预知[365]。为了控制这种系统，分布式优化[372],[373]更适合解决通信拓扑结构多变和适应即插即用的要求，分布式算法具有更高的鲁棒性和可扩展性，能更好地适应可再生能源发电广泛渗透的未来电网。

经济调度是电力系统中能源管理的基本问题。基本目标是为发电机寻找一个对负荷配电的最优方案以尽量减少总发电成本，同时满足所有的系统约束。经典优化技术包括迭代法、牛顿法、线性规划法等，主要用来解决成本函数为凸函数的启发式算法（如微分进化、粒子群、布谷鸟搜索），属于集中式优化的范畴。

分布式优化不要求每个电力元件都具备与调度中心的通信功能，可通过局部信息交互实现全局优化调度。分布式控制算法具有比集中式更大的可扩展性[374]。

6.4.2.2 分布式环境经济调度协调优化策略

传统的发电机只关注发电时自身获取的收益而不考虑污染排放量，经济调度的基本目标是为发电机寻找一个负荷配电的最优方案以尽量增加总收益，同时满足所有的系统约束。然而，人们对环境法规和社会意识不断增强，考虑环境因素的新调度方案正在被研究[375]。

在应对全球气候变化背景下，我国持续强化碳减排承诺与实践。根据生态环境部数据显示，我国已超额完成 2020 年碳减排目标：碳排放强度较 2015 年下降 18.8%，非化石能源消费占比达 15.9%。2020 年 9 月，我国进一步提出"双碳"目标——力争 2030年前实现碳达峰、2060 年前实现碳中和。最新规划显示，到 2030 年单位 GDP 二氧化碳排放较 2005 年下降 65% 以上，非化石能源占比提升至 25%，风力发电和光伏发电装机容量突破 12 亿 kW。

在政策工具创新方面，我国已建成全球最大碳排放权交易市场。截至 2024 年 7 月，全国碳市场覆盖 2257 家重点排放单位，年覆盖二氧化碳排放量约 51 亿 t（占全国总量 40% 以上），电力碳排放强度较 2018 年下降 8.78%。该市场体系通过《碳排放权交易管理暂行条例》等法规建立多层制度架构，实现"排碳有成本、减碳有收益"的交易机制。当前正加速将钢铁、水泥、铝冶炼等高耗能行业纳入交易范围，并探索碳金融创新路径。

为了发挥智能电网的综合效益，必须要科学合理地优化电力系统中经济调度和环境调度。电力系统优化调度中如何兼顾经济因素与环境因素成为全世界面临的难题。对此，国内外众多研究学者从多方面进行了深入的探讨研究。近年来，此类调度问题研究用到最多的是多目标进化算法。在文献［376］、［377］中呈现了多种解决环境经济调度的技术方案，以及在文献［378］中应用的几种算法寻找帕累托最优的解决方案，如小生境帕累托遗传算法（NPGA）、非支配排序遗传算法（NSGA）和强度帕累托进化算法（SPEA）。上述的技术方案是目前的一个主流方法，有其优势，但也有它们的不足点。其中，最主要的缺点是在建立环境经济调度模型时是否具有合理性。随着电力市场的不断开放，投资者会综合考虑各种因素根据自身获取最大利益为目标选择不同的发电机，有的投资者可能觉得经济性对自身有利，有的投资者对环保性考虑得更多，但各投资者的最终目的都是以最大化自身利益来确定发电量和碳排放交易量。确定各投资者的调度策略固然可以通过一个传统的统一集中优化模型来解决，然而现在电力市场环境下每个投资者都在使自己的利益最大化，这与传统的集中式调度优化存在或多或少的偏差。作为一种先进的数学工具，博弈论有望通过建立电力系统中各投资者多人优化决策模型并求解均衡策略[379]。各发电机投资者都可以得到最优效益。相关的研究人员很早就把博弈论技术应用在电力系统中。例如文献［380］、［381］是用博弈论主解决电力交易中的竞价决策和电力输电成本分配问题。

集中式优化[382]需要调度中心与电力系统中的每个元件进行信息交互，因此调度中心要有高带宽的通信设备来收集电力系统中的所有调度信息并且要求系统通信拓扑具有较高的连通度，这增加了通信网络拓扑的投资，同时对调度中心的运算能力也提出了很高的要求。一旦控制调度中心出现故障，系统的安全稳定性能乃至调度收益将会受到严重威胁。因此，传统的集中式优化调度技术很难满足未来电网对经济调度提出的新要求。

分布式优化是相邻节点之间进行相互通信，它不需要电力系统中的每个电力元件都与调度中心具有相互间的通信功能，分布式调度的优点是节点间通过局部之间的信息交流沟通来实现全局优化调度。经济调度和环境污染排放调度是在两个不同的市场环境条件下进行的。因此，相比于集中式优化技术，分布式优化更适合解决通信拓扑结构多变和适应"即插即用"的要求，分布式算法具有更高的鲁棒性和可扩展性[368]。

针对电力元件地理分散性与环境经济调度的非对称性、目标矛盾性特点，相关研究提出基于多智能体博弈的分布式环境经济调度优化策略。其核心是把博弈论技术引入到已经建立了考虑环境因素的电力系统分布式经济调度决策模型中。研究表明，各发电机投资者在进行分布式的环境经济调度时如果采用博弈论方法，这样能够使得博弈参与者各自利益在 Nash 均衡意义下达到最大化。

6.4.3 智能电网多源协同优化调度总体方案

主动配电网多源协同优化调度通过对配电网络、分布式电源、柔性负荷和储能装置等可调资源进行优化配置，提高配电网的安全性、可靠性、优质性、经济性、友好性指标，实现配电网的高效运行[383]。

6.4.3.1 总体架构

主动配电网多源协同优化调度对接入配电网的可控资源进行优化调度，辅助调度人员进行配电网调控，实现配电网的高效运行[384]，总体架构如图 6-1 所示。

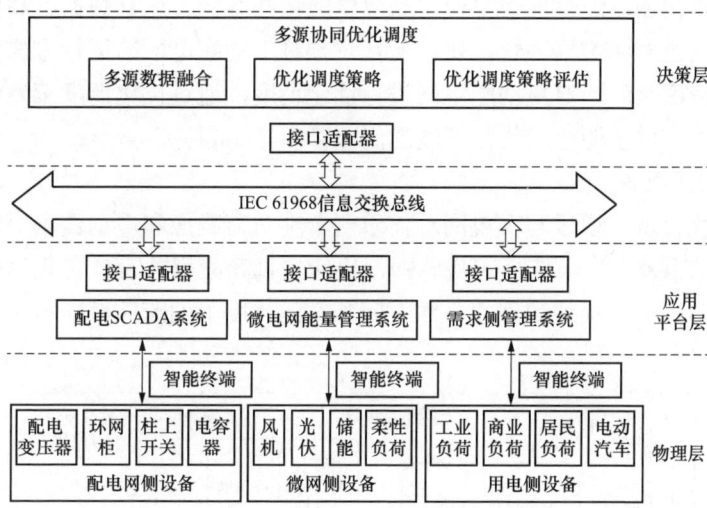

图 6-1 多源协同优化调度总体架构

多源协同优化调度建立在主动配电网智能设备的基础上，利用馈线终端单元（FTU）、配电终端单元（DTU）、配电变压器终端单元（TTU）、远程终端单元（RTU）和综合配电单元（IDU）等智能终端设备实现信息采集及优化控制；通过 IEC 61968 信息交换总线，集成配电数据采集与监控（SCADA）系统、微电网能量管理系统以及需求侧管理系统的相关业务与数据，通过接口适配器获取可调度容量，并实现优化调度功率曲线下发；以信息交换总线为支撑，实现多源协同优化调度系统的应用。

1. 物理层

多源协同优化调度对象分布在配电网、微电网和需求侧负荷 3 个层面[385]，对柱上开关、环网柜、配电变压器、电容器等配电网层面设备进行优化调度，可以保证配电网的电压质量和经济运行；对风机、光伏、储能、柔性负荷等微电网内部设备进行优化调度，可以实现微电网的功率平衡和优化运行；对需求侧的工业负荷、商业负荷、居民负荷、电动汽车等用电设备的用电行为进行分析，可以在不影响用户用电满意度的前提下实现削峰填谷，提高电网运行效率。

2. 应用平台层

多源协同优化调度建立在配电 SCADA 系统、微电网能量管理系统、需求侧自动需求响应系统的基础上，利用 FTU、DTU、TTU、RTU 和 IDU 等配电网管控终端，对主动配电网不同环节的关键设备进行监控，实现信息的采集以及控制指令的执行。

通过与配电 SCADA 系统交互，获取配电网的基础电网信息，包括配电网拓扑模型、设备的运行约束、空间负荷预测结果等，并将配电网重构方式、电容器投切等下发配电 SCADA 系统进行控制；通过与微电网能量管理系统和需求侧响应系统对接，接收分布式电源可调容量以及柔性负荷可调裕度，同时下发分布式电源调控曲线和负荷侧调控曲线指令，供两系统控制。

3. 决策层

多源协同优化调度通过应用平台层获取电网拓扑结构、运行数据、高精度数值天气预报等信息，通过多源数据融合、快速仿真，预测主动配电网的运行方式并进行预演；通过设计优化调度策略，对主动配电网进行优化调度，通过优化调度策略评估，对优化调度进行评价，实现多源协同优化调度的闭环管理。

6.4.3.2　应用功能

多源协同优化调度通过与微电网、需求侧柔性负荷响应和电动汽车等区域能量管理系统进行上下级联动[386]，依托态势感知、快速仿真等应用，设计优化调度策略，并完成策略的执行与评估，最终实现在不同时间和空间尺度上的跨区域能量平衡，应用框架如图 6-2 所示。

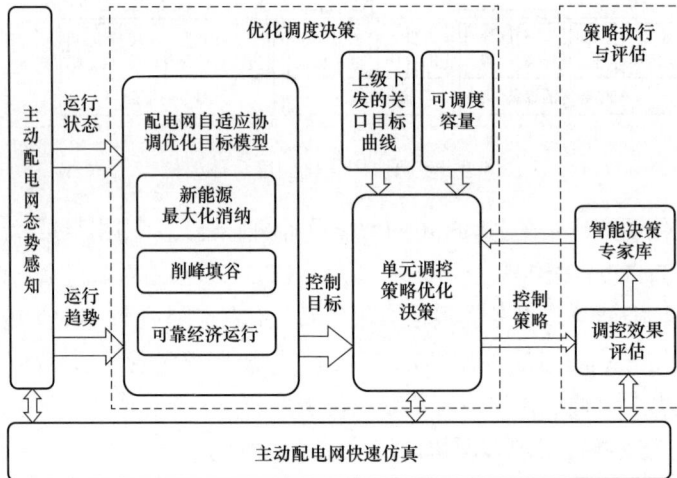

图 6-2　多源协同优化调度应用框架

1. 主动配电网态势感知

主动配电网态势感知包括实时状态感知和运行态势分析，实时状态感知通过对配电网的各类数据，包括 TTU、RTU、DTU 和高级计量架构（AMI）等系统实时监控数据以及调度日志、视频监控、外部环境数据等非结构化数据进行融合分析，深入挖掘其内在隐含知识，实现对配电网运行态势的全面感知。运行态势分析是在实时状态感知的基础上，融合预测数据和分析数据，感知配电网的运行状态和潜在运行风险，使得配电网的安全管理从被动变为主动，提早发现配电网运行中的薄弱环节，提升电网抵御风险的能力。

2. 多源协同优化调度决策

多源协同优化调度决策依据在线状态估计与态势感知结果，分析不同区域之间、不同电源之间时空尺度的相关性和互补性，以可调负荷资源、可控网络资源（优化运行方式）、分布式电源等为调度手段，以区域综合能源利用效率最大化为目标，实现区域之间、不同分布式电源之间的协同优化调度。

3. 多源协同优化调度策略评估

多源协同优化调度策略评估基于配电网—馈线—自治区域三级在不同时间尺度、不同电网运行状态下的优化调度目标，建立优化调度策略库，提供不同场景的优化调度手段，通过快速仿真技术为多源协调优化调度提供策略选择依据，实现策略的快速选择和优化调度的高效实施；基于多源协调优化调度效果，通过建立指标评估体系，设计指标赋权方法，对策略执行效果进行评估，更新维护优化调度策略库，为后续配电网的优化调度奠定基础。

参 考 文 献

[1] Clark W，Cooke G. The Green industrial revolution [M]. Oxford：Butterworth-Heinemann. 2014.

[2] Foster，John. The Ecological Revolution [M]. New York：Routledge，2015.

[3] Rifkin J. The third industrial revolution：how lateral power is transforming energy，the economy，and the world [M]. Palgrave Macmillan，2011.

[4] 毕研涛，王丹，李春新，等. 全球可再生能源发展现状、展望及启示 [J]. 国际石油经济，2016，24（8）：62-66.

[5] 张体伟，孙豫宁. 第三次工业革命：新经济模式如何改变世界 [M]. 北京：中信出版社，2012.

[6] Hu A. Introduction：entering the green industrial revolution [M]. China：Innovative Green Development. Springer Berlin Heidelberg，2014.

[7] 王朝华. "十二五"时期我国新能源和可再生能源发展的建议 [J]. 经济界，2011（4）：40-45.

[8] 任东明. 论中国可再生能源政策体系形成与完善 [J]. 电器与能效管理技术，2014（10）：1-4.

[9] 国家能源局. 国家能源局关于可再生能源发展"十三五"规划实施的指导意见 [J]. 中国战略新兴产业，2017（9）：70-73.

[10] 国家发展改革委员会. 可再生能源发展"十三五"规划 [J]. 太阳能，2017（2）：5-11.

[11] 陈向国. 王仲颖：能源转型是否成功政策的执行力是关键 [J]. 节能与环保，2017（11）：16-17.

[12] 李富生，李瑞生，周逢权. 微电网技术及工程应用 [M]. 北京：中国电力出版社，2013.

[13] 刘杨华，吴政球，涂有庆，等. 分布式发电及其并网技术综述 [J]. 电网技术，2008（15）：71-76.

[14] 国家及各地区国民经济和社会发展第十四个五年规划和 2035 年远景目标纲要 [J]. 中国信息界，2022（5）：100-110.

[15] 周伏秋. 现代能源体系视角下的电网制度建设 [J]. 电气时代，2022（6）：20-21.

[16] 蒋明桓. 关于"智能电网"与"智慧能源"情况汇编 [G/OL]. 2009-03-17. http://www.china5e.com/subject/subjectshow.aspx?subjectid=97&classv=&pag eid=1.

[17] 法国电力公司试验智能电网提高风电使用率 [EB/OL]. 2009-01-19. http://www.China power.com.cn/newsarticle/1082/new1082991.asp.

[18] IBM 论坛 2009，点亮智慧的地球 [EB/OL]. http://www-900.ibm.com/cn/forum2009/wisdom. shtml.

[19] 柳明，何光宇，沈沉，等. IECSA 项目介绍 [J]. 电力系统自动化，2006，30（13）：99-104.

[20] 陈树勇，宋书芳，李兰欣，等. 智能电网技术综述 [J]. 电网技术，2009，33（08）：1-7.

[21] European Commission. European technology platform smart-grids：Vision and strategy for Europe's electricity networks of the future [EB/OL]. http://ec.europa.eu/research/energy/pdf/smartgrids_en.pdf.

[22] United States Department of Energy Office of Electric Transmission and Distribution. The smart grid：An introduction [EB/OL]. http://www.oe.energy.gov/DocumentsandMedia/DOE_SG_Book_Single_Pages（1）.pdf.

[23] 张文亮，刘壮志，王明俊，等. 智能电网的研究进展及发展趋势 [J]. 电网技术，2009，33（13）：

1-11.

［24］U.S. Department of Energy. The Smart Grid：An introduction DE-AC 26-04NT41817. SUBTASK 560. 01. 04 ［EB/OL］. http://www.energy.gov.

［25］Paul Haase. IntelliGrid：A Smart Network of Power ［J］. EPRI Journal，2005：17-25.

［26］EPRI . Profiling and Mapping of Intelligent Grid R&D Programs ［R］. EPRI，Palo Alto，CA and EDF R&D，Clamart，France，2006. 1014600.

［27］EC JRC, U. S DOE. Assessing smart grid benefits and impacts：EU and U. S initiatives ［R/OL］. ［2018-02-04］. http:// ses.jrc.ec.europa.eu/assessing-smart-grid-benefits-and-impacts-eu-and-us-initiatives.

［28］周孝信，鲁宗相，刘应梅，等. 中国未来电网的发展模式和关键技术 ［J］. 中国电机工程学报，2014，34（29）：4999-5008.

［29］刘振亚. 智能电网技术 ［M］. 北京：中国电力出版社，2010.

［30］鞠平，周孝信，陈维江，等. "智能电网+"研究综述 ［J］. 电力自动化设备，2018，38（05）：2-11. DOI:10.16081/j.issn.1006-6047.2018.05.001.

［31］余贻鑫，栾文鹏. 智能电网 ［J］. 电网与清洁能源，2009，25（1）：7-11.

［32］武建东. 全面推互动电网革命拉动经济创新转型 ［EB/OL］. 2009-02-03. http://www.chinapower. com.cn/article/1146/art1146899.asp.

［33］IBM 论坛 2009，点亮智慧的地球 ［EB/OL］. http://www-900.ibm.com/cn/forum 2009/wisdom.shtml.

［34］余贻鑫，栾文鹏. 智能电网述评 ［J］. 中国电机工程学报，2009，29（34）：1-8.

［35］赵紫原. 分布式智能电网护航能源安全——专访中国工程院院士、天津大学教授余贻鑫 ［J］. 中国电力企业管理，2022（25）：10-13.

［36］公欣. "十四五"时期加快构建现代能源体系-2035 年能源高质量发展取得决定性进展 ［N］. 中国经济导报，2022（1）.

［37］国家发展和改革委员会. 国家科学技术部. 光伏/风力及互补发电村落系统. 北京：中国电力出版社，2004.

［38］地热能——地心热的开发利用. http://www.china5e.com/dissertation/newenergy/0003.htm.

［39］海洋能源发电. http://211.167.68.243/chinese2/power/ocean.html#b.

［40］生物质气化发电. http://www.newenergy.org.cn/html/2005-6/20056689.htm1.2005.

［41］赵宏伟，吴涛涛. 基于分布式电源的微网技术 ［J］. 电力系统及其自动化学报，2008，20（1）：121-128.

［42］杨占刚，王成山，车延博. 可实现运行模式灵活切换的小型微网实验系统 ［J］. 电力系统自动化，2009（14）：89-92.

［43］M. Adamiak，Bose，Y. Liu，et al. Tieline controls in microgrid applications ［C］. 2007Symposium Bulk Power System Dynamics and Control，Charleston，South Carolina，USA，2007：1-9.

［44］Tewodros Tesfaye Erbato，Thomas Hartkopf. Smarter microgrid for energy solution to rural Ethiopia ［C］. Innovative Smart Grid Technologies（ISGT），Columbia，USA，2012：1-7.

［45］柯人观. 微电网典型供电模式及微电源优化配置研究 ［D］. 浙江大学，2013.

［46］王成山，杨占刚，王守相，等. 微网实验系统结构特征及控制模式分析 ［J］. 电力系统自动化，

2010，34（1）：99-105.

[47] S. Adhikari，Li Fangxing. Coordinated V-f and P-Q control of solar photovoltaic generators with MPPT and battery storage in microgrids [J]. IEEE Transactions on Smart Grid，2014，5（3）：1270-1281.

[48] 郭力，王成山. 含多种分布式电源的微网动态仿真 [J]. 电力系统自动化，2009，33（2）：82-86.

[49] J. A. P. Lopes，C. L. Moreira，A. G. Madureira，et al. Control strategies for microgrids emergency operation [C]. International Conference on Future Power Systems，Amsterdam，Netherlands. 2005：1-6.

[50] J. A. P. Lopes，C. L. Moreira，A. G. Madureira. Defining control strategies for microgrids islanded operation [J]. IEEE Transactions on Power Systems，2006，21（2）：916-924.

[51] 唐文虎，黄文威，郭采珊，等. 分布式智能电网的理论发展与技术体系 [J]. 电网技术，2025，49（3）：855-867.

[52] 吴雪琼，夏栋. 新型主动配电网智能规划与决策技术研究综述 [J]. 综合智慧能源，2023，45（11）：20-26.

[53] 董梓童，苏南. 配电网数字化转型潜力十足. 中国能源报，2023 年 3 月 20 日. http://paper.people.com.cn/zgnyb/html/2023-03/20/content_25972391.htm.

[54] S. Tripathi，P. K. Verma and G. Goswami，A Review on SMART GRID Power System Network，2020 9th International Conference System Modeling and Advancement in Research Trends（SMART），Moradabad，India，2020，pp. 55-59.

[55] 李建林，郭兆东，马速良，等. 新型电力系统下"源网荷储"架构与评估体系综述 [J]. 高电压技术，2022，48（11）：4330-4341.

[56] 王侨侨，曾君，刘俊峰，等. 面向微电网源-储-荷互动的分布式多目标优化算法研究 [J]. 中国电机工程学报，2020，40（5）：1421-1432.

[57] 王继业. 人工智能赋能源网荷储协同互动的应用及展望 [J]. 中国电机工程学报，2022，42（21）：7667-7681.

[58] 石荣亮，张兴，徐海珍，等. 基于虚拟同步发电机的多能互补孤立型微网运行控制策略 [J]. 电力系统自动化，2016，40（18）：32-40.

[59] 郑天文，陈来军，刘炜，等. 考虑源端动态特性的光伏虚拟同步机多模式运行控制 [J]. 中国电机工程学报，2017，37（2）：454-463.

[60] 石荣亮，张兴，徐海珍，等. 光储柴独立微电网中的虚拟同步发电机控制策略 [J]. 电工技术学报，2017，32（23）：127-139.

[61] 柴建云，赵杨阳，孙旭东，等. 虚拟同步机技术在风力发电系统中的应用与展望 [J]. 电力系统自动化，2018，42（8）：1-10.

[62] Vengatesh R P，Rajan S E. Investigation of cloudless solar radiation with PV module employing Matlab-Simulink [J]. Solar Energy，2011，85（9）：1727-1734.

[63] 赵晶晶，吕雪，符杨，等. 基于双馈感应风力发电机虚拟惯量和桨距角联合控制的风光柴微电网动态频率控制 [J]. 中国电机工程学报，2015，35（15）：3815-3822.

[64] 赵晶晶，吕雪，符杨，等. 基于可变系数的双馈风机虚拟惯量与超速控制协调的风光柴微电网频

率调节技术 [J]. 电工技术学报, 2015, 30 (5): 59-68.

[65] 颜湘武, 宋子君, 崔森, 等. 基于变功率点跟踪和超级电容器储能协调控制的双馈风电机组一次调频策略 [J]. 电工技术学报, 2020, 35 (03): 530-541.

[66] National Grid ESO. Interim Report into the Low Frequency Demand Disconnection (LFDD) following Generator Trips and Frequency Excursion on 9 Aug 2019 [EB/OL]. https://www.ofgem.gov.uk/system/file-s/docs/2020/07/national_grid_eso_report_lfdd_9_august_2019.pdf.

[67] 许建兵. 储能在改善风电并网稳定性方面的研究 [D]. 浙江大学, 2013.

[68] 颜湘武, 崔森, 宋子君, 等. 基于超级电容储能控制的双馈风电机组惯量与一次调频策略 [J]. 电力系统自动化, 2020, 44 (14): 111-129.

[69] 刘辉, 葛俊, 巩宇, 等. 风电场参与电网一次调频最优方案选择与风储协调控制策略研究 [J]. 全球能源互联网, 2019, 2 (1): 44-52.

[70] Execcutivesummary [EB/OL]. http://www.ceic.unsw.edu.au/centers/ vrb >.

[71] 刘春燕, 晁勤, 魏丽丽. 基于实证数据和模糊控制的多时间尺度风储耦合实时滚动平抑波动 [J]. 电力自动化设备, 2015, 35 (02): 35-41.

[72] 王琦, 郭钰锋, 万杰, 等. 适用于高风电渗透率电力系统的火电机组一次调频策略 [J]. 中国电机工程学报, 2018, 38 (04): 974-984.

[73] 于世涛. 交流励磁发电机稳定机理控制方法的研究 [D]. 华北电力大学 (河北), 2007.

[74] 王晓兰, 鲜龙, 包广清, 等. 不对称电网故障下的正序电压分量补偿法 [J]. 电气传动, 2015, 45 (02): 63-69.

[75] 高本锋, 胡韵婷, 李忍, 等. 基于自抗扰控制的双馈风机次同步控制相互作用抑制策略研究 [J]. 电网技术, 2019, 43 (02): 655-664.

[76] 崔森, 颜湘武, 王雅婷, 等. 考虑源-荷功率随机波动特性的双馈风力发电机一次频率平滑调节方法 [J]. 中国电机工程学报, 2021, s41: 143-154.

[77] 颜湘武, 孙颖, 李晓宇, 等. 基于双馈风力发电场虚拟惯量控制策略优化 [J]. 华北电力大学学报 (自然科学版), 2020, 47 (06): 42-51.

[78] Ghadi M. Jabbari, Ghavidel Sahand, Rajabi Amin, et al. A review on economic and technical operation of active distribution systems [J]. Renewable and Sustainable Energy Reviews, 2019, 104: 38-53.

[79] Ahmadian Ali, Sedghi Mahdi, Fgaier Hedia, et al. PEVs data mining based on factor analysis method for energy storage and DG planning in active distribution network: Introducing S2S effect [J]. Energy, 2019, 175: 265-277.

[80] 国家能源局.《配电网建设改造行动计划 (2015—2020 年)》[EB/OL]. (2016-08-15) [2018-8-1]. http://www.gov.cn/xinwen/2016-08/15/5099597/files/026352cb1d2441e1a226cc4ecb9f2215.doc.

[81] 王志强, 郭晨阳, 刘文霞, 等. 计及负荷特性的配电网多时间尺度电压控制及协调修正 [J]. 电力系统自动化, 2017, 41 (15): 51-57.

[82] Quijano DA, Padilha-Feltrin A. Optimal integration of distributed generation and conservation voltage reduction in active distribution networks [J]. International Journal of Electrical Power & Energy Systems, 2019, 113: 197-207.

[83] 孙宏斌, 张智刚, 刘映尚, 等. 复杂电网自律协同无功电压优化控制: 关键技术与未来展望 [J]. 电网技术, 2017, 41 (12): 3741-3749.

[84] 郭庆来, 王彬, 孙宏斌, 等. 支撑大规模风电集中接入的自律协同电压控制技术 [J]. 电力系统自动化, 2015, 39 (1): 88-93, 130.

[85] Zhao Bo, Xu Zhicheng, Wang Caisheng, et al. Network partition based zonal voltage control for distribution networks with distributed PV systems [J]. IEEE Transactions on Smart Grid, 2018, 9 (5): 4087-4098.

[86] Chai Yuanyuan, Guo Li, Wang Chengshan, et al. Network partition and voltage coordination control for distribution networks with high penetration of distributed PV units [J]. IEEE Transactions on Power Systems, 2018, 33 (3): 3396-3407.

[87] 张璐, 唐巍, 丛鹏伟, 等. 含光伏发电的配电网有功无功资源综合优化配置 [J]. 中国电机工程学报, 2014, 34 (31): 5525-5533.

[88] Gao Hongjun, Liu Junyong, Wang Lingfeng. Robust coordinated optimization of active and reactive power in active distribution systems [J]. IEEE Transactions on Smart Grid, 2018, 9 (5): 4436-4447.

[89] 廖秋萍, 吕林, 刘友波, 等. 考虑重构的含可再生能源配电网电压控制模型与算法 [J]. 电力系统自动化, 2017, 41 (18): 32-39.

[90] 李振坤, 路群, 符杨, 等. 有源配电网动态重构的状态分裂多目标动态规划算法 [J]. 中国电机工程学报, 2019, 39 (17): 5025-5036.

[91] 张晓朝, 段建东, 石祥宇, 等. 利用 DFIG 无功能力的分散式风电并网有功最大控制策略研究 [J]. 中国电机工程学报, 2017, 37 (07): 2001-2009.

[92] Kim Yun Su, Kim Eung Sang, Moon Seung Il. Frequency and voltage control strategy of standalone microgrids with high penetration of intermittent renewable generation systems [J]. IEEE transactions on power systems, 2016, 31 (1): 718-728.

[93] Kim Jinho, Seok Jul Ki, Muljadi Eduard, et al. Adaptive Q-V scheme for the voltage control of a DFIG-based wind power plant [J]. IEEE transactions on power electronics, 2016, 31 (5): 3586-3599.

[94] 王松, 李庚银, 周明. 双馈风力发电机组无功调节机理及无功控制策略 [J]. 中国电机工程学报, 2014, 34 (16): 2714-2720.

[95] 郎永强, 张学广, 徐殿国, 等. 双馈电机风电场无功功率分析及控制策略 [J]. 中国电机工程学报, 2007, 27 (9): 77-82.

[96] 王琦, 袁越, 陈宁, 等. 多风场接入局部电网的无功协调分配方法 [J]. 电力系统保护与控制, 2012, 40 (24): 76-83.

[97] 崔杨, 彭龙, 仲悟之, 等. 双馈型风电场群无功分层协调控制策略 [J]. 中国电机工程学报, 2015, 35 (17): 4300-4307.

[98] 窦晓波, 常莉敏, 倪春花, 等. 面向分布式光伏虚拟集群的有源配电网多级调控 [J]. 电力系统自动化, 2018, 42 (03): 21-31.

[99] 崔勇, 杨菊芳, 潘年安, 等. 光伏系统无功服务对电网运营影响研究 [J]. 太阳能学报, 2019, 40 (08): 2314-2322.

［100］García A. Molina，Mastromauro R. A.，Liserre M. A combined centralized/decentralized voltage regulation method for PV inverters in LV distribution networks［C］. Pes General Meeting | Conference & Exposition，2014：1-5.

［101］李清然，张建成. 含分布式光伏电源的配电网电压越限解决方案 ［J］. 电力系统自动化，2015，39（22）：117-123.

［102］肖传亮，赵波，周金辉，等. 配电网中基于网络分区的高比例分布式光伏集群电压控制 ［J］. 电力系统自动化，2017，41（21）：147-155.

［103］Kulmala A，Maki K，Repo S，et al. Including active voltage level management in planning of distribution networks with distributed generation ［C］. 2009 IEEE Bucharest Power Tech. Bucharest，Romania，2009：1-6.

［104］Davidson E M，McArthur S D J，Dolan M J，et al. Exploiting intelligent systems techniques within an autonomous regional active network management system ［C］. 2009 IEEE Power & Energy Society General Meeting. Calgary，AB，Canada，2009：1-8.

［105］Roytelman I，Ganesan V. Coordinated local and centralized control in distribution management systems ［J］. IEEE Transactions on Power Delivery，2000，15（2）：718-724.

［106］Strbac G，Jenkins N，Hird M，et al. Integration of operation of embedded generation and distribution networks ［R］. Final Report Manchester Centre for Electrical Energy. 2002.

［107］Ran L，Spinato F，Taylor P，et al. Coordinated AVR and tap changing control for an autonomous industrial power system ［J］. IEE Proceedings - Generation，Transmission and Distribution，2006，153（6）：617-623.

［108］Fabio B，Roberto C，Valter P. Radial MV networks voltage regulation with distribution management system coordinated controller ［J］. Electric Power Systems Research，2008，78（4）：634-645.

［109］Hazel T G，Hiscock N，Hiscock J. Voltage regulation at sites with distributed generation ［J］. IEEE Transactions on Industry Applications，2008，44（2）：445-454.

［110］Pilo F，Pisano G，Soma G. Advanced DMS to manage active distribution networks ［C］. 2009 IEEE Bucharest PowerTech. Bucharest，Romania，2009：1-8.

［111］Diwold K，Yan W，Garcia L D A，et al. Coordinated voltage-control in distribution systems under uncertainty ［C］. 2012 47th International Universities Power Engineering Conference（UPEC）. Uxbridge，UK，2012：1-6.

［112］Viawan F A，Karlsson D. Coordinated voltage and reactive power control in the presence of distributed generation ［C］. 2008 IEEE Power and Energy Society General Meeting - Conversion and Delivery of Electrical Energy in the 21st Century. Pittsburgh，PA，USA，2008：1-6.

［113］Senjyu T，Miyazato Y，Yona A，et al. Optimal distribution voltage control and coordination with distributed generation ［J］. IEEE Transactions on Power Delivery，2008，23（2）：1236-1242.

［114］Thornley V，Hill J，Lang P，et al. Active network management of voltage leading to increased generation and improved network utilization［C］. CIRED Seminar 2008：SmartGrids for Distribution. Frankfurt，2008：1-4.

［115］ Moursi M S E，Bak-Jensen B，Abdel-Rahman M H. Coordinated voltage control scheme for SEIG-based wind park utilizing substation STATCOM and OLTC transformer［J］. IEEE Transactions on Sustainable Energy，2011，2（3）：246-255.

［116］ Zad B B，Lobry J，Vallee F. Coordinated control of on-load tap changer and D-STATCOM for voltage regulation of radial distribution systems with DG units［C］. 2013 3rd International Conference on Electric Power and Energy Conversion Systems. Istanbul，Turkey，2013：1-5.

［117］ Hu Z，Wang X，Chen H，et al. Volt/VAr control in distribution systems using a time-interval based approach［J］. IEE Proceedings - Generation，Transmission and Distribution，2003，150（5）：548-554.

［118］ Sugimoto J，Yokoyama R，Fukuyama Y，et al. Coordinated allocation and control of voltage regulators based on reactive tabu search［C］. 2005 IEEE Russia Power Tech. St. Petersburg，Russia，2005：1-6.

［119］ Gwang W K，Lee K Y. Coordination control of OLTC transformer and STATCOM based on an artificial neural network［J］. IEEE Transactions on Power Systems，2005，20（2）：580-586.

［120］ Liang R H，Liu X Z. Neuro-fuzzy based coordination control in a distribution system with dispersed generation system［C］. 2007 International Conference on Intelligent Systems Applications to Power Systems. Kaohsiung，Taiwan，2007：1-6.

［121］ Auchariyamet S，Sirisumrannukul S. Optimal daily coordination of volt/var control devices in distribution systems with distributed generators［C］. 45th International Universities Power Engineering Conference UPEC2010. Cardiff，UK，2010：1-6.

［122］ Shalwala R A，Blejis J A M. Voltage control scheme using fuzzy logic for residential area networks with PV Generators in Saudi Arabia［C］. 2010 Joint International Conference on Power Electronics，Drives and Energy Systems & 2010 Power India. New Delhi，India，2010：1-6.

［123］ Shivarudrswamy R，Gaonkar D N，Nayak S K. Coordinated voltage control in 3 phase unbalanced distribution system with multiple regulators using genetic algorithm［J］. Energy Procedia，2012，14：1199-1206.

［124］ Abapour S，Babaei E，Khanghah B Y. Application of active management on distribution network considering technical issues［C］. Iranian Conference on Smart Grids. Tehran，Iran，2012：1-6.

［125］ Zadeh L A. Fuzzy sets［J］. Information and Control，1965，8（3）：338-353.

［126］ Negnevitsky M. A Guide To Intelligent Systems［M］. Artificial Intelligence，2011.

［127］ Kiprakis A E，Wallace A R. Maximising energy capture from distributed generators in weak networks［J］. IEE Proceedings - Generation，Transmission and Distribution，2004，151（5）：611-618.

［128］ Viawan F A，Karlsson D. Coordinated voltage and reactive power control in the presence of distributed generation［C］. 2008 IEEE Power and Energy Society General Meeting - Conversion and Delivery of Electrical Energy in the 21st Century. Pittsburgh，PA，USA，2008：1-6.

［129］ Leibe I. Integration of wind power in medium voltage networks—voltage control and losses［C］. Industrial Electrical Engineering and Automation. Lund University，2011.

［130］ 黄伟，刘斯亮，王武，等. 长时间尺度下计及光伏不确定性的配电网无功优化调度［J］. 电力系

统自动化，2018，42（05）：154-162.

[131] 刘一兵，吴文传，张伯明，等. 基于有功-无功协调优化的主动配电网过电压预防控制方法 [J]. 电力系统自动化，2014，38（9）：184-191.

[132] 张江林，庄慧敏，刘俊勇，等. 分布式储能系统参与调压的主动配电网两段式电压协调控制策略 [J]. 电力自动化设备，2019，39（05）：15-21.

[133] 陈树恒，党晓强，李兴源，等. 考虑 DG 接入与设备运行成本的配电网无功优化 [J]. 电力系统保护与控制，2012，40（21）：36-41.

[134] 肖浩，裴玮，董佐民，等. 基于元模型全局最优化方法的含分布式电源配电网无功优化 [J]. 中国电机工程学报，2018，38（20）：1-13.

[135] Wang Zhaoyu, Wang Jianhui, Chen Bokan, et al. MPC-based voltage/var optimization for distribution circuits with distributed generators and exponential load models [J]. IEEE Transactions on Smart Grid，2014，5（5）：2412-2420.

[136] Valverde Gustavo, Cutsem Thierry Van. Model Predictive Control of Voltages in Active Distribution Networks [J]. IEEE Transactions on Smart Grid，2013，4（4）：2152-2161.

[137] 蔡宇，林今，宋永华，等. 基于模型预测控制的主动配电网电压控制 [J]. 电工技术学报，2015，30（23）：42-49.

[138] Balram Pavan, Le Anh Tuan, Carlson Ola. Comparative study of MPC based coordinated voltage control in LV distribution systems with photovoltaics and battery storage [J]. International journal of electrical power & energy systems，2018，95：227-238.

[139] 张玮亚，王紫钰. 智能配电系统分区电压控制技术研究综述 [J]. 电力系统保护与控制，2017，45（1）：146-154.

[140] Borghetti Alberto, Bosetti Mauro, Grillo Samuele, et al. Short-term scheduling and control of active distribution systems with high penetration of renewable resources [J]. IEEE Systems Journal，2010，4（3）：313-322.

[141] 林少华，吴杰康，莫超，等. 基于二阶锥规划的含分布式电源配电网动态无功分区与优化方法 [J]. 电网技术，2018，42（01）：238-246.

[142] 孟庭如，邹贵彬，许春华，等. 一种分区协调控制的有源配电网调压方法 [J]. 中国电机工程学报，2017，37（10）：2852-2860.

[143] Pachanapan Piyadanai, Anaya-Lara Olimpo, Dysko Adam, et al. Adaptive zone identification for voltage level control in distribution networks with DG [J]. IEEE Transactions on Smart Grid，2012，3（4）：1594-1602.

[144] 李建芳，张璐，宋晓辉，等. 含高渗透率分布式电源的配电网多目标无功分区及主导节点选择方法 [J]. 可再生能源，2017，35（11）：1664-1671.

[145] 周静，边海峰，贾晨，等. 基于分区的含 DG 配电网实时无功优化 [J]. 电力系统保护与控制，2015，43（23）：117-124.

[146] 陆凌芝，耿光飞，季玉琦，等. 基于电气距离矩阵特征根分析的主动配电网电压控制分区方法 [J]. 电力建设，2018，39（1）：83-89.

［147］徐峰达，郭庆来，孙宏斌，等．基于模型预测控制理论的风电场自动电压控制［J］．电力系统自动化，2015，39（7）：59-67.

［148］Razmara M.，Bharati G. R.，Hanover Drew，et al. Building-to-grid predictive power flow control for demand response and demand flexibility programs［J］．Applied energy，2017，203：128-141.

［149］何禹清，彭建春，文明，等．含风电的配电网重构场景模型及算法［J］．中国电机工程学报，2010，30（28）：12-18.

［150］靳小龙，穆云飞，贾宏杰，等．考虑配电网重构的区域综合能源系统最优混合潮流计算［J］．电力系统自动化，2017，41（01）：18-24.

［151］Edrah Mohamed，Lo KWok L.，Anaya-Lara Olimpo. Reactive power control of DFIG wind turbines for power oscillation damping under a wide range of operating conditions［J］．IET Generation Transmission & Distribution，2016，10（15）：3777-3785.

［152］薛禹胜，雷兴，薛峰，等．关于风电不确定性对电力系统影响的评述［J］．中国电机工程学报，2014，34（29）：5029-5040.

［153］王成山，宋关羽，李鹏，等．考虑分布式电源运行特性的有源配电网智能软开关 SOP 规划方法［J］．中国电机工程学报，2017，37（07）：1889-1897.

［154］孙玲玲，赵美超，王宁，等．基于电压偏差机会约束的分布式光伏发电准入容量研究［J］．电工技术学报，2018，33（7）：1560-1569.

［155］张涛，张东方，王凌云，等．计及电动汽车充电模式的主动配电网多目标优化重构［J］．电力系统保护与控制，2018，46（8）：1-9.

［156］刘方，杨秀，时珊珊，等．基于序列运算的微网经济优化调度［J］．电工技术学报，2015，30（20）：227-237.

［157］窦晓波，晓宇，袁晓冬，等．基于改进模型预测控制的微电网能量管理策略［J］．电力系统自动化，2017，41（22）：56-65.

［158］Thomas Morstyn，Branislav Hredzak，P Aguilera Ricardo. Model Predictive Control for Distributed Microgrid Battery Energy Storage Systems［J］．IEEE transactions on control systems technology，2017：1-9.

［159］Meng Ke，Dong Zhao Yang，Xu Zhao，et al. Cooperation-driven distributed model predictive control for energy storage systems［J］．IEEE Transactions on Smart Grid，2015，6（6）：2583-2585.

［160］赵晋泉，居俐洁，罗卫华，等．计及分区动态无功储备的无功电压控制模型与方法［J］．电力自动化设备，2015，35（5）：100-105.

［161］韩平平，张佳琪，张晓安．电力市场下含双馈电机风电场的电力系统无功优化［J］．电网技术，2017，41（01）：171-177.

［162］颜伟，田志浩，余娟，等．高压配电网无功运行状态评估指标体系［J］．电网技术，2011，36（10）：104-109.

［163］张忠，王建学．采用模型预测控制的微电网有功无功联合实时调度方法［J］．中国电机工程学报，2016，36（24）：6743-6750.

［164］刘方，杨秀，时珊珊，等．不同时间尺度下基于混合储能调度的微网能量优化［J］．电网技术，

2014, 38（11）：3081-3090.

[165] 于琳, 孙莹, 徐然, 等. 改进粒子群优化算法及其在电网无功分区中的应用 [J]. 电力系统自动化, 2017, 41（03）：89-95.

[166] 丁明, 刘先放, 毕锐, 等. 采用综合性能指标的高渗透率分布式电源集群划分方法 [J]. 电力系统自动化, 2018, 42（15）：47-52, 141.

[167] 韦钢, 李明, 卢炜, 等. 充放储一体站并网的多级阶梯电压控制分区方法 [J]. 中国电机工程学报, 2015, 35（15）：3823-3831.

[168] 潘高峰, 王星华, 彭显刚, 等. 基于社团结构理论的电网无功分区及主导节点选择方法研究 [J]. 电力系统保护与控制, 2013, 41（22）：32-37.

[169] 龚尚福, 陈婉璐, 贾澎涛. 层次聚类社区发现算法的研究 [J]. 计算机应用研究, 2013, 30（11）：3216-3220, 3227.

[170] 金弟, 刘杰, 杨博, 等. 局部搜索与遗传算法结合的大规模复杂网络社区探测 [J]. 自动化学报, 2011, 37（7）：873-882.

[171] 肖轩怡, 汪汊, 陈春, 等. 基于自适应负荷调整网络矩阵的配电网重构 [J]. 电工技术学报, 2018, 33（10）：2217-2226.

[172] 阮贺彬, 高红均, 刘俊勇, 等. 考虑 DG 无功支撑和开关重构的主动配电网分布鲁棒无功优化模型 [J]. 中国电机工程学报, 2019, 39（03）：685-695.

[173] 孙孔明, 陈青, 赵普. 考虑环网检测的配电网拓扑重构遗传算法 [J]. 电力系统自动化, 2018, 42（11）：64-71.

[174] 朱俊澎, 顾伟, 张韩旦, 等. 考虑网络动态重构的分布式电源选址定容优化方法 [J]. 电力系统自动化, 2018, 42（05）：111-119.

[175] 吴文传, 张伯明, 巨云涛. 主动配电网网络分析与运行调控 [M]. 北京：科学出版社, 2017.

[176] 郑健超. 电力前沿技术现状和前景 [J]. 中国电力, 1999, 32（10）：9-12.

[177] 梅柏杉. 风力发电技术 [J]. 电气时空, 2002,（2）：20-21.

[178] 韩国政. 基于 IEC 61850 的配网自动化开放式通信体系 [D]. 济南：山东大学, 2011.

[179] 徐丙垠, 薛永端, 李天友, 等. 智能配电网广域测控系统及其保护控制应用技术 [J]. 电力系统自动化, 2012, 36（18）：2-9.

[180] 焦磊, 叶继明. 一种适用于配电自动化系统的新型以太网通信方式 [J]. 继电器, 2006, 34（22）：84-86.

[181] 高强. 工业以太网交换机在配网中的性能分析与应用 [J]. 电力系统通信, 2009, 30（9）：46-48, 52.

[182] 李昕. 工业以太网交换机在水电厂监控系统中的应用 [J]. 水电厂自动化, 2006,（S1）：56-57.

[183] 徐光年, 马新祥, 潘克菲, 等. 基于 EPON 技术的配电网通信系统设计和应用 [J]. 电力系统通信, 2008, 29（5）：59-63.

[184] 黄可. EPON 技术在电力通信网中的应用 [J]. 电信技术, 2006, 10：121-123.

[185] 王静敏, 王海文. EPON 与山西电力通信网的拓展 [J]. 山西电力, 2006, 6：21-24.

[186] 周箎, 周笥, 魏学勤, 等. EPON 最新标准与技术进展 [J]. 光通信技术, 2009, 33（09）：1-4.

［187］王毅明，雷军环，孟益民．虚拟局域网 VLAN 划分及路由［J］．信息技术，2003，27（3）：38-40．

［188］谭军．EPON 系统中虚拟局域网功能的设计与实现［D］．武汉：华中科技大学，2004．

［189］范建忠，马千里．GOOSE 通信与应用［J］．电力系统自动化，2007，31（19）：85-90．

［190］HAUD J，JANZ A，RUDOLPH T，et al. A pilot project for testing the standard drafts for open communication in substations-first experiences with the future standard IEC 61850［C］．CIGRE 2000，Paris，France，2000．

［191］吴丽征．计算机网络技术［M］．上海：上海交通大学出版社，2008．

［192］袁中书，陆阳．轻量级 TCP/IP 协议栈机制分析与优化［J］．计算机工程，2015，41（2）：317-321．

［193］陈晓杰，陈羽，咸日常，等．基于 GOOSE 的分布式控制数据快速传输技术研究［J］．山东电力技术，2015，42（7）：1-5．

［194］Kaijun Fan，Bingyin Xu，Guofang Zhu，et al. Fast peer-to-peer real-time data transmission for distributed control of distribution network［C］．2014 China International Conference on Electricity Distribution（CICED 2014），Shenzhen，China，2014：23-26．

［195］范开俊，徐丙垠，陈羽，等．配电网分布式控制实时数据的 GOOSE over UDP 传输方式［J］．电力系统自动化，2016，40（4）：115-120．

［196］黄伟，雷金勇，夏翔，等．分布式电源对配电网相间短路保护的影响［J］．电力系统自动化，2008（1）：93-97．

［197］N. Hadjsaid，J. Canard，F. Dumas. Dispersed generation impact on distribution networks［J］．IEEE Comput. Appl. Power，1999，12（2）：22-28．

［198］Natthaphob Nimpitiwan，Gerald Thomas Heydt，Raja Ayyanar，et al. Fault Current Contribution From Synchronous Machine and Inverter Based Distributed Generators［J］．Power Delivery，IEEE Transactions on，2007，22（1）：634-641．

［199］周念成，叶玲，王强刚，等．含负序电流注入的逆变型分布式电源电网不对称短路计算［J］．中国电机工程学报，2013，33（36）：41-49．

［200］谭会征，李永丽，陈晓龙，等．带低电压穿越特性的逆变型分布式电源对配电网短路电流的影响［J］．电力自动化设备，2015，35（8）：31-37．

［201］欧阳金鑫，熊小伏接入配电网的双馈风力发电机短路电流特性及影响［J］．电力系统自动化，2010，34（23）：106-110，123．

［202］王守相，江兴月，王成山．含分布式电源的配电网故障分析叠加法［J］．电力系统自动化，2008，32（5）：32-36．

［203］傅旭．含分布式电源的配电网故障分析的解耦相分量法［J］．电力自动化设备，2009，29（6）：29-34．

［204］肖鑫鑫．记及分布式电源的配网潮流和短路电流计算研究［D］．上海：上海交通大学，2008．

［205］王成山，孙晓倩．含分布式电源配电网短路计算的改进方法［J］．电力系统自动化，2012，36（23）：54-58．

［206］王建，李兴源，邱晓燕．含有分布式发电装置的电力系统研究综述［J］．电力系统自动化，2005，29（24）：90-96．

［207］Li Yongli，Li Shengwei，Liu Sen. Effects of inverter-based distributed generation on distribution feeder protection ［C］. The 8th International Power Engineering Conference. Singapore：IPEC，2007：1386-1390.

［208］GIRGIS A，BRAHMA S. Effect of distributed generation on protective device coordination in distribution system ［C］. Proceedings of 2001 Large Engineering Systems Conference on Power Engineering. Halifax，Canada：IEEE，2002：115-119.

［209］刘泊辰. 分布式电源对配电网保护的影响 ［J］. 电气技术，2012（1）：47-50.

［210］吴博，杨明玉，赵高帅. 分布式电源对配电网继电保护的影响 ［J］. 电工电气，2011（10）：30-33.

［211］梁有伟，胡志坚，陈允平. 分布式发电及其在电力系统中的应用研究综述 ［J］. 电网技术，2003，27（12）：71-76.

［212］徐丙垠，李天友，薛永端. 智能配电网建设中的继电保护问题——讲座六有源配电网保护技术 ［J］. 供用电，2012，29（6）：15-25，69.

［213］孙景钉，李永丽，李盛伟，等. 含分布式电源配电网保护方案 ［J］. 电力系统自动化，2009，33（1）：91-94.

［214］刘健，张小庆，同向前，等. 含分布式电源配电网的故障定位 ［J］. 电力系统自动化，2013，37（2）：36-42，48.

［215］郑涛，贾仕龙，潘玉美，等. 基于配电网原故障定位方案的分布式电源准入容量研究 ［J］. 电网技术，2014，38（8）：2257-2262.

［216］于辰，卢鹏，张钰声. 含分布式电源的配电网自动化故障处理方案 ［J］. 陕西电力，2011，8：74-78.

［217］杜立新. 配电网故障定位算法的研究 ［D］. 长沙：湖南大学出版社，2014.

［218］V. Calderaro，A. Piccolo，V. Galdi，and P. Siano. Identifying fault location in distribution systems with high distributed generation penetration ［J］. Proc. AFRICON，2009，74：1-6.

［219］康文文，赵建国，丛伟，等. 含分布式电源的配电网故障检测与隔离算法 ［J］. 电力系统自动化，2011（9）：25-29.

［220］韩祯祥. 电力系统分析（第三版）［M］. 杭州：浙江大学出版社，2005.

［221］Mahboobeh Attaei，Lénia M. Calado，Maryna G. Taryba，Yegor Morozov，R. AbdulShakoor，Ramazan Kahraman，Ana C. Marques，M. Fatima Montemor. Autonomous self-healing in epoxy coatings provided by high efficiency isophorone diisocyanate（IPDI）microcapsules for protection of carbon steel ［J］. Progress in Organic Coatings，2020，139：105-445.

［222］Guo Hua，Zheng Yandong，Zhang Xiyong，Li Zhoujun. Exponential Arithmetic Based Self-Healing Group Key Distribution Scheme with BackWard Secrecy under the Resource-Constrained Wireless Networks ［J］. Sensors（Basel，Switzerland），2016，16（609）：1-22.

［223］Peng Yang，Misato Yamaki，Shuhei Kuwabara，Riki Kajjiwara，Motoyuki ltoh. A newly developed feeder and oxygen measurement system reveals the effects of aging and obesity on the metabolic rate of zebrafish ［J］. Experimental Gerontology，2019，127（5）：1-9.

［224］刘秋华，董丹丹，孟珊珊，吴成立. 智能配电网自愈控制及其关键技术研究 ［J］. 南京工程学院

学报（自然科学版），2015，13（03）：31-36.

[225] 杨煜建. 农村电网改造中网架结构规划方法探讨［J］. 广东科技，2013，22（24）：68-69.

[226] 王守相，王凯，赵歌. 平抑有源配电网功率波动的储能配置与控制方法研究综述［J］. 储能科学与技术，2017，6（06）：1188-1195.

[227] 潘杰，刘勇村，叶云峰，等. 智能配电网自愈控制方法综述［J］. 科技与创新，2019（1）：62-63.

[228] 程宏波，康嘉斌，王勋，等. 一种基于容错思想的智能配电网自愈控制方法［J］. 电工电能新技术，2018，37（4）：9-14.

[229] 董旭柱，黄邵远，陈柔伊，等. 智能配电网自愈控制技术［J］. 电力系统自动化，2012，36（18）：17-21.

[230] 史裕，许明，吕晓平，等. 城市配电网分布式自愈控制方法与系统［J］. 山东电力技术，2017，44（1）：1-4.

[231] 李振坤，赵向阳，朱兰，等. 智能配电网故障后自愈能力评估［J］. 电网技术，2018，42（3）：789-796.

[232] 董旭柱. 智能配电网自愈控制技术的内涵及其应用［J］. 南方电网技术，2013，7（03）：1-6.

[233] 王金丽，韦春元，刘志虹，刘永梅，段祥骏. 智能配电网自愈控制技术发展与展望［J］. 供用电，2019，36（07）：13-19.

[234] 王彦国，赵希才. 智能分布式配电保护及自愈控制系统［J］. 供用电，2019，36（09）：2-8.

[235] 袁玉松，钟建伟，李沁，等. 混合型粒子群算法在含分布式电源配电网重构中的应用［J］. 电气自动化，2019，41（06）：55-56.

[236] 吉兴全，刘琪，于永进. 基于功率矩和邻域搜索的有源配电网两层重构算法［J］. 电力自动化设备，2017，37（01）：28-34.

[237] 丛鹏伟，唐巍，张璐，等. 基于机会约束规划考虑 DG 与负荷多状态的配电网重构［J］. 电网技术，2013，37（09）：2573-2579.

[238] 黄红程，顾洁，方陈. 基于无向生成树的并行遗传算法在配电网重构中的应用［J］. 电力系统自动化，2015，39（14）：89-96.

[239] 雷绍兰，王士彬，胡晓倩，等. 配电网供电恢复的混沌免疫算法［J］. 高电压技术，2009，35（06）：1492-1496.

[240] 刘传铨，张焰. 计及分布式电源的配电网供电可靠性［J］. 电力系统自动化，2007（22）：46-49.

[241] 姚健. 群搜索算法与二次插值法的混合算法及其应用研究［D］. 太原：太原科技大学出版社，2010.

[242] H. R. Pulliam G. E. Millikan. Social organization in the non-reproductive season［J］. Animal Behaviour，1983，6（8）：167-196.

[243] 周腺，解慧力，郑柏林，等. 基于混合算法的配电网故障重构与孤岛运行配合［J］. 电网技术，2015，39（01）：136-142.

[244] 王旭东，林济铿. 基于分支定界的含分布式发电配电网孤岛划分［J］. 中国电机工程学报，2011，31（7）：16-20.

[245] W. Zhang，W. Liu，X. Wang，L. Liu，F. Ferrese. Online optimal generation control based on constrained

distributed gradient algorithm [J]. IEEE Transactions on Power Systems, 2015, 30 (1): 35-45.

[246] S. Althaher, P. Mancarella, and J. Mutale. Automated demand response from home energy management system under dynamic pricing and power and comfort constraints [J]. IEEE Transactions on Smart Grid, 6 (4): 1874-1883, 2015.

[247] S. Choi, S.Park, D. Kang, S. Han, and H. Kim. A microgrid energy management system for inducing optimal demand response[C]. In 2011 IEEE International Conference on Smart Grid Communications (Smart Grid Comm), Brussels, Belgium, 2011.

[248] C. Cecati, C.Citro, P.Siano. Combined operations of renewable energy system responsive demand in a smart grid [J]. IEEE Transactions on Sustainable Energy, 2011, 2 (4): 468-476.

[249] S. A. Pourmousavi, M.H. Nehrir, C. M. Colson, C. Wang. Real-time energy management of a stand-alone hybrid wind-microturbine energy system using particle swarm optimization [J]. IEEE Transactions on Sustainable Energy, 2010, 1 (3): 193-201.

[250] P. Siano, C. Cecati, H. Yu, J. Kolbusz. Real time operation of smart grids via fen networks and optimal power flow [J]. IEEE Transactions on Industrial Informatics, 2012, 8 (4): 944-952.

[251] N. Rahbari-Asr, U. Ojha, Z.Zhang, M.Chow. Incremental welfare consensus algorithm for cooperative distributed generation/demand response in smart grid [J]. IEEE Transactions on Smart Grid, 2014, 5 (6): 2836-2845.

[252] Y. Xu, Z.Yang, W.Gu, M. Li, Z. Deng. Robust real-time distributed optimal control based energy management in a smart grid [J]. IEEE Transactions on Smart Grid, 2017, 8 (4): 1568-1579.

[253] W. Zhang, Y.Xu, W. Liu, C.Zang, H. Yu. Distributed online optimal energy management for smart grids [J]. IEEE Transactions on Industrial Informatics, 2015, 11 (3): 717-727.

[254] W. Meng, X. Wang. Distributed energy management in smart grid with wind power and temporally coupled constraints. IEEE Transactions on Industrial Electronics [J]. 2017, 64 (8): 6052-6062.

[255] A. Silani, M.J. Yazdanpanah. Distributed optimal microgrid energy management with considering stochastic load [J]. IEEE Transactions on Sustainable Energy, 2019, 10 (2): 729-737.

[256] T. Zhao, Z. Li, Z. Ding. Consensus-based distributed optimal energy management with less communication in a microgrid [J]. IEEE Transactions on Industrial Inforrnatics, 2019, 15 (6): 3356-3367.

[257] Y. Li, D. Gao, W. Gao, H. Zhang, J. Zhou. Double-mode energy management for multi-energy system via distributed dynamic event-triggered newton-raphson algorithm [J]. IEEE Transactions on Smart Grid, 2020, 11 (6): 5339-5356.

[258] W. Shi, Q. Ling, G. Wu, and W. Yin. A proximal gradient algorithm for decentralized composite optimization [J]. IEEE Transactions on Signal Processing, 2015, 63 (22): 6013-6023.

[259] N. S. Aybat, Z. Wang, T. Lin. Distributed linearized alternating di-rection method of multipliers for composite convex consensus optimization [J]. IEEE Transactions on Automatic Control, 2018, 63 (1): 5-20.

[260] W. Shi, Q. Ling, G Wu, W. Yin. A proximal gradient algorithm for decentralized composite optimization

［J］. IEEE Transactions on Signal Processing，2015，63（22）：6013-6023.

［261］ Mihai I. Florea，Sergiy A. Vorobyov. An accelerated composite gradient method for large-scale composite objective problems［J］. IEEE Transactions on Signal Processing，2019，67（2）：444-459.

［262］ Md Habib Ullah，Jae-Do Park. Distributed energy trading in smart grid overdirected communication network［J］. IEEE Transactions on Smart Grid，2021，12（4）：3669-3672.

［263］ Jacqueline Llanos，Daniel E.Olivares，John W. Simpson-Porco，Mehrdad Kazerani，Doris Saez. A novel distributed control strategy for optimal dispatch of isolated microgrids considering congestion［J］. IEEE Transactions on Smart Grid，2019，10（6）：6595-6606.

［264］ G. Chen，Y. Qin. An ADMM-based distributed algorithm for economic dispatch in islanded microgrids［J］. IEEE Transactions on Industrial Informatics，2018，14（9）：3892-3903.

［265］ Jiahu Qin，Yanni Wan，Xinghuo Yu，Fangyuan Li，Chaojie Li. Consensus-based distributed coordination between economic dispatch and demand response［J］. IEEE Transactions on Smart Grid，2019，10（4）：3709-3719.

［266］ Ashish Cherukuri，Jorge Cortes. Distributed coordination of DERS with storage for dynamic economic dispatch［J］. IEEE Transactions on Automatic Control，2018，63（3）：835-842.

［267］ 袁铁江，晁勤，吐尔逊·伊不拉音，等. 大规模风电并网电力系统动态经济优化调度的建模［J］. 中国电机工程学报，2010，30（31）：7-13.

［268］ 张海峰，高峰，吴江，等. 含风电的电力系统动态经济调度模型［J］. 电网技术，2013，37（5）：1298-1303.

［269］ Restrepo J F，Galiana F D. Secondary reserve dispatch accounting for wind power randomness and spillage［C］. IEEE Power Engineering Society General Meeting. Tampa，USA，2007：1-3.

［270］ 张国强，张伯明. 考虑风电接入后二次备用需求的优化潮流算法［J］. 电力系统自动化，2009，33（8）：25-28.

［271］ 夏澍，周明，李庚银. 含大规模风电场的电力系统动态经济调度［J］. 电力系统保护与控制，2011，39（13）：71-77.

［272］ Happ H H. Optimal power dispatch A comprehensive survey［J］. IEEE Transactions on Power Apparatus & Systems.1977，96（3）：841-854.

［273］ Chowdhury B H，Rahman S. A review of recent advances in economic dispatch［J］. IEEE Transactions on Power Systems. 1990，5（4）：1248-1259.

［274］ Wood W G. Spinning Reserve Constrained Static and Dynamic Economic Dispatch［J］. IEEE Transactions on Power Apparatus & Systems. 1982，101（2）：381-388.

［275］ Somuah C B，Khunaizi N . Application of linear programming redispatch technique to dynamic generation allocation［J］. IEEE Transactions on Power Systems. 1990，5（1）：20-26.

［276］ Han X S，Gooi H B. Effective economic dispatch model and algorithm［J］. International Journal of Electrical Power & Energy Systems. 2007，29（2）：113-120.

［277］ Bechert T E，KWatny H G. On the Optimal Dynamic Dispatch of Real Power［J］. IEEE Transactions on Power Apparatus & Systems，1972，91（3）：889-898.

［278］KWatny H，Bechert T. On the structure of optimal area controls in electric power networks［J］. IEEE Transactions on Automatic Control，1973，18（2）：167-172.

［279］Travers D L，Kaye R. Dynamic dispatch by constructive dynamic programming［J］. IEEE Transactions on Power Systems，1998，13（1）：72-78.

［280］Han X S，Gooi H B，Kirschen D S. Dynamic economic dispatch：feasible and optimal solutions［J］. IEEE Power Engineering Review，2007，21（2）：56-56.

［281］Attaviriyanupap P，Kita H，Tanaka E，et al. A hybrid EP and SQP for dynamic economic dispatch with nonsmooth fuel cost function［J］. IEEE Power Engineering Review，2007，22（4）：77-77.

［282］Basu M. Particle Swarm Optimization Based Goal-Attainment Method for Dynamic Economic Emission Dispatch［J］. Electric Machines & Power Systems，2006，34（9）：1015-1025.

［283］Basu M. Dynamic economic emission dispatch using nondominated sorting genetic algorithm-II［J］. International Journal of Electrical Power & Energy Systems，2008，30（2）：140-149.

［284］Attaviriyanupap P，Kita H，Tanaka E，et al. A fuzzy-optimization approach to dynamic economic dispatch considering uncertainties［J］. IEEE Transactions on Power Systems，2004，19（3）：1299-1307.

［285］Song Y H，Yu I K. Dynamic load dispatch with voltage security and environmental constraints［J］. Electric Power Systems Research，1997，43（1）：53-60.

［286］Granelli G P，Marannino P，Montagna M，et al. Fast and efficient gradient projection algorithm for dynamic generation dispatching［J］. IEE Proceedings C Generation，Transmission and Distribution，1989，136（5）：295.

［287］Hindi K S，Ghani M R A. Dynamic economic dispatch for large scale power systems：a Lagrangian relaxation approach［J］. International Journal of Electrical Power & Energy Systems，1991，13（1）：51-56.

［288］Jabr R A，Coonick A H，Cory B J. A study of the homogeneous algorithm for dynamic economic dispatch with network constraints and transmission losses［J］. IEEE Transactions on Power Systems，2000，15（2）：605-611.

［289］Irisarri G，Kimball L M，Clements K A，et al. Economic dispatch with network and ramping constraints via interior point methods［J］. IEEE Transactions on Power Systems，1998，13（1）：236-242.

［290］Liang Z X，Glover J D. A zoom feature for a dynamic programming solution to economic dispatch including transmission losses［J］. IEEE Transactions on Power Systems，1992，7（2）：544-550.

［291］刘方. 关于电力系统动态最优潮流的几种模型与算法研究［D］. 重庆：重庆大学出版社，2007.

［292］余娟，颜伟，徐国禹，等. 基于预测-校正原对偶内点法的无功优化新模型［J］. 中国电机工程学报，2005，25（11）：146-151.

［293］刘方，颜伟，徐国禹. 动态最优潮流的预测/校正解耦内点法［J］. 电力系统自动化，2007，31（14）：38-42.

［294］Sinha N，Chakrabarti R，Chattopadhyay P K. Evolutionary programming techniques for economic load dispatch［J］. IEEE Transactions on Evolutionary Computation，2003，7（1）：83-94.

［295］Ciornei I，Kyriakides E. A GA-API Solution for the Economic Dispatch of Generation in Power System

Operation [J]. IEEE Transactions on Power Systems, 2013, 28 (1): 570-570.

[296] Hemamalini S, Simon S. Artificial Bee Colony Algorithm for Economic Load Dispatch Problem with Non-smooth Cost Functions [J]. Electric Machines & Power Systems, 2010, 38 (7): 786-803.

[297] Pereira-Neto A, Unsihuay C, Saavedra O R. Efficient evolutionary strategy optimisation procedure to solve the nonconvex economic dispatch problem with generator constraints [J]. IEE Proceedings-Generation, Transmission and Distribution, 2005, 152 (5): 653-660.

[298] Gaing Z L. Closure to "Discussion of 'Particle Swarm Optimization to Solving the Economic Dispatch Considering the Generator Constraints'" [J]. IEEE Transactions on Power Systems, 2003, 18 (3): 1187-1195.

[299] Pothiya S, Ngamroo I, Kongprawechnon W. Application of multiple tabu search algorithm to solve dynamic economic dispatch considering generator constraints[J]. Energy Conversion & Management, 2008, 49 (4): 506-516.

[300] Holland J H. Adaptation in natural and artificial systems [M]. Cambridge: MIT Press, 1992.

[301] Arora J S. Jan A. Snyman, Practical Mathematical Optimization: An introduction to basic optimization theory and classical and new gradient-based algorithms [M]. Berlin: Springer, 2006: 613-615.

[302] Victoire T A A, Jeyakumar A E. Deterministically guided PSO for dynamic dispatch considering valve-point effect [J]. Electric Power Systems Research, 2005, 73 (3): 313-322.

[303] Titus S, Ebenezerjeyakumar A. A Hybrid EP-PSO-SQP Algorithm for Dynamic Dispatch Considering Prohibited Operating Zones [J]. Electric Machines & Power Systems, 2008, 36 (5): 449-467.

[304] Abdelaziz A Y, Kamh M Z, Mekhamer S F, et al. A hybrid HNN-QP approach for dynamic economic dispatch problem [J]. Electric Power Systems Research, 2008, 78 (10): 1784-1788.

[305] Senjyu T, Shimabukuro K, Uezato K, et al. A fast technique for unit commitment problem by extended priority list [J]. IEEE Transactions on Power Systems, 2003, 18 (2): 882-888.

[306] Yang T F, Ting T O. Methodological priority list for unit commitment problem [C]. IEEE International Conference on Computer Science and Software Engineering, 2008, 1: 176-179.

[307] 葛晓琳, 张粒子, 舒隽, 等. 风水火系统长期优化调度方法 [J]. 中国电机工程学报, 2013, 33 (34): 153-161.

[308] Yu Z, Sparrow F T, Bowen B, et al. On convexity issues of short-term hydrothermal scheduling [J]. International Journal of Electrical Power and Energy Systems, 2000, 22 (6): 451-457.

[309] 田建芳, 毛亚珊, 翟桥柱, 等. 基于风电消纳能力评估的安全约束经济调度方法 [J]. 电网技术, 2015, 39 (9): 2398-2403.

[310] 张小平, 陈朝晖. 基于内点法的安全约束经济调度 [J]. 电力系统自动化, 1997, 21 (6): 27-29.

[311] Ye T, Meliopoulos A P S. An Sequential Linear Programming Algorithm for Security-Constrained Optimal Power Flow [C]. IEEE North American Power Symposium, Starkville, USA, 2009: 1-6.

[312] Attaviriyanupap P, Kita H, Tanaka E, et al. A hybrid EP and SQP for dynamic economic dispatch with nonsmooth fuel cost function [J]. IEEE Transactions on Power Systems, 2002, 17 (2): 411-416.

[313] Lee J C, Lin W M, Liao G C, et al. Quantum genetic algorithm for dynamic economic dispatch with

valve-point effects and including wind power system[J]. Electrical Power and Energy Systems, 2011, 33（2）: 189-197.

［314］Bao Z J, Zhou Q, Yang Z H, et al. A multi time-scale and multi energy-type coordinated microgrid scheduling solution—part Ⅱ: optimization algorithm and case studies[J]. IEEE Transactions on Power Systems, 2015, 30（5）: 2267-2277.

［315］张晓庆. 基于改进粒子群算法的电力系统经济调度计算研究［D］. 哈尔滨: 哈尔滨理工大学, 2014: 1-2.

［316］Hindi K S, Ghani M R. Dynamic economic dispatch for large scale power systems: a lagrangian relaxation approach［J］. International Journal of Electrical Power Energy Systems, 1991, 13（1）: 51-56.

［317］Shalini S P, Lakshmi K. Solution to economic emission dispatch problem using lagrangian relaxation method［C］. IEEE International Conference on Green Computing Communication and Electrical Engineering, Coimbatore, India, 2014: 1-6.

［318］吴杰康, 唐利涛, 黄奂, 等. 基于遗传算法和数据包络分析法的水火电力系统发电多目标经济调度［J］. 电网技术, 2011, 35（5）: 76-81.

［319］张晓花, 赵晋泉, 陈星莺. 节能减排下含风电场多目标机组组合建模及优化［J］. 电力系统保护与控制, 2011, 39（17）: 33-38.

［320］Panigrahi C K, Chattopadhyay P K, Chakrabarti R N, et al. Simulated annealing technique for dynamic economic dispatch［J］. Electric Power Components and Systems, 2006, 34（5）: 577-586.

［321］Cave A, Nahavandi S, Kouzani A. Simulation optimization for process scheduling through simulated annealing［C］. IEEE Simulation Conference, San Diego, USA, 2002, 2: 1909-1913.

［322］张君则, 艾欣. 基于粒子群算法的多类型分布式电源并网位置与运行出力综合优化算法［J］. 电网技术, 2014, 38（12）: 3372-3377.

［323］Lorca A, Sun X A. Adaptive robust optimization with dynamic uncertainty sets for multi-period economic dispatch under significant wind［J］. IEEE Transactions on Power Systems, 2015, 30（4）: 1702-1713.

［324］顾雪平, 李扬, 吴献吉. 基于局部学习机和细菌群体趋药性算法的电力系统暂态稳定评估［J］. 电工技术学报, 2013, 28（10）: 271-279.

［325］任新伟, 徐建政. 改进细菌群体趋药性算法在无功优化中的应用［J］. 电力系统及其自动化学报, 2015, 27（5）: 81-85.

［326］李茜, 刘天琪, 李兴源, 等. 大规模风电接入的电力系统优化调度新方法［J］. 电网技术, 2013, 37（3）: 733-739.

［327］Moeini-Aghtaie M, Abbaspour A, Fotuhi-Firuzabad M. Incorporating large-scale distant wind farms in probabilistic transmission expansion planning—part Ⅰ: theory and algorithm[J]. IEEE Transactions on Power Systems, 2012, 27（3）: 1585-1593.

［328］Titus S, Jeyakumar A E. A hybrid EP-PSO-SPQ algorithm for dynamic dispatch considering prohibited operating zones［J］. Electric Power Components and Systems, 2008, 36（5）: 449-467.

［329］Mohammadi-Ivatloo B，Rabiee A，Soroudi A. Nonconvex dynamic economic power dispatch problems solution using hybrid immune-genetic algorithm［J］. IEEE Systems Journal，2013，7（4）：777-785.

［330］Travers D. L，Kaye R. J. Dynamic dispatch by constructive dynamic programming［J］. IEEE Transactions on Power Systems，1998，13（1）：72-78.

［331］Zeng P，Li H. P，He H. B，Li S. H. Dynamic energy management of a microgrid using approximate dynamic programming and deep recurrentneural network learning［J］. IEEE Transactions on Smart Grid，2018，10（4）：4435-4445.

［332］McLarty D，Panossian N，Jabbari F，Traverso A. Dynamic economic dispatch using complementary quadratic programming［J］. Energy，2019，166（1）：755-764.

［333］Li Z，Wu W，Zhang B，Sun H，Guo Q. Dynamic economic dispatch using Lagrangian relaxation with multiplier updates based on a quasi-newton method［J］. IEEE Transactions on Power Systems，2013，28（4）：4516-4527.

［334］Li Z. G，Wu W. C，Zhang B. M，Sun H. B. Efficient location of unsatisfiable transmission constraints in look-ahead dispatch via an enhanced Lagrangian relaxation framework［J］. IEEE Transactions on Power Systems，2015，30（3）：1233-1242.

［335］Ding T，Bie Z.H. Parallel augmented Lagrangian relaxation for dynamic econonic dispatch using diagonal quadratic approximation method［J］. IEEE Transactions on Power System，2017，32（2）：1115-1126.

［336］Liang H. J，Liu Y. G，Li F. Z，Shen Y. J. A multiobjective hybrid bat algorithm for combined economic/emission dispatch［J］. International Journal of Electrical Power and Energy Systems，2018，101：103-115.

［337］Liang H. J，Liu Y. G，Shen Y. J，Li F. Z，Man Y. C. A hybrid bat algorithm for economic dispatch with random wind power［J］. IEEE Transactions on Power System，2019，33（5）：5052-5061.

［338］Wen G. H，Yu X. H，Liu Z. W. Recent progress on the study of distributed economic dispatch in smart grid：an overview［J］. Frontiers of Information Technology and Electronic Engineering，2021，22（1）：25-39.

［339］Zhao C. C，He J. P，Cheng P，Chen J. M. Consensus-based energy managenent in smart grid with transmission losses and directed communication［J］. IEEE Transactions on smart grid，2017，8（5）：2049-2061.

［340］Yang S. P，Tan S. C，Xu J. X. Consensus based approach for economic dispatch problem in a smart grid［J］. IEEE Transactions on Power Systems，2013，28（4）：4416-4426.

［341］Binetti G，Davoudi A，Lewis F. L，Naso D，Turchiano B. Distributed consensus-based economic dispatch with transmission losses［J］. IEEE Trans-actions on Power System，2014，29（4）：1711-1720.

［342］Xu Y. L，Li Z. C. Distributed optimal resource management based on the consensus algorithm in a microgrid［J］. IEEE transactions on industrial electronics，2015，62（4）：2584-2592.

［343］Chen G，Ren J. H，Feng E. N. Distributed finite-time economic dispatch of a network of energy resources［J］. IEEE Transactions on Smart Grid，2017，8（2）：822-832.

［344］Xiao L. and Boyd S. Optimal scaling of a gradient method for distributed resource allocation ［J］. Journal of Optimization Theory and Applications，2006，129（3）：469-488.

［345］Johansson B，Johansson M. Distributed non-smooth resource allocation over a network ［C］. Proceedings of the 48h IEEE Conference on Decision and Control（CDC）held jointly with 2009 28th Chinese Control Conference. Shanghai，China：IEEE，2009：1678-1683.

［346］Li C. J，Yu X. H，Yu W. W. Optimal economic dispatch by fast distributed gradient ［C］. Proceedings of the 13th International Conference on Control Automation Robotics and Vision（ICARCV）. Singapore：IEEE，2014：571-576.

［347］Zhang W，Liu W. X，Wang X，Liu L. M，Ferrese F. Online optimal generation control based on constrained distributed gradient algorithm ［J］. IEEE Transactions on Power System，2015，30（1）：35-45.

［348］Yu W. W，Li C. J，Yu X. H，Wen G. H，Lu J. H. Economic power dispatch in smart grids：a framework for distributed optimization and consensus dynamics ［J］. Science China Information Sciences，2018，61（1）：1-16.

［349］Chen G，Li C. J，Dong Z. Y. Parallel and distributed computation for dynamical economic dispatch ［J］. IEEE Transactions on Smart Grid，2017，8（2）：1026-1027.

［350］He X，Yu J. Z，Huang T. W，Li C. J. Distributed power management for dynamic economic dispatch in the multimicrogrids environment ［J］. IEEE Transactions on Control Systems Technology，2019，27（4）：1651-1658.

［351］Li C.J，Yu X. H，Huang T. W，He X. Distributed optimal consensus over resource allocation network and its application to dynamical economic dispatch ［J］. IEEE Transactions on Neural Networks and Learning Systems，2018，29（6）：2407-2418.

［352］Nguyen D. H，Narikiyo T，Kawanishi M. Optimal demand response and real-time pricing by a sequential distributed consensus-based ADMM approach［J］. IEEE Transactions on Smart Grid，2017，9（5）：4964-4974.

［353］Qin J. H，Wan Y. N，Yu X. H，Li F. Y.，Li C. J. Consensus-based distributed coordination between economic dispatch and demand response ［J］. IEEE Transactions on Smart Grid，2019，10（4）：3709-3719.

［354］Nguyen D. H，Azuma S，Sugie T. Novel control approaches for demand response with real-time pricing using parallel and distributed consensus-based ADMM ［J］. IEEE Transactions on Industrial Electronics，2019，66（10）：7935-7945.

［355］Yang L. F ，Luo J. Y，Xu Y，Zhang Z. R.，Dong Z. Y. A distributed dual consensus ADMM based on partition for DC-DOPF with carbon emission trading［J］. IEEE Transactions on Industrial Informatics，2020，16（3）：1858-1872.

［356］Chen G，Yang Q. An ADMM-based distributed algorithm for economic dispatch in islanded microgrids ［J］. IEEE Transactions on Industrial Informatics，2018，14（9）：3892-3903.

［357］He X，Zhao Y，Huang T. W. Optimizing the dynamic economic dispatch problem by the distributed consensus-based ADMM approach [J]. IEEE Transactions on Industrial Informatics，2020，16（5）：3210-3221.

[358] Cherukuri A，Cortés J. Distributed generator coordination for initialization and anytime optimization in economic dispatch [J]. IEEE Transactions on Control of Network Systems，2015，2（3）：226-237.

[359] Guo F. H，Wen C. Y，Mao J. F，Song Y. D. Distributed economic dispatch for smart grids with random wind power [J]. IEEE Transactions on Smart Grid，2016，7（3）：1572-1583.

[360] Cherukuri A，Cortés J. Initialization-free distributed coordination for economic dispatch under varying loads and generator commitment [J]. Automatica，2016，74：183-193.

[361] Zhao T. Q，Ding Z. T. Distributed initialization-free cost-optimal charging control of plug-in electric vehicles for demand management [J]. IEEE Transactions on Industrial Informatics，2017，16（6）：2791-2801.

[362] Zhao T. Q，Ding Z. T. Distributed agent consensus-based optimal resource management for microgrids [J]. IEEE Transactions on Sustainable Energy，2018，9（1）：443-452.

[363] Cherukuri A，Corés J. Distributed coordination of DERs with storage for dynamic economic dispatch [J]. IEEE Transactions on Automatic Control，2018，63（3）：835-842.

[364] Yun H.，Shim H.，Ahn H. S.. Initialization-free privacy-guaranteed distributed algorithm for economic dispatch problem [J]. Automatica，2019，102：86-93.

[365] Y. M. Atwa，E. F. EI-Saadany. Optimal allocation of ESS in distribution systems with a high penetration of wind energy [J]. IEEE Trans Power Systems，2010，25（4）：1815-1822.

[366] A. Q. Huang，M. L. Crow，G. T. Heydt，et al. The Future Renewable Electric Energy Delivery and Management System：The Energy Internet [J]. Proceedings of the IEEE，2011，99（1）：133-148.

[367] Ilic，X，M. D.，X. Le，U. A. Khan，J. M. F. Moura. Modeling of Future Cyber-Physical Energy Systems for Distributed Sensing and Control. Systems，Man and Cybernetics，Part A：Systems and Humans [J]. IEEE Transactions on，2010，40（2）：825-838.

[368] 方周，付蓉，孙勇. 基于通信时延和即插即用下的分布式能源管理策略 [J]. 微型机与应用，2016，35（19）：64-67.

[369] Ren Wei，Beard R W. Consensus seeking in multi-agent systems under dynamically changing interaction topologies [J]. IEEE Transactions on Automatic Control，2005，50（15）：655-661.

[370] Huajing Fang，Zhihai Wu，Jia Wei. Improvement for Consensus Performance of Multi-Agent Systems Based on Weighted Average Prediction [J]. IEEE Transactions on Automatic Control，2012，57（1）：249-254.

[371] R. D'Andrea，G.E. Dullerud. Distributed control design for spatially interconnected systems [J]. Automatic Control，IEEE Transactions on，2013，48（2）：1478-1495.

[372] M. -Y. Chow，Z. Zhang. Convergence analysis of the incremental cost consensus algorithm under different communication network topologies in a smart grid [J]. IEEE Trans Power Systems，2012，27（4）：1761-1768.

[373] G. Binetti，A. Davoudi，F. L. Lewis，et al. Distributed consensus-based economic dispatch with

transmission losses [J]. IEEE Trans Power Systems, 2014, 29 (4): 1711-1720.

[374] A. Jadbabaie, J. Lin, A. S. Morse. Coordination of groups of mobile autonomous agents using nearest neighbor rules [J]. IEEE Trans Automat Control, 2003, 48 (6): 988-1001.

[375] R. E. Pérez-Guerrero, J. R. Cedeño-Maldonado. Differential evolution based economic environmental power dispatch [J]. North American Power Symp, 2005 (37): 191-197.

[376] M. A. Abido. A niched Pareto genetic algorithm for multi-objective environmental/economic dispatch [J]. Int.J.Elect. Power Energy Syst, 2013, 25 (2): 97-105.

[377] M. A. Abido. Environmental/economic power dispatch using multi-objective evolutionary algorithms [J]. IEEE Trans. Power Syst, 2003, 18 (4): 1529-1537.

[378] M. A. Abido. Multiobjective evolutionary algorithms for electric power dispatch problem [J]. IEEE Trans. Evol. Comput, 2015, 10 (3): 315-329.

[379] CHUANU A S, WU F, VARAIYA P. A game-theoretic model for generation expansion planning problem formulation and numerical comparisons [J]. IEEE Trans on Power Systems, 2001, 16 (4): 885-891.

[380] GUAN X. HO Y. PEPYNE D L. Gaming and price spikes in electric power markets [J]. IEEE Trans on Power Systems, 2001, 16 (3): 402-408.

[381] SINUH H. Introduction to game theory and its application in electric Power markets [J]. IEEE Computer Applications in Power, 1999, 12 (4): 18-22.

[382] H. Xin, Z. Qu, J. Seuss, et al. A self-organizing strategy for power flow control of photovoltaic generators in a distribution network [J]. IEEE Trans. Power Systems, 2014, 26 (3): 1462-1473.

[383] 刘东, 陈云辉, 黄玉辉, 等. 主动配电网的分层能量管理与协调控制 [J]. 中国电机工程学报, 2014, 34 (31): 5500-5506.

[384] 余南华, 钟清. 主动配电网技术体系设计 [J]. 供用电, 2014 (1): 33-35.

[385] 顾欣欣, 林雪松, 刘春家, 等. 主动配电网智能设备的研发与实践 [J]. 供用电, 2014 (1): 42-44.

[386] 黄仁乐, 蒲天骄, 刘克文, 等. 城市能源互联网功能体系及应用方案设计 [J]. 电力系统自动化, 2015, 39 (9): 26-33.